1分钟秘笈

Word/Excel/PPT

2016 办公应用实战秘技250招

李杏林◎编著

清华大学出版社
北京

内 容 简 介

本书通过24个综合案例，介绍Word/Excel/PPT在办公应用中的实战技巧，打破了传统的按部就班讲解知识的模式，250个实战秘技可全面解决读者在日常工作中所遇到的问题。

全书共分8章，分别介绍基础文案编排、图文表格混排、文档高阶应用、常见表格制作、管理表格任务、表格高阶应用、简单的幻灯片、自带图形动作等内容。

本书内容丰富、图文并茂，可作为商务办公管理人员的案头参考书，也可作为大中专院校、会计电算化培训班的授课教材，还适合广大Word/Excel/PPT爱好者阅读。

本书光盘内容为书中案例的素材、源文件以及视频教学文件，同时还赠送大量的Office常用快捷键、Word简历模板、Excel常用函数以及PPT模板和图片。

图书在版编目(CIP)数据

Word/Excel/PPT 2016办公应用实战秘技250招 / 李杏林编著. —北京：清华大学出版社，2017
(1分钟秘笈)
ISBN 978-7-302-47863-8

Ⅰ.①W…　Ⅱ.①李…　Ⅲ.①办公自动化—应用软件　Ⅳ.①TP317.1

中国版本图书馆CIP数据核字(2017)第181046号

责任编辑：韩宜波
装帧设计：杨玉兰
责任校对：张彦彬
责任印制：沈　露

出版发行：清华大学出版社
　　　　　　网　　　址：http://www.tup.com.cn，http://www.wqbook.com
　　　　　　地　　　址：北京清华大学学研大厦A座　　　邮　　　编：100084
　　　　　　社 总 机：010-62770175　　　　　　邮　　　购：010-62786544
　　　　　　投稿与读者服务：010-62776969，c-service@tup.tsinghua.edu.cn
　　　　　　质量反馈：010-62772015，zhiliang@tup.tsinghua.edu.cn
印 刷 者：北京鑫丰华彩印有限公司
装 订 者：三河市溧源装订厂
经　　销：全国新华书店
开　　本：185mm×260mm　　**印　　张：**21.25　　**字　　数：**513千字
　　　　　　（附光盘1张）
版　　次：2017年8月第1版　　　　　　**印　　次：**2017年8月第1次印刷
印　　数：1～5000
定　　价：49.80元

产品编号：075227-01

前言
Preface

随着高效化、数字化、图表化的直观阅读时代的到来，Word、Excel 和 PPT 已成为人们工作、生活的重要工具，在商务办公、人力资源等工作领域占着举足轻重的地位。

本书特色

▶ **快速索引，简单便捷：** 本书考虑到读者实际遇到问题时的查找习惯，从目录中即可快速找到自己遇到的问题，从而快速检索出自己需要的技巧。

▶ **传授秘技，招招实用：** 本书通过 24 个综合案例讲解了 250 个读者使用 Word、Excel 和 PPT 所遇到的常见难题，对 Word、Excel 和 PPT 的每一个操作都进行详细讲解，从而向读者传授实用的操作秘技。

▶ **拓展练习，学以致用：** 本书中的每个案例后面都包含 1 个拓展练习，是对案例知识点进行了延伸，让读者能够学以致用，在日常工作和学习中有所帮助。

▶ **图文并茂，视频教学：** 本书采用一步一图形的方式，直观地讲解技巧。另外，本书附带光盘中还包含了所有案例技巧的教学视频，使读者学习 Word、Excel 和 PPT 时更加直观、生动。

本书内容

▶ **第 1 章 基础文案编排——办公学习两不误：** 介绍搞定常用合同文书、编排指定格式文案、完美处理超长文档等内容。

▶ **第 2 章 图文表格混排——个性花式玩不停：** 介绍结合图片充实文字、添加图表补充说明、SmartArt 做流程图等内容。

▶ **第 3 章 文档高阶应用——新手进化老司机：** 介绍省时省力做好审阅、设计版式一劳永逸、小技巧四两拨千斤等内容。

▶ **第 4 章 常见表格制作——做人事轻松写意：** 介绍玩转表格基础操作、重复数据不再费劲、条件格式大显身手等内容。

▶ **第 5 章 管理表格任务——做财务手到擒来：** 介绍筛选、分类、汇总，函数、公式、计算，透视、图表、打印等内容。

▶ **第 6 章 表格高阶应用——真正学会用表格：** 介绍分析工具不得不学、表格宏的启用探秘、小拓展也可堪大用等内容。

▶ **第 7 章 简单的幻灯片——让图文都动起来：** 介绍学习幻灯片的玩法、长篇大论条理清晰、图表数据一目了然等内容。

▶ **第 8 章 自带图形动作——幻灯片变动画片：** 介绍中规中矩演示文稿、幻灯片的多维展示、活灵活现的幻灯片等内容。

本书作者

　　本书由李杏林编著，其他参与编写的人员还有张小雪、罗超、李雨旦、孙志丹、何辉、彭蔓、梅文、毛琼健、胡丹、何荣、张静玲、舒琳博、黄聪聪、李靖、陈倩馨等。

　　由于作者水平有限，书中错误、疏漏之处在所难免。在感谢您选择本书的同时，也希望您能够把对本书的意见和建议告诉我们。

编　者

目录
Contents

第 3 章　文档高阶应用——新手进化老司机

第 4 章　常见表格制作——做人事轻松写意

第 5 章　管理表格任务——做财务手到擒来

第 6 章　表格高阶应用——真正学会用表格

6.1　分析工具不得不学（案例：产销预算分析表）　　　　　　　　　　　204

6.2　表格宏的启用探秘（案例：问卷调查系统）　　　　　　　　　　　218

6.3　小拓展也可堪大用（案例：项目成本费用表）　　　　　　　　　　　232

第 7 章 简单的幻灯片——让图文都动起来

第 8 章 自带图形动作——幻灯片变动画片

第1章

基础文案编排
——办公学习两不误

本章提要

在日常办公应用中，通常都需要对文本进行输入和排版。Word 2016是微软公司推出的强大文字处理工具的最新版本。使用该组件可以轻松进行输入和排版。本章通过聘用合同、工作计划、员工手册3个实操案例来介绍 Word 2016 的基本使用方法。在每个小节的末尾，还设置了1个拓展练习，通过附带的光盘打开素材进行操作，制作出书中图示的效果。

技能概要

文字输入 ········ 格式调整 ········ 文档美化 ········ 制作模板 ········ 保存恢复 ········ 转化打印

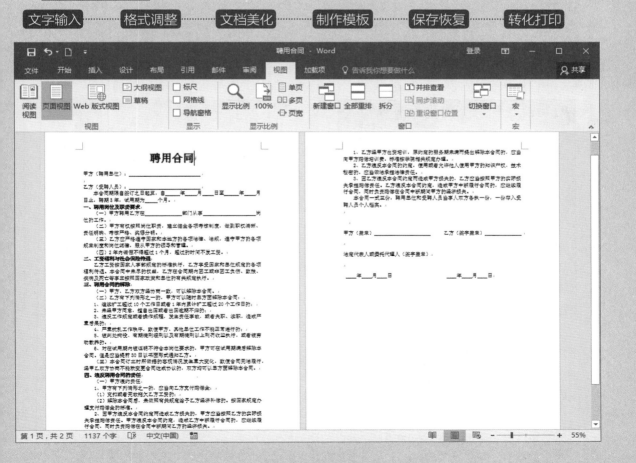

1.1 搞定常用合同文书（案例：聘用合同）

聘用合同是劳动合同的一种，是确立聘用单位和劳动者之间权利与义务关系的协议。这种合同是指以招聘或聘请在职或非在职劳动者中有特定技术业务专长者为专职或兼职的技术专业人员或管理人员为目的的一种合同。聘用合同是单位与受聘人员订立的有隶属关系的协议，属于身份关系协议的范畴。因此，聘用合同与调整民事权利义务关系的合同有重要区别。完成本例，需要在 Word 2016 中创建空白文档、输入内容、调整字体与字号、设置文字效果与字符间距、设置段落对齐方式等操作。

招式 001 为快速访问栏增删功能键

视频同步文件：光盘 \ 视频教学 \ 第 1 章 \ 招式 001.mp4

本节所需要完成的是聘用合同的处理。在办公应用中，往往会根据职位的不同，所常用的文档编辑功能也有所区别，可以根据需求，对快速访问栏进行增删，以适应自己的工作需要。快速访问栏中主要包括了一些常用的命令，如"保存""恢复"和"撤销"。在快速访问栏的最右侧是一个下拉按钮，单击此按钮，可以在弹出的下拉列表中添加或删除常用的命令，具体操作步骤如下。

① 选择命令

❶ 双击 Word 2016 的快捷方式，打开 Word 2016 程序，在 Word 2016 工作界面的快速访问栏中，单击"自定义快速访问工具栏"按钮，❷ 弹出下拉列表，选择"其他命令"命令。

② 选择选项

❶ 弹出"Word 选项"对话框，在左侧列表框中选择"快速访问工具栏"选项，❷ 在"从下列位置选择命令"下拉列表框中选择"不在功能区中的命令"选项。

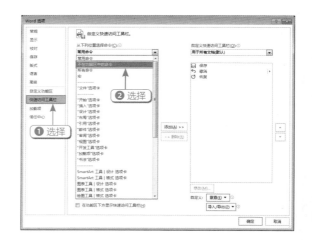

技巧拓展

在"自定义快速访问工具栏"下拉列表中，选择"新建""打开"等命令，当该命令选项前呈勾选状态时，则可以在快速访问工具栏中显示所对应的选项按钮；如果用户想取消已显示的选项按钮，则可以在已勾选的命令选项上进行选择即可取消。

③ 添加选项

❶ 在下方的列表框中选择"新建空白文档"选项，❷ 单击"添加"按钮，❸ 即可将选择的选项添加至右侧的列表框中，❹ 单击"确定"按钮。

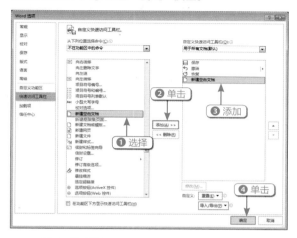

④ 查看选项按钮

返回到 Word 2016 的工作界面，在快速访问工具栏中即可查看新添加的选项按钮。

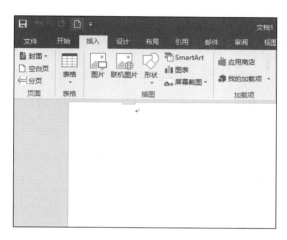

技巧拓展

在"Word 选项"对话框的左侧列表框中，选择"自定义功能区"选项，可以为功能区添加或删除主选项卡以及选项面板。

⑤ 删除选项按钮

❶ 在"Word 选项"对话框右侧的"自定义快速访问栏"列表框中，选择"恢复"选项，❷ 单击"删除"按钮。

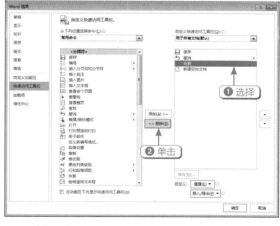

⑥ 查看快速访问工具栏

删除多余的选项按钮，并返回到 Word 2016 工作界面的快速访问工具栏中查看。

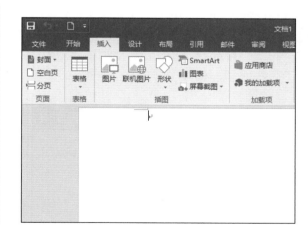

技巧拓展

在删除快速访问工具栏中的选项按钮时，可以直接选择已添加的选项按钮，右击，弹出快捷菜单，选择"从快速访问工具栏删除"命令即可。

招式 002　创建空白文档并输入内容

视频同步文件：光盘 \ 视频教学 \ 第 1 章 \ 招式 002.mp4

　　在聘用合同中，文本是该合同的主体。但是，在该合同中输入文本之前，首先需要在 Word 2016 中使用"新建"功能新建一个空白文档，并在空白文档中输入文本内容，具体操作步骤如下。

① 选择图标

　　❶ 在 Word 2016 工作界面中，选择"文件"选项卡，进入"文件"界面，选择"新建"命令，❷ 进入"新建"界面，选择"空白文档"图标。

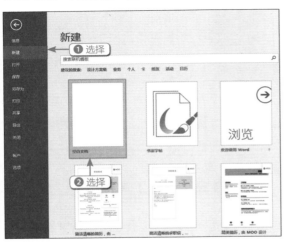

② 输入标题文本

　　❶ 系统新建一个空白文档，并自动命名为"文档 1"，❷ 将光标定位在第一行，输入标题文本"聘用合同"。

③ 输入第二行文本

　　在首行文本的末尾处定位光标，按 Enter 键，切换至第二行，输入文本"甲方（聘用单位）："，并在文本后添加多个空格。

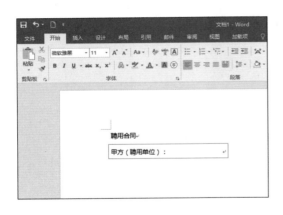

④ 复制粘贴文本

　　在第二行的末尾处，按两次 Enter 键，切换至第 4 行，打开本书提供的"聘用合同"文本文档，将文本文档中的文本复制粘贴到 Word 文档中。

5 选择命令

❶ 在"文件"菜单下选择"另存为"命令，❷ 在展开的"另存为"界面中选择"浏览"命令。

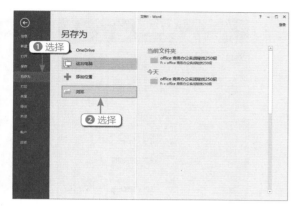

6 设置对话框

❶ 弹出"另存为"对话框，修改文档的保存路径，❷ 文件名修改为"聘用合同"，❸ 单击"保存"按钮，保存文档即可。

技巧拓展

在 Word 2016 的启动界面中，不仅可以新建空白的文档，还可以选择相应的模板图标，通过模板快速新建文档。

招式 003　字体的选择与字号的调整

视频同步文件：光盘 \ 视频教学 \ 第 1 章 \ 招式 003.mp4

一般情况下，在聘用合同文档中输入的文本都是程序默认的样式。因此，工作人员常常需要对合同文本的字体和字号进行设置。Word 中默认安装了多种字体样式，在编辑文档时可以为文本选择适合的字体，通过为文档的标题和正文内容设置不同的字号来体现文档的结构，具体操作步骤如下。

1 选择标题文本

在制作好的"聘用合同"文档中，将光标定位到标题文本的左侧，按住鼠标左键不放，向右拖曳选择标题文本。

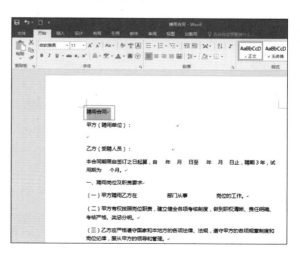

② 选择字体

❶ 在"开始"选项卡的"字体"面板中，单击"字体"右侧的下三角按钮，❷ 展开下拉列表框，选择"华文宋体"字体。

③ 选择字号

❶ 在"开始"选项卡的"字体"面板中，单击"字号"右侧的下三角按钮，❷ 展开下拉列表框，选择"小一"字号。

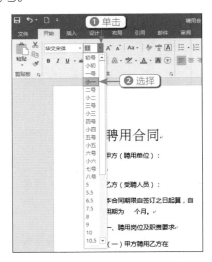

④ 加粗文本

❶ 在"开始"选项卡的"字体"面板中单击"加粗"按钮，❷ 此时可以看到加粗后的文本效果。

技巧拓展

在"字号"下拉列表框中，包含有多种字号大小，用户不仅可以使用已有的字号大小调整文本以外，还可以在"字号"文本框中直接输入需要调整的字号大小数值。

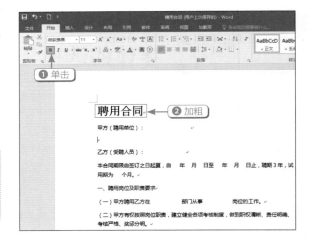

⑤ 修改正文文本

❶ 选择正文文本，在"字体"面板中修改"字体"为"宋体"，❷ 修改"字号"为"小四"。

技巧拓展

在"字体"面板中单击"倾斜"按钮，可以倾斜文本；单击"字体"颜色下三角按钮，可以在展开的下拉面板中设置文本颜色。

⑥ 加粗文本

❶ 按住 Ctrl 键，依次选择相应的文本对象，在"字体"面板中单击"加粗"按钮，❷ 此时可以看到加粗后的文本效果。

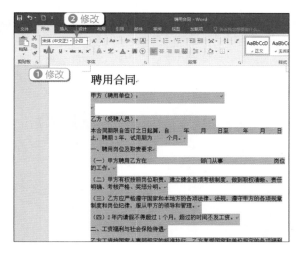

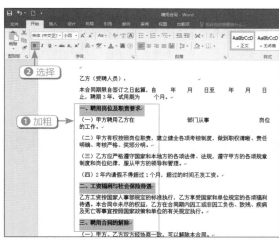

招式 004 文字效果与字符间距设置

视频同步文件：光盘\视频教学\第1章\招式004.mp4

在完成聘用合同中的字体与字号调整后，接下来就需要为文本的文字效果与字符间距进行设置，具体操作步骤如下。

1 单击按钮

❶ 在制作好的"聘用合同"文档中，选择标题文本，❷ 在"字体"面板右下角单击"字体"按钮。

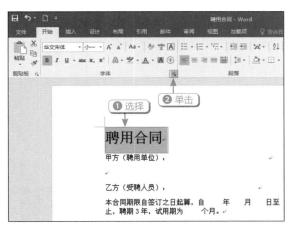

2 设置间距参数

❶ 弹出"字体"对话框，在"间距"下拉列表中选择"加宽"选项，❷ 修改"磅值"参数为"2磅"，❸ 单击"确定"按钮。

技巧拓展

"间距"下拉列表中包括"加宽""标准"和"紧缩"3种间距效果。选择"加宽"选项，则可以放宽字符之间的间距；选择"标准"选项，则让字符之间的间距保持默认状态；选择"紧缩"选项，则可以缩小字符之间的间距。

③ 设置字符间距

返回到文档中，完成字符间距的设置操作，并查看修改后的文本效果。

④ 选择阴影效果

❶ 再次选择标题文本，在"字体"面板中单击"文本效果和版式"下三角按钮，❷ 展开下拉面板，选择"阴影"命令，❸ 再次展开下拉面板，选择"居中阴影"选项。

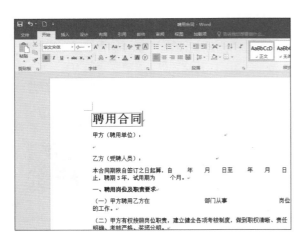

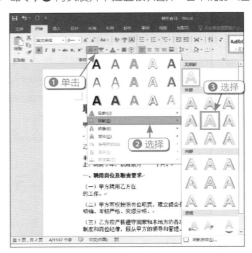

⑤ 设置文字效果

返回到文档中，完成文字阴影效果的添加，并查看修改后的文本效果。

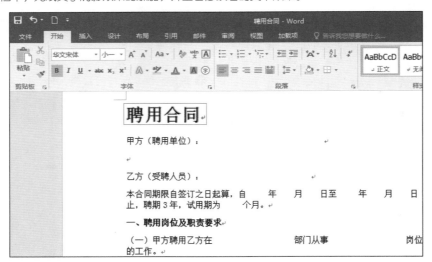

招式 005　为文档设置段落对齐方式

视频同步文件：光盘\视频教学\第1章\招式005.mp4

在修饰文档内容时，不仅需要对字符格式进行设置外，还需要对具体的段落对齐方式进行设置。使用"段落"面板中的各种对齐按钮，可以调整段落文本的位置，具体操作步骤如下。

1 单击按钮

❶ 在制作好的"聘用合同"文档中，选择文档中的标题文本，❷ 在"开始"选项卡的"段落"面板中，单击"居中"按钮。

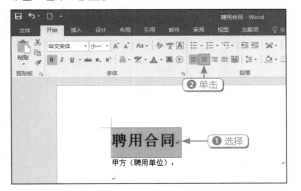

2 居中对齐文本

将标题文本居中放置在文档中，完成标题居中设置。

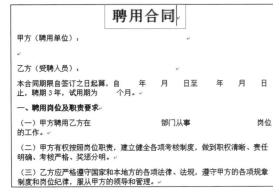

3 单击按钮

❶ 选择相应的段落文本，❷ 在"开始"选项卡的"段落"面板中，单击"两端对齐"按钮。

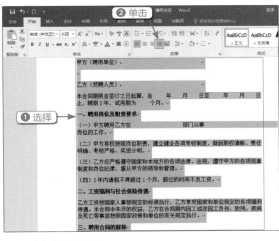

4 两端对齐文本

两端对齐正文文本，完成段落对齐方式的设置。

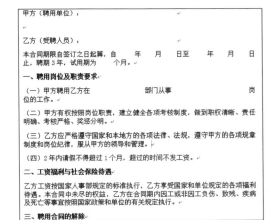

技巧拓展

段落的对齐方式有"左对齐""居中""右对齐"和"两端对齐"4 种，单击不同的按钮，则可以将文本放置在不同的位置上。

招式 006 为文档设置段落缩进方式

视频同步文件：光盘 \ 视频教学 \ 第 1 章 \ 招式 006.mp4

在编辑聘用合同文档时，常常需要让某段落相对于其他的段落缩进一些，以显示不同的层次。使用"段落设置"命令，可以在打开的"段落"对话框中修改段落的缩进方式，具体操作步骤如下。

① 单击按钮

❶ 在制作好的"聘用合同"文档中，按住 Ctrl 键，选择多行段落文本，❷ 在"开始"选项卡的"段落"面板右下角单击"段落设置"按钮。

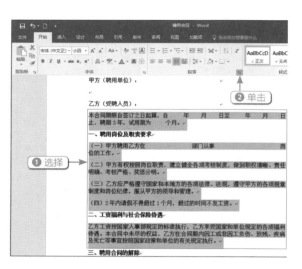

② 修改段落缩进选项

❶ 弹出"段落"对话框，在"特殊格式"下拉列表中选择"首行缩进"选项，❷ 单击"确定"按钮。

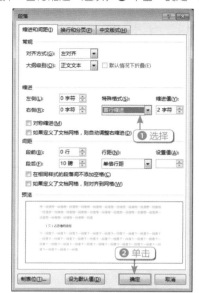

技巧拓展

段落缩进方式包括"左右缩进""首行缩进"和"悬挂缩进"3 种。选择不同的缩进方式，可以得到不同的缩进效果。

③ 设置段落缩进方式

返回到文档中，完成文档的段落缩进方式的设置，并查看文档效果。

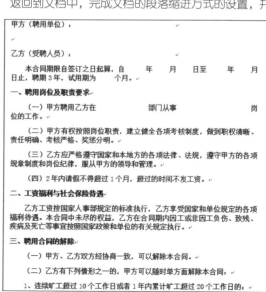

招式 007 为手写空白区域制作下划线

视频同步文件：光盘 \ 视频教学 \ 第 1 章 \ 招式 007.mp4

在聘用合同中，有打印之后让合同签订双方填写的区域，通常需要为这些空白区域添加下划线。因此，使用"下划线"功能可以快速添加下划线，具体操作步骤如下。

1 单击按钮

❶ 在合同的第 1 页文档中按住 Ctrl 键，选择多个空白区域，❷ 在"开始"选项卡的"字体"面板中，单击"下划线"按钮。

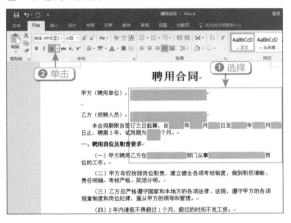

2 添加下划线

为选择的空白区域添加下划线，并查看文档效果。

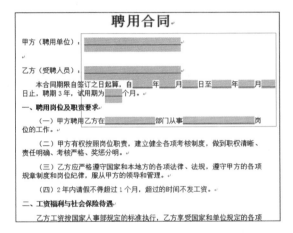

3 单击按钮

❶ 按住 Ctrl 键，选择结尾处的多个空白区域，❷ 在"开始"选项卡的"字体"面板中，单击"下划线"按钮。

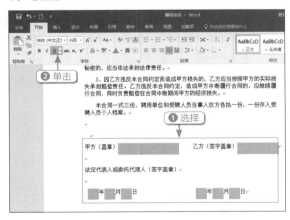

4 添加下划线

为选择的空白区域添加下划线，并查看文档效果。

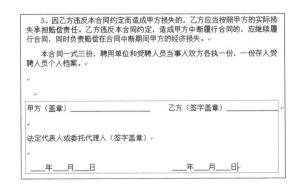

技巧拓展

单击"下划线"右侧的下三角按钮，将展开下拉列表，可根据需要选择下划线的线型以及颜色。

招式 008 一键处理复制的文档格式

视频同步文件：光盘 \ 视频教学 \ 第 1 章 \ 招式 008.mp4

在聘用合同文档中，不仅需要为文档设置段落对齐方式、缩进方式等，还需要设置段落的间距，但是一个一个设置特别烦琐，且增加工作量。用户可以在设置好段落格式后，使用 F4 键，一键复制文档的格式，具体操作步骤如下。

① 单击按钮

❶ 在合同文档的第二行文本前单击鼠标，选择整行文本，❷ 在"开始"选项卡的"段落"面板右下角单击"段落设置"按钮。

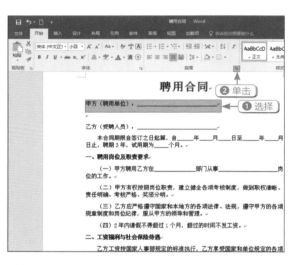

② 设置段落间距参数

❶ 弹出"段落"对话框，勾选"如果定义了文档网格，则自动调整右缩进"复选框，❷ 勾选"如果定义了文档网格，则对齐到网格"复选框，❸ 将"段前"和"段后"参数设为 0，❹ 单击"确定"按钮。

③ 设置段落间距格式

完成段落间距格式的设置，并查看段落文本效果。

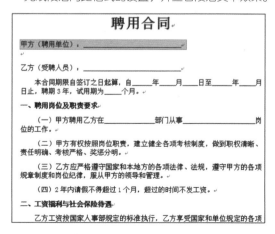

④ 复制文档格式

依次选择相应的段落文本，按 F4 键，复制文档格式。

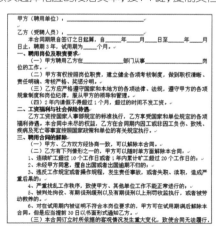

F4 键的功能十分强大，用户不仅可以一键复制文本格式，还可以在输入文本内容后，按 F4 键，一键快速输入重复的文本。

招式 009　横、竖排打印与效果预览

视频同步文件：光盘 \ 视频教学 \ 第 1 章 \ 招式 009.mp4

在完成聘用合同的文本输入与编辑后，还需要将合同文档打印出来，以供合同双方进行合同签订。在打印合同时，可以使用"纸张方向"功能调整文档的方向，将文档进行横排或竖排打印，并在打印之前先预览好设置的文档效果，确认无误后再进行打印，具体操作步骤如下。

1 选择命令

❶ 打开已制作好的"聘用合同"文档，在"布局"选项卡的"页面设置"面板中，单击"纸张方向"下三角按钮，❷ 展开下拉列表，选择"横向"命令，即可将文档的打印方向设置为横向排版打印。

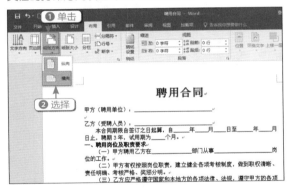

2 横排打印文档

❶ 在"文件"选项卡下，选择"打印"命令，❷ 进入"打印"界面，预览横排打印效果。

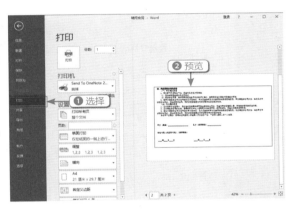

3 选择命令

❶ 在"布局"选项卡的"页面设置"面板中，单击"纸张方向"下三角按钮，❷ 展开下拉列表，选择"纵向"命令，即可将文档的打印方向设置为纵向排版打印。

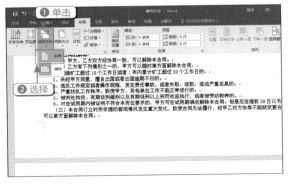

4 竖排打印文档

❶ 在"文件"选项卡下，选择"打印"命令，❷ 进入"打印"界面，预览竖排打印效果。

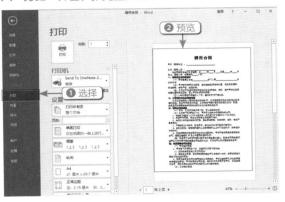

技巧拓展

在"打印预览"方式下，可以以打印的实际效果显示文档中的所有编辑信息，包括图表、图形等；同时还可以对设置页边距、打印区域、打印方向、纸张大小等参数，使文档在打印之前的编排达到更加完善的效果。

招式 010 实现文档的双页并排查看

视频同步文件：光盘 \ 视频教学 \ 第 1 章 \ 招式 010.mp4

在编辑文档时，常常会因为工作需要，对文档进行双页显示，以便快速审查文档内容。使用"双页"功能即可将文档进行双页并排查看，具体操作步骤如下。

1 单击按钮

打开已制作好的"聘用合同"文档，在"视图"选项卡的"显示比例"面板中，单击"多页"按钮。

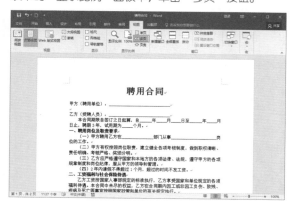

2 双页查看文档

双页显示文档并进行并排查看文档效果。

技巧拓展

在"显示比例"面板中，用户不仅可以多页显示文档，还可以单击"单页"按钮，将多页显示的文档恢复到原来的单页显示。

拓展练习 制作请假条与申请书

请假条是请求领导或老师以及其他准假不参加某项工作、学习、活动的文书，相当于公文中的"请示"，包含的内容有标题（居中）、上款、正文、请假时间、下款等；而申请书是个人或集体向组织、机关、企事业单位或社会团体表述愿望、提出请求时使用的一种文书。在进行请假条与申请单的制作时，会使用到文本内容输入、字体样式设置以及段落设置等操作。具体的效果如下图所示。

1.2 编排指定格式文案（案例：工作计划）

　　工作计划是行政活动中使用范围很广的重要公文，也是应用写作的一个重头戏。机关、团体、企事业单位的各级机构，对一定时期的工作预先做出的安排和打算时，都要制订工作计划。有了工作计划，工作就有了明确的目标和具体的步骤，就可以协调大家的行动，增强工作的主动性，减少盲目性，使工作有条不紊地进行。同时，计划本身又是对工作进度和质量的考核标准，对大家有较强的约束和督促作用。完成本例，需要在 Word 2016 中利用网格及标尺规范格式、利用边框调整大小、选择并插入底纹、设置加密保护以及为文档添加默认书签和水印等操作。

招式 011　利用网格及标尺规范格式

视频同步文件：光盘 \ 视频教学 \ 第 1 章 \ 招式 011.mp4

　　在完成文档的文本内容输入后，往往会根据内容，使用网格线和标尺对文档进行排版。在 Word 中，标尺包括水平标尺和垂直标尺，用于显示和调整文档的页边距、段落缩进、制表符等；而网格线则主要用于帮助用户将文档中的文本对象和图形对象等元素按照网格线对齐。标尺和网格线是排版操作中常用的工具，帮助用户提高工作效率，具体操作步骤如下。

1 选择命令

　　❶ 在 Word 2016 工作界面中，单击"文件"选项卡，进入"文件"界面，选择"打开"命令，❷ 进入"打开"界面，选择"浏览"命令。

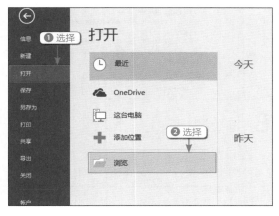

2 选择打开文档

　　❶ 弹出"打开"对话框，在随书配套光盘中的"素材\第 1 章"文件夹中选择"工作计划"文档，❷ 单击"打开"按钮。

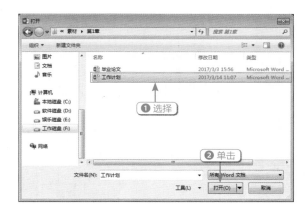

技巧拓展

　　在打开文档时，单击"打开"右侧的下三角按钮，展开下拉菜单，用户可以选择"打开"命令，则可以直接打开文档；若选择"以只读方式打开"命令，则将文档以只读的方式打开，该方式打开文档时只能阅览文档，不能进行编辑；若选择"以副本方式打开"命令，则可以打开该文档的副本；若选择"在浏览器中打开"命令，则可以直接在浏览器中打开文档；若选择"打开时转换"命令，则可以在打开文档时，对文档格式进行转换操作；若选择"在受保护的视图中打开"命令，则可以在受保护的视图中打开文档；若选择"打开并修复"命令，则可以在打开文档的同时直接修复文档。

③ 显示标尺和网格线

❶ 打开选择的文档，在"视图"选项卡的"显示"面板中，勾选"标尺"和"网格线"复选框，❷ 显示标尺和网格线。

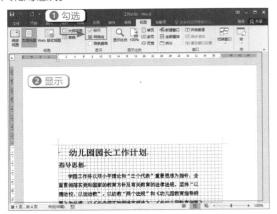

④ 拖曳鼠标

将鼠标指针移至左侧的垂直标尺上，当鼠标指针呈上下双向箭头形状时，单击鼠标并向上拖曳。

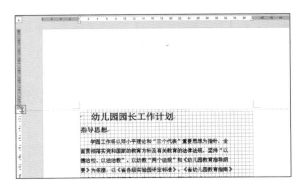

⑤ 使用标尺调整文档

拖曳至合适位置后，释放鼠标，即可使用标尺调整文档的页边距。

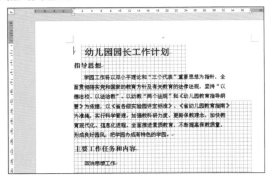

⑥ 拖曳鼠标

将光标定位第三行文本末尾处，在水平标尺上单击"右缩进"按钮，并向右拖曳。

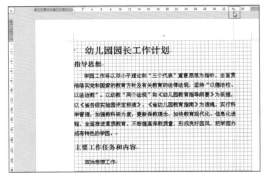

⑦ 使用标尺调整文档

拖曳至合适位置后，释放鼠标，即可使用水平标尺调整文档的页边距。

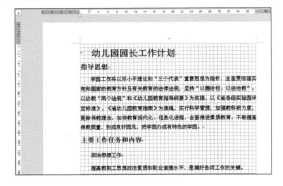

⑧ 拖曳鼠标

使用同样的方法，使用水平标尺依次调整其他段落文本的页边距格式。

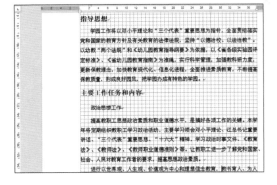

9 对齐网格线

选择最上方的文本框，单击鼠标并拖曳，将文本框左侧的边线与第 10 条垂直网格线对齐。

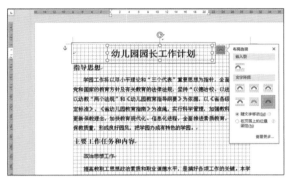

10 网格线规范文本

❶ 使用网格线对齐文本框，并在"视图"选项卡的"显示"面板中取消勾选"标尺"和"网格线"复选框，❷ 隐藏标尺和网格线。

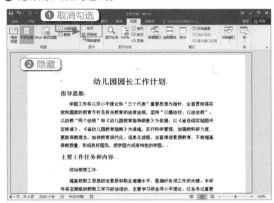

技巧拓展

Word 2016 中的"标尺"功能十分强大，使用标尺不仅可以调整段落的右缩进，还可以单击水平标尺上的"首行缩进"按钮，直接调整段落的首行缩进。

招式 012　利用边框调整合适大小

视频同步文件：光盘 \ 视频教学 \ 第 1 章 \ 招式 012.mp4

在利用网格及标尺规范格式后，还可以利用边框调整"工作计划"文档中的文本大小。在编辑文档时，有时为了美化显示文档的文本内容和关键字，可以对文本设置边框效果，具体操作步骤如下。

1 选择命令

❶ 在"工作计划"文档中，单击鼠标并拖曳，选择合适的段落文本，在"开始"选项卡的"段落"面板中，单击"边框"下三角按钮，❷ 展开下拉菜单，选择"所有框线"命令。

2 选择底纹

❶ 为选中的段落添加边框效果，再次添加边框的段落文本，在"开始"选项卡的"段落"面板中，单击"边框"下三角按钮，❷ 展开下拉菜单，选择"边框和底纹"命令。

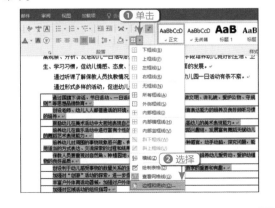

③ 设置边框参数

❶ 弹出"边框和底纹"对话框，在左侧的列表框中选择"自定义"图标，❷ 在"宽度"下拉列表中选择"1.5磅"选项，❸ 在右侧的"预览"选项区中，依次在外侧框线上单击鼠标左键，❹ 单击"确定"按钮。

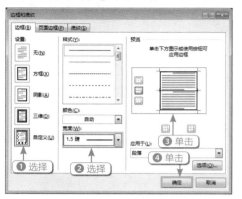

④ 添加外边框

为边框文本添加外边框效果，并查看文档效果。

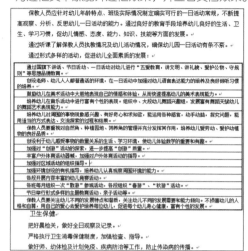

技巧拓展

在设置边框参数时，用户可以在"样式"下拉列表中选择合适的边框线型效果；在"颜色"下拉列表中，根据实际需要选择合适的边框颜色效果。

招式 013　选择以及插入合适的底纹

视频同步文件：光盘 \ 视频教学 \ 第 1 章 \ 招式 013.mp4

在"工作计划"文档中，用户不仅可以为文本添加表格边框效果，还可以为文本添加底纹效果，以突出重点内容，具体操作步骤如下。

① 选择文本

在"工作计划"文档中，按住 Ctrl 键，单击鼠标左键并拖曳，选择合适的段落文本。

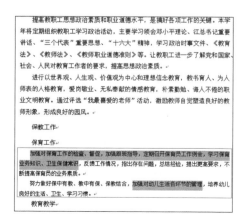

② 选择颜色

❶ 在"段落"面板中单击"底纹"右侧的下三角按钮，❷ 展开下拉面板，选择"浅绿"颜色，❸ 即可为选择的段落添加底纹效果。

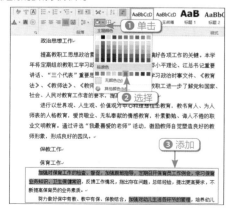

③ 添加底纹

使用同样的方法，在文档中依次选择其他的段落文本，为其添加底纹效果。

技巧拓展

在添加底纹效果时，用户不仅可以使用已有的颜色效果，还可以在"底纹"下拉面板中选择"其他颜色"命令，弹出"颜色"对话框，根据需要重新设置颜色参数。

招式 014 为文档快速添加编号效果

视频同步文件：光盘 \ 视频教学 \ 第 1 章 \ 招式 014.mp4

在"工作计划"文档中不仅需要添加边框和底纹效果，还需要添加编号效果。为"工作计划"文档添加编号效果，可以更加明确地表达工作计划内容之间的并列关系、顺序关系等，从而使文档的条理更加清晰，从而突出重点，具体操作步骤如下。

① 选择段落文本

在"工作计划"文档中，按住 Ctrl 键，单击鼠标左键并拖曳，选择合适的段落文本。

② 添加编号

❶ 在"开始"选项卡的"段落"面板中，单击"编号"右侧的下三角按钮，❷ 展开下拉面板，选择合适的编号样式，❸ 即可为选择的段落文本添加编号样式。

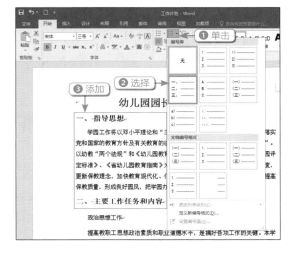

③ 选择命令

选择编号样式，右击，弹出快捷菜单，选择"调整列表缩进"命令。

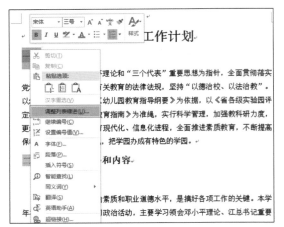

④ 设置对话框

❶ 弹出"调整列表缩进量"对话框，在"编号之后"下拉列表中选择"空格"选项，❷ 单击"确定"按钮。

技巧拓展

在添加编号样式时，用户不仅可以使用"编号库"中自带的编号样式，还可以在"编号"下拉面板中选择"定义新编号格式"命令，弹出"定义新编号格式"对话框，根据实际需要重新定义编号样式。

⑤ 调整列表缩进量

完成编号列表缩进量的调整操作，并查看文本效果。

⑥ 添加其他编号

使用同样的方法，依次为其他的段落文本添加编号样式，并调整段落文本的列表编号缩进量和文本缩进方式。

幼儿园园长工作计划

一、 指导思想

学园工作将以邓小平理论和"三个代表"重要思想为指针，全面贯彻落实党和国家的教育方针及有关教育的法律法规，坚持"以德治校、以法治教"。以幼教"两个法规"和《幼儿园教育指导纲要》为依据，以《省各级实验园评定标准》、《省幼儿园教育指南》为准绳，实行科学管理，加强教科研力度，更新保教理念，加快教育现代化、信息化进程，全面推进素质教育，不断提高保教质量，形成良好园风，把学园办成有特色的学园。

二、 主要工作任务和内容

政治思想工作

提高教职工思想政治素质和职业道德水平，是搞好各项工作的关键。本学年将定期组织教职工学习政治活动，主要学习领会邓小平理论、江总书记重要讲话、"三个代表"重要思想、"十六大"精神，学习政治时事文件、《教育法》、《教师法》、《教师职业道德准则》等。让教职工进一步了解党和国家、

(四) 教研工作

1. 加大教研力度。认真组织教师制定符合本段幼儿的月保教目标，选择符合目标、幼儿感兴趣的、来源于幼儿的生活的教育内容，共同探讨利于促进每一个幼儿在原有水平上发展的教育教学方式方法。

2. 教师可根据各班的特点拟定课题，做到教师人人有课题。定期组织观摩等研讨活动，共同探讨、反馈课题研讨情况，拟定下一阶段的研讨方法，争取出成果。

3. 本年学园教研重点将是"绘画和音乐教育"、"语言教育"，各段要针对教研重点组织教师人人参与的教育教学推优观摩活动，通过听课、评课，提高教师教研能力，促保教质量提高。

4. 教师要根据目标，选择符合幼儿兴趣的内容，设计形式较丰富的教育教学活动计划。

(五) 家长工作

1. 每学期召开两次"家长会"，共同商讨学园大事、要事，反馈家长对学园工作的建议、意见，沟通家园联系，向社会宣传幼儿园的作用，协助幼儿园共同搞好家园联系工作，促进幼儿园工作的进一步发展，同时对幼儿园管理、保教工作起监督、促进作用。

2. 提高家长育儿知识，沟通家园联系，达到家园同步教育，促进幼儿全面的发展。

招式 015　设置加密保护重要的信息

视频同步文件：光盘\视频教学\第 1 章\招式 015.mp4

在办公应用中，常常需要为办公文档添加密码保护，以防止其他人员查看文档内容，造成公司机密文件泄露。使用"用密码进行加密"功能可以为文档直接添加密码进行保护，用户再次打开加密的文档时，需要输入正确的密码才能打开，否则将不能打开加密文档，文档加密的具体操作步骤如下。

1 选择命令

❶ 在"工作计划"文档中，单击"文件"选项卡，进入"文件"界面，选择"信息"命令，❷ 进入"信息"界面，单击"保护文档"下三角按钮，❸ 展开下拉菜单，选择"用密码进行加密"命令。

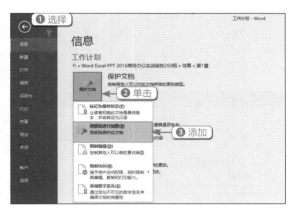

2 输入密码

❶ 弹出"加密文档"对话框，在"密码"文本框中输入密码，如 123456，❷ 单击"确定"按钮。

3 确认密码

❶ 接着弹出"确认密码"对话框，在"重新输入密码"文本框中输入相同的密码，❷ 单击"确定"按钮。

4 加密文档

即可完成密码的加密操作，并在"信息"界面中显示"保护文档"信息。

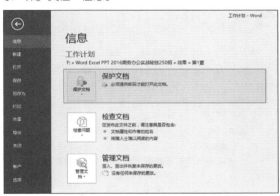

技巧拓展

文档的保护功能十分强大，除了设置文档密码外，还可以将文档状态标记为最终状态，以防止其他用户对该文档进行编辑操作。在"保护文档"下拉菜单中选择"标记为最终状态"命令，再根据提示进行操作即可。

招式 016　忘记密码后如何取消保护

视频同步文件：光盘 \ 视频教学 \ 第 1 章 \ 招式 016.mp4

在进行办公时，常常会需要将办公文档共享出来，给其他人查阅，但是如果仅仅只设置文档密码，则会出现其他用户知道文档密码后，随意更改文档内容的情况。因此，用户还可以为办公文档限制编辑，这样可以规避其他用户随意更改文档内容，只能进行内容查看。但是，在为文档限制编辑后，有时会出现密码忘记的情况，应该如何才能取消文档保护进行编辑呢？用户可以使用"插入对象"功能，将文档重新进行插入，具体操作步骤如下。

1 选择命令

❶ 在"工作计划"文档中,单击"文件"选项卡,进入"文件"界面,选择"信息"命令,❷ 进入"信息"界面,单击"保护文档"下三角按钮,❸ 展开下拉菜单,选择"限制编辑"命令。

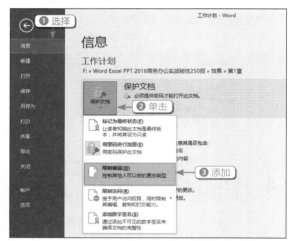

2 设置限制编辑参数

❶ 打开"限制编辑"窗格,勾选"限制对选定的样式设置格式"复选框,❷ 勾选"仅允许在文档中进行此类型的编辑"复选框,❸ 勾选"每个人"复选框,❹ 单击"是,启动强制保护"按钮。

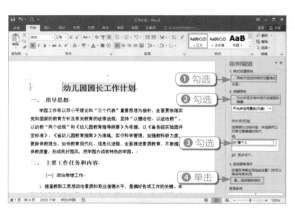

3 输入密码

❶ 弹出"启动强制保护"对话框,在"密码"选项区依次输入密码,如 1234567,❷ 单击"确定"按钮。

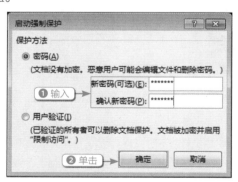

4 限制编辑保护文档

为文档添加限制编辑保护,并单击"保存"按钮,直接保存文档。

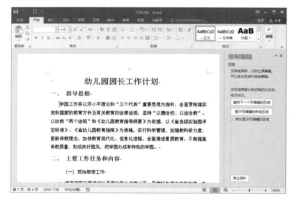

技巧拓展

在设置文档的限制编辑时,还可以在"启动强制保护"对话框中选中"用户验证"单选按钮,则可以通过用户验证限制文档的访问编辑。

5 选择图标

❶ 单击"文件"选项卡,进入"文件"界面,选择"新建"命令,❷ 进入"新建"界面,选择"空白文档"图标。

6 选择命令

❶ 新建一个空白文档,在"插入"选项卡的"文本"面板中,单击"对象"右侧的下三角按钮,❷ 展开下拉菜单,选择"对象"命令。

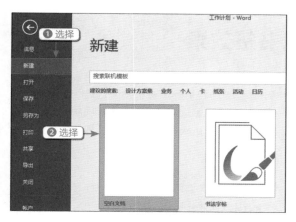

7 单击按钮

❶ 弹出"对象"对话框，切换至"由文件创建"选项卡，❷ 单击"浏览"按钮。

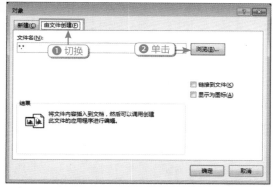

9 单击按钮

❶ 返回到"对象"对话框，单击"确定"按钮，弹出"密码"对话框，输入文档的加密密码，如123456，❷ 单击"确定"按钮。

技巧拓展

在忘记密码后取消保护时，用户不仅可以使用"插入文件"功能取消文档的限制编辑，还可以将已保护的文档另存为 XML 格式的文件，然后使用 UltraEdit 或 EditPlus 编辑软件，打开已保存的 XML 格式文件即可取消保护。

8 选择文档

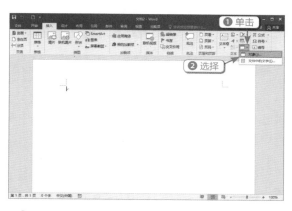

❶ 弹出"浏览"对话框，在随书配套光盘的"效果"文件夹中选择已保存的"工作计划"文档，❷ 单击"插入"按钮。

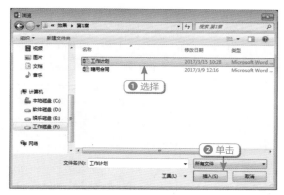

10 取消文档保护

在新建文档中插入带保护的文档，并在插入的文档中双击鼠标，再次打开文档，则可以取消文档的保护，直接编辑文档。

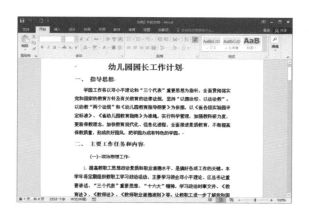

招式 017　为文档添加默认书签效果

视频同步文件：光盘 \ 视频教学 \ 第 1 章 \ 招式 017.mp4

在办公应用中，常常会用到书签来标识和命名文档中的某一个特定位置或选择的文本。使用"书签"功能可以直接定位到相应的文本，而不需要在文档中来回拖动滚动条查找，从而为后续操作的快速查找或引用提供了很大方便，具体操作步骤如下。

1　单击按钮

❶ 在"工作计划"文档中取消文档保护，选择合适的文本，❷ 在"插入"选项卡的"链接"面板中，单击"书签"按钮。

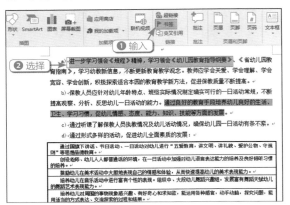

2　设置书签名称

❶ 弹出"书签"对话框，在"书签名"文本框中输入"书签 1"，❷ 单击"添加"按钮即可添加书签。

技巧拓展

在"书签"对话框中，用户不仅可以添加和定位书签，还可以单击"删除"按钮，删除多余的书签效果。

3　添加其他书签

使用同样的方法，为其他的段落文本添加书签，并在"书签"对话框中查看书签效果。

4　定位书签

在"书签"对话框中选择"书签 2"，单击"定位"按钮，即可通过书签定位文档的位置，从而查看文档。

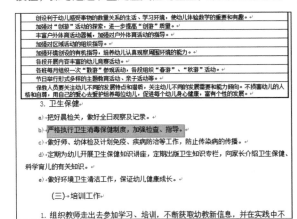

招式 018 自定义文档中的水印效果

视频同步文件：光盘 \ 视频教学 \ 第 1 章 \ 招式 018.mp4

在办公应用中，常常会需要为了强调办公文档的版权，从而在文档中添加水印效果。使用"水印"功能可以为文档添加背景图案的文字或图像，具体操作步骤如下。

1 选择命令

❶ 进入"工作计划"文档中，在"设计"选项卡的"页面背景"面板中，单击"水印"下三角按钮，❷ 弹出下拉面板，选择"自定义水印"命令。

2 设置水印参数

❶ 弹出"水印"对话框，选中"文字水印"单选按钮，❷ 修改"文字"为"部门保密"，❸ 设置"字体"为"微软雅黑"，❹ 单击"应用"按钮。

技巧拓展

在添加水印效果时，用户不仅可以添加自定义的水印效果，还可以直接在"水印"列表框中，根据需要选择合适的水印图标即可。

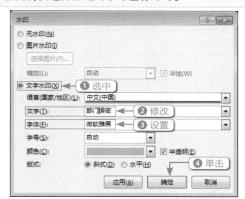

3 应用水印效果

为文档应用自定义的水印效果，并查看文档效果。

招式 019　默认与自定义文档的背景

视频同步文件：光盘 \ 视频教学 \ 第 1 章 \ 招式 019.mp4

为了使"工作计划"文档看起来更加美观，可以为文档添加各种漂亮的页面背景，比如纹理填充效果。使用"填充效果"功能，可以为文档添加各种各样的背景填充效果，具体操作步骤如下。

1 选择命令

❶ 在"工作计划"文档界面的"设计"选项卡中，单击"页面颜色"下三角按钮，❷ 弹出下拉面板，选择"填充效果"命令。

2 选择纹理效果

❶ 弹出"填充效果"对话框，在"纹理"列表框中选择"蓝色面巾纸"纹理效果，❷ 单击"确定"按钮。

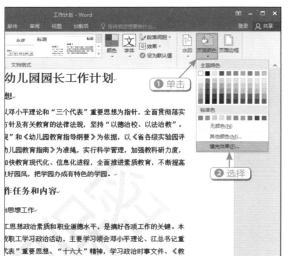

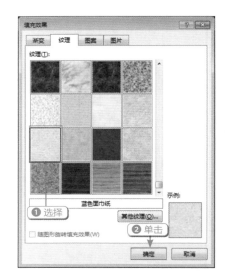

3 自定义背景效果

为文档应用自定义的纹理背景效果，并查看文档效果。

技巧拓展

在自定义文档的背景效果时，用户不仅可以添加纹理背景效果，还可以在"填充效果"对话框中，依次单击"渐变""图案"或"图片"选项卡，在相对应的选项卡中选择相应的填充效果。

招式 020　为文档选择合适的填充色

视频同步文件：光盘 \ 视频教学 \ 第 1 章 \ 招式 020.mp4

在"工作计划"文档中，用户不仅可以添加背景填充效果，还可以直接为文档添加填充颜色效果，具体操作步骤如下。

① 选择颜色

❶ 在"工作计划"文档界面的"设计"选项卡中，单击"页面颜色"下三角按钮，❷ 弹出下拉面板，选择"紫色，个性色 4，淡色 60％"颜色。

② 添加填充色

为文档选择合适的填充颜色效果，并查看文档效果。

技巧拓展

在"页面颜色"下拉面板中包含多种颜色效果，用户可以根据实际需要进行选择。如果想取消文档填充颜色效果的添加，则可以直接选择"无颜色"命令即可。

拓展练习　制作考试通知与规则

考试通知与规则是向考生对象告知或转达有关考试注意事项的文件,通过让考生对象知道或执行的公文。在进行考试通知与规则的制作时，会使用到边框和底纹添加、编号添加、设置加密保护、添加文档背景填充色等操作。具体的效果如下图所示。

1.3 完美处理超长文档（案例：员工手册）

员工手册是公司有效的管理工具，是员工的行动指南。员工手册既可以规范员工的行为，还可以展示企业形象，传播企业文化。每个公司都应该要有自己的员工手册。在编写员工手册的过程中，应该遵守依法而行、权责平等、讲求实际、不断完善和公平、公正、公开五个原则。完成本例，需要在 Word 2016 中自定义与修改标题样式、文档目录自动生成、为文档添加分页以及为文档添加封面等操作。

招式 021 标题样式的自定义与修改

视频同步文件：光盘\视频教学\第 1 章\招式 021.mp4

本节所需要完成的是员工手册的处理。在处理"员工手册"文档时，常常会用到样式的应用。样式是字体、字号和缩进等格式设置特性的组合，并将这一组合作为集合加以命名和存储。应用样式时，将同时应用该样式中所有的格式设置指令，具体操作步骤如下。

1 选择命令

打开随书配套光盘的"素材\第 1 章\员工手册 .docx"文档，在"开始"选项卡的"样式"面板右侧单击"其他"按钮，展开下拉面板，选择"创建样式"命令。

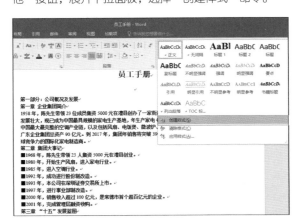

2 输入名称

❶ 弹出"根据格式设置创建新样式"对话框，在"名称"文本框中输入新样式名称"标题格式 1"，❷ 单击"修改"按钮。

③ 设置样式参数

❶ 弹出"根据格式设置创建新样式"对话框，在"样式基准"下拉列表中选择"标题 1"选项，❷ 修改"字体"为"华文宋体"、"字号"为"小二"，单击"加粗"和"左对齐"按钮，❸ 单击"格式"下三角按钮，❹ 展开下拉菜单，选择"段落"命令。

④ 设置段落参数

❶ 弹出"段落"对话框，在"大纲级别"下拉列表中选择"1 级"选项，❷ 修改"特殊格式"为"首行缩进"、"缩进值"为"1.27 厘米"，❸ 修改"段前"和"段后"均为"5 磅"，❹ 修改"行距"为"多倍行距"、"设置值"参数为 3。

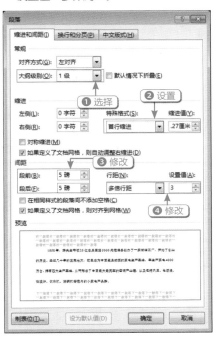

⑤ 创建新样式

依次单击"确定"按钮，即可完成"标题格式 1"样式的新建操作。使用同样的方法，依次新建"标题格式 2"、"标题格式 3"样式，并在"样式"下拉面板中查看新创建的样式效果。

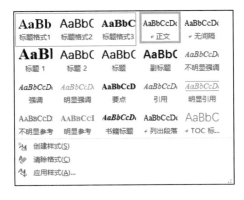

⑥ 选择命令

❶ 在"样式"下拉面板中选择"正文"样式，❷ 右击，弹出快捷菜单，选择"修改"命令。

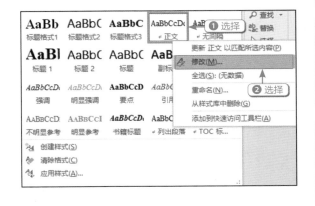

⑦ 设置样式参数

❶ 弹出"修改样式"对话框，在"字号"下拉列表中选择"小四"选项，❷ 单击"格式"下三角按钮，❸ 展开下拉菜单，选择"段落"命令。

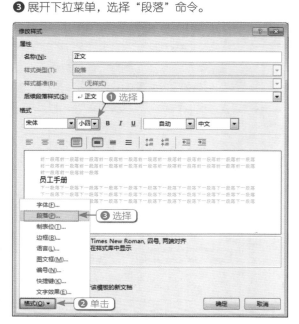

⑧ 设置段落参数

❶ 弹出"段落"对话框，修改"特殊格式"为"首行缩进"、"缩进值"为"2 字符"，❷ 修改"行距"为"1.5 倍行距"。

⑨ 应用标题样式

❶ 依次单击"确定"按钮，即可完成"正文"样式修改，选择第 2 行段落文本，在"样式"下拉面板中选择"标题格式 1"样式，❷ 即可应用标题样式。

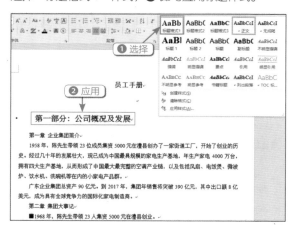

⑩ 应用样式效果

使用同样的方法，依次为相应的段落文本应用"标题格式 1"、"标题格式 2"、"标题格式 3"和"正文"样式，并查看文档效果。

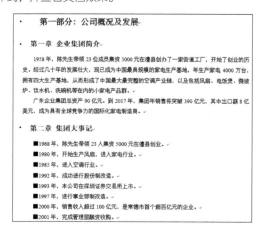

技巧拓展

在"样式"下拉面板中，用户不仅可以新建和修改样式，还可以单击"清除格式"按钮，将多余的格式进行删除操作。

招式 022 文档目录自动生成与更新

视频同步文件：光盘 \ 视频教学 \ 第 1 章 \ 招式 022.mp4

在完成"员工手册"文档的制作后，为了便于阅读文档，用户可以为文档添加一个目录。使用目录可以使文档的结构更加清晰，便于阅读者对整个文档进行定位。在完成目录的生成后，如果对"员工手册"文档进行了修改，导致文档中的内容或者格式发生了变化，则需要更新目录，具体操作步骤如下。

1 选择命令

❶ 在"员工手册"文档中，单击"引用"选项卡的"目录"面板中的"目录"下三角按钮，❷ 展开下拉列表，选择"自定义目录"命令。

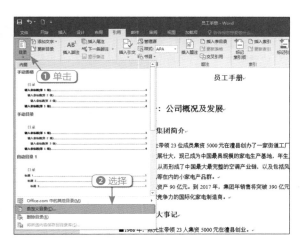

2 设置显示级别

❶ 弹出"目录"对话框，修改"显示级别"参数为2，❷ 单击"确定"按钮。

3 生成目录

❶ 自动生成目录，并修改相应的文本内容，❷ 在"目录"面板中单击"更新目录"按钮。

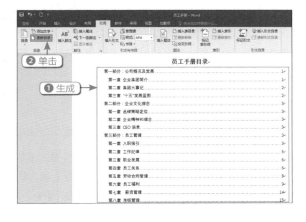

4 更新目录

❶ 弹出"更新目录"对话框，选中"只更新页码"单选按钮，❷ 单击"确定"按钮，即可完成目录更新。

技巧拓展

在创建目录时，用户不仅可以使用"自定义目录"命令生成自定义的目录效果，还可以选择"手动目录"方式，手动输入文档中的目录效果；也可以选择"自动目录"方式，自动生成文档中的目录效果。

招式 023 为制作好的文档添加分页

视频同步文件：光盘 \ 视频教学 \ 第 1 章 \ 招式 023.mp4

在处理"员工手册"文档时，用户不仅可以为文档生成目录，还可以为文档添加分页效果。分页符是一种符号，用于显示在上一页结束以及下一页开始的位置。使用"分页符"功能可以对文档进行分页，具体操作步骤如下。

1 选择命令

❶ 将光标定位在目录与标题文本中间的空行处，在"布局"选项卡的"页面设置"面板中，单击"分隔符"右侧的下三角按钮，❷ 弹出下拉菜单，选择"分页符"命令。

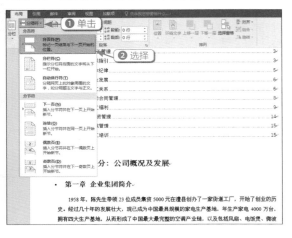

2 添加分页

完成分页的添加操作，并将目录单独生成一页，并在目录的底部显示分页符效果。

技巧拓展

"分隔符"下拉菜单中包括多种分页和分节效果，用户可以根据实际需要选择"分栏符""自动换行""下一页""连续""偶数页"或"奇数页"命令，从而在文档中添加不同的分页或分节效果。

招式 024 在指定页设置页眉和页脚

视频同步文件：光盘 \ 视频教学 \ 第 1 章 \ 招式 024.mp4

在"员工手册"的页面顶部或底部都会显示一些特定的信息，如页码、书名、章名、出版信息等，一般称它们为文档的页眉和页脚。在页眉或页脚中可以显示页码、公司名称、作者名字或者其他信息，具体操作步骤如下。

1 选择页眉样式

❶ 在"员工手册"文档中，单击"插入"选项卡的"页眉和页脚"面板中的"页眉"右侧的下三角按钮，❷ 弹出下拉列表，选择"瓷砖型"页眉样式。

2 输入页眉文本

弹出"页眉和页脚工具"选项卡面板，并弹出页眉输入文本框，在"键入文档标题"上单击鼠标左键，输入文本，对文本格式进行设置，并删除多余的文本。

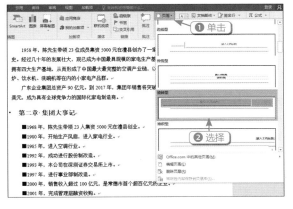

③ 查看页眉效果

在"设计"选项卡的"关闭"面板中，单击"页眉和页脚"按钮，退出页眉和页脚的编辑状态，查看创建好的页眉效果。

④ 选择页脚样式

❶ 在"插入"选项卡的"页眉和页脚"面板中，单击"页脚"右侧的下三角按钮，❷ 弹出下拉列表，选择"瓷砖型"页脚样式。

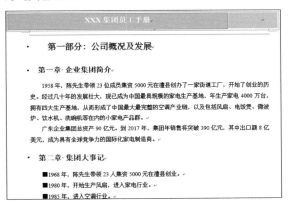

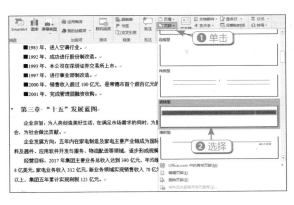

⑤ 输入页脚文本

弹出"页眉和页脚工具"选项卡面板，并弹出页脚输入文本框，在相应的文本框上单击鼠标左键，输入文本，并对文本格式进行设置。

⑥ 选择命令

❶ 将光标定位"第"和"页"之间，在"插入"选项卡的"文本"面板中，单击"文档部件"右侧的下三角按钮，❷ 弹出下拉菜单，选择"域"命令。

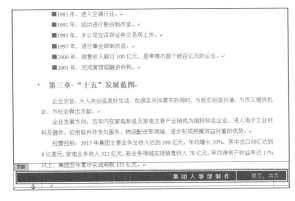

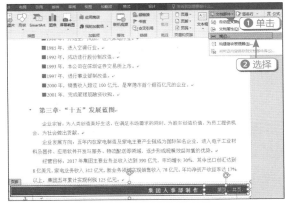

7 设置域参数

❶ 弹出"域"对话框,在"类别"下拉列表中选择"编号"选项,❷ 在"域名"列表框中选择 Page 选项,❸ 在"格式"列表框中选择合适的选项,❹ 单击"确定"按钮。

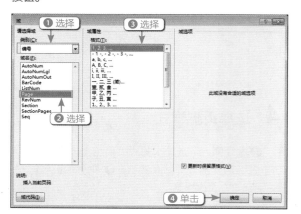

9 设置域参数

❶ 弹出"域"对话框, 在"域名"列表框中选择 NumPages 选项,❷ 在"格式"列表框中选择合适的选项,❸ 在"数字格式"列表框中选择 0 选项,❹ 单击"确定"按钮。

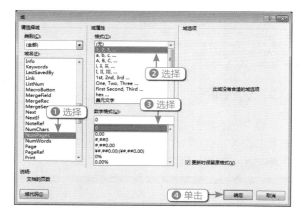

8 选择命令

❶ 完成域文本的添加,将光标定位"共"和"页"之间,在"插入"选项卡的"文本"面板中,单击"文档部件"右侧的下三角按钮,❷ 弹出下拉菜单,选择"域"命令。

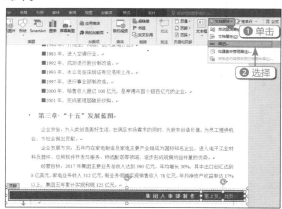

10 查看页脚

完成域文本的添加,在"设计"选项卡的"关闭"面板中单击"页眉和页脚"按钮,退出页眉和页脚的编辑状态,查看创建好的页脚效果。

- 第一章·品牌策略定位
  创新领导者
  特点,个性鲜明,体现企业形象的国际化和时代感
- 第二章·企业精神和理念
  企业精神——开放、和谐、务实、创新
  企业理念——为人类创造美好生活
- 第三章·CEO 语录
  △宁愿放弃一百万利润的生意,也不放过一个有用的人才
  △企业机制的弱化、退化,比一亿元的投资失误更致命
  △稳健经营、控制风险、有效增长,向利润第一转型
  △为社会创造价值,为股东创造利润,为员工创造机会

  集团人事部制作 第3页,共17页

技巧拓展

"页眉"和"页脚"下拉列表中包括多种页眉和页脚样式,用户可以根据实际需要进行选择和编辑操作。

招式 025 为奇偶页设置不同的效果

视频同步文件:光盘\视频教学\第 1 章\招式 025.mp4

　　"工作计划"文档中包括奇数页和偶数页，因此常常需要为办公文档设置奇偶页不同的页眉和页脚格式。使用"奇偶页不同"功能可以将奇数页与偶数页的页眉和页脚设置得不一样，具体操作步骤如下。

1 勾选复选框

　　在"员工手册"文档中的页眉上，双击鼠标左键，弹出"页眉和页脚工具"选项卡面板，在"选项"面板中勾选"奇偶页不同"复选框。

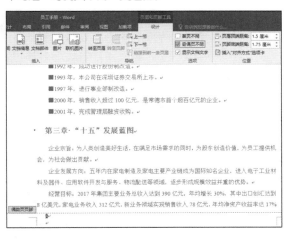

2 粘贴偶数页页眉

　　设置奇数页和偶数页不同的页眉和页脚效果。选择奇数页的页眉格式，将其复制粘贴至偶数页的页眉上。

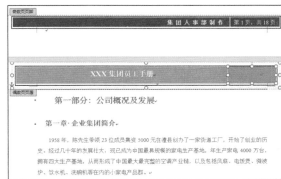

3 选择页脚样式

　　❶ 在"页眉和页脚"面板中，单击"页脚"下三角按钮，❷ 展开下拉列表，选择"飞跃型（偶数页）"页脚样式。

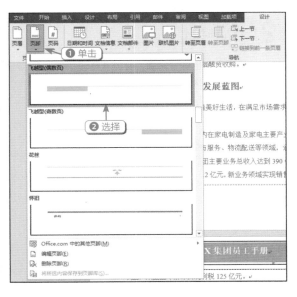

4 粘贴偶数页页脚

　　在偶数页的页脚上添加页脚样式，并将奇数页页脚上的页码文本复制粘贴至偶数页的页脚处。

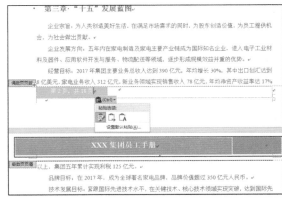

技巧拓展

　　用户不仅可以为奇偶页设置不同的页眉和页脚效果，在"选项"面板中勾选"首页不同"复选框，还可以为首页设置不同的页眉和页脚效果。

⑤ 选择命令

❶ 选择奇数页上的页眉横线，在"段落"面板中，单击"边框"右侧的下三角按钮，❷ 展开下拉菜单，选择"无框线"命令。

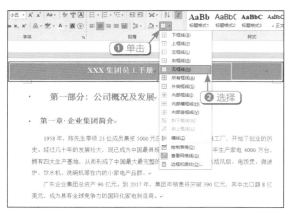

⑥ 取消页眉横线

取消奇数页上的页眉横线。使用同样的方法，取消偶数页上的页眉横线，并退出页眉和页脚的编辑状态。

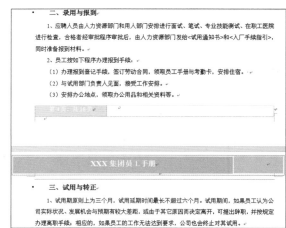

招式 026　为制作好的文档添加封面

视频同步文件：光盘 \ 视频教学 \ 第 1 章 \ 招式 026.mp4

"员工手册"文档制作好后，还需要为文档添加一个封面，以达到给人眼前一亮的效果。使用"封面"功能可以为文档直接添加封面效果，具体操作步骤如下。

1 选择封面样式

❶ 在已制作好的"员工手册"文档中，将光标定位在第 1 页文档的首行位置，单击"页面"面板中的"封面"右侧的下三角按钮，❷ 弹出下拉列表，选择"怀旧"封面样式。

2 添加封面

在文档中添加一个封面，并依次在添加的封面中修改对应的文本内容。

招式 027　使用"查找"功能查找文本

视频同步文件：光盘 \ 视频教学 \ 第 1 章 \ 招式 027.mp4

在办公应用中，由于文档的篇幅过长，常常会用到"查找"功能，查找和定位自己所需的文本，具体操作步骤如下。

1 选择命令

❶ 在已制作好的"员工手册"文档中，单击"编辑"面板中的"查找"按钮，❷ 展开下拉菜单，选择"查找"命令。

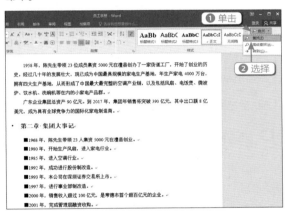

2 查找文本

❶ 弹出"导航"窗格，在文本框中输入"办公礼仪"，❷ 系统自动查找出文本内容。

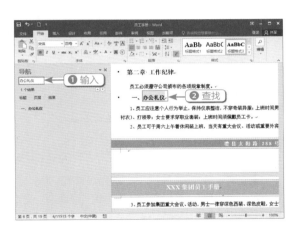

招式 028　特殊符号的统一查找替换

视频同步文件：光盘 \ 视频教学 \ 第 1 章 \ 招式 028.mp4

在处理"员工手册"文档时，常常需要更改文档中的特殊符号，但是一个一个修改，则比较烦琐，且增加工作量。此时，用户可以使用"替换"功能对特殊的符号进行统一的查找和替换，具体操作步骤如下。

1 单击按钮

在已制作好的"员工手册"文档中，单击"编辑"面板中的"替换"按钮。

2 设置对话框参数

❶ 弹出"查找和替换"对话框，在"查找内容"和"替换为"文本框中依次输入相应的符号，❷ 输入完成后，单击"全部替换"按钮。

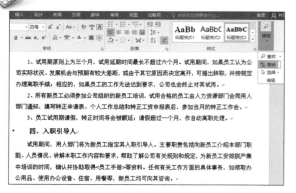

③ 单击按钮

查找并替换文档中的特殊符号，并弹出提示对话框，单击"确定"按钮。

⑤ 单击按钮

❶ 再次单击"编辑"面板中的"替换"按钮，弹出"查找和替换"对话框，在"查找内容"和"替换为"文本框中依次输入相应的符号，❷ 输入完成后，单击"全部替换"按钮。

④ 查看替换效果

返回到文档中，查看替换特殊符号后的文档效果。

四、入职引导人

试用期间，用人部门将为新员工指定其入职引导人。主要职责包括向新员工介绍本部门职能、人员情况、讲解本职工作内容和要求，帮助了解公司有关规则和规定，为新员工安排脱产集中培训的时间，确认并协助取得《员工手册》等资料。任何有关工作方面的具体事务，如领取办公用品、使用办公设备、住宿、用餐等，新员工均可向其咨询。

五、工作时间

员工工作时间为，每周工作五天半，其中周一至周五每天工作八小时，每天上午八时至下午五时半（中午 11、30 至 13、00 为午餐时间）；星期六上午工作三个半小时。周一至周五每天上午 10：00—10：15，下午 3：00—3：15 为工间休息时间。各经营单位因生产需要实行不定时或综合计时工时制的除外。

注：按照《劳动法》规定每周五天工作制的要求，集团在每年生产淡季期间安排公司假期，适当补偿员工本应在周六休假而付出的工作时间。

⑥ 查看替换效果

稍后将弹出提示对话框，单击"确定"按钮。返回到文档中，查看替换特殊符号后的文档效果。

四、入职引导人

试用期间，用人部门将为新员工指定其入职引导人。主要职责包括向新员工介绍本部门职能、人员情况、讲解本职工作内容和要求，帮助了解公司有关规则和规定，为新员工安排脱产集中培训的时间，确认并协助取得《员工手册》等资料。任何有关工作方面的具体事务，如领取办公用品、使用办公设备、住宿、用餐等，新员工均可向其咨询。

五、工作时间

员工工作时间为，每周工作五天半，其中周一至周五每天工作八小时，每天上午八时至下午五时半（中午 11、30 至 13、00 为午餐时间）；星期六上午工作三个半小时。周一至周五每天上午 10：00—10：15，下午 3：00—3：15 为工间休息时间。各经营单位因生产需要实行不定时或综合计时工时制的除外。

注：按照《劳动法》规定每周五天工作制的要求，集团在每年生产淡季期间安排公司假期，适当补偿员工本应在周六休假而付出的工作时间。

技巧拓展

在"查找和替换"对话框中，单击"替换"按钮，则可以只替换一处需要替换的内容；单击"更多"按钮，则展开对话框，对查找内容的各项选项参数进行设置。

招式 029　留一手防止文档损坏丢失

视频同步文件：光盘＼视频教学＼第 1 章＼招式 029.mp4

在办公应用中，常常会出现文档因为没有保存，而突然关闭的情况，当想再次打开该文档时，会发现文档不能打开或者打开后损坏。因此，为了预防这种情况，用户可以对文档进行备份和自动保存操作，具体操作步骤如下。

1 选择命令

在"员工手册"文档中的"文件"选项卡下，选择"选项"命令。

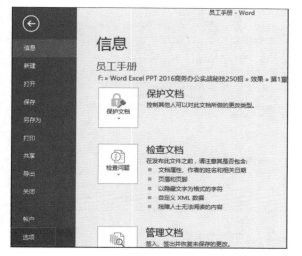

2 设置备份副本

❶ 弹出"Word 选项"对话框，在左侧列表框中选择"高级"选项，❷ 在右侧的"保存"选项组中勾选"始终创建备份副本"复选框。

3 设置自动保存时间

❶ 在"Word 选项"对话框的左侧列表框中选择"保存"选项，❷ 在右侧的"保存文档"选项组中勾选"保存自动恢复信息时间间隔"复选框，并修改其参数为3，❸ 单击"确定"按钮，即可完成备份副本和自动保存时间间隔的设置操作。

技巧拓展

在"保存文档"选项组中，单击"将文件保存为此格式"右侧的下三角按钮，在展开的下拉列表中选择合适的保存格式，单击"确定"按钮，即可设置默认的保存类型。

招式 030 手动恢复未保存的文档

视频同步文件：光盘 \ 视频教学 \ 第 1 章 \ 招式 030.mp4

在进行办公文档制作时，常常会出现计算机突然断电，导致文档来不及保存就关闭的情况。此时，用户可以使用"恢复未保存的文档"功能将没有保存的文档进行打开并编辑操作，具体操作步骤如下。

1 选择命令

❶ 在 Word 文档中的"文件"选项卡下，选择"信息"命令，❷ 进入"信息"界面，单击"管理文档"按钮，❸ 展开下拉菜单，选择"恢复未保存的文档"命令。

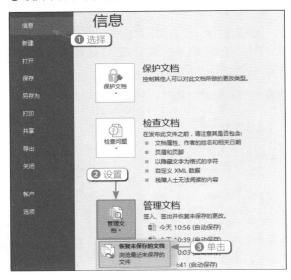

2 选择文档

❶ 弹出"打开"对话框，选择合适的文档选项，❷ 单击"打开"按钮。

3 单击按钮

打开未保存的文档，单击"另存为"按钮。

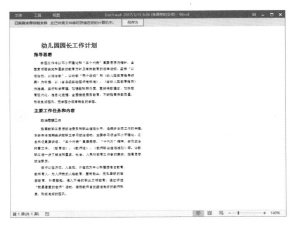

4 恢复文档

❶ 弹出"另存为"对话框，修改保存文件名，❷ 单击"保存"按钮，即可恢复未保存的文档，并将其保存。

技巧拓展

Word 中的"恢复"功能十分强大，用户不仅可以恢复未保存的文档，还可以在打开文档时，单击"打开"右侧的下三角按钮，在弹出的下拉菜单中选择"打开并修复"命令，修复受损的文档。

拓展练习 处理毕业论文并将其以 PDF 格式保存

毕业论文泛指各个学生在学业完成前写作并提交的论文，是教学或科研活动的重要组成部分之一。毕业论文能够反映出学生准确地掌握所学的专业基础知识，基本学会综合运用所学知识进行科学研究的方法。毕业论文在进行编写的过程中，需要经过选题报告、论文编写、论文上交评定、论文答辩以及论文评分 5 个过程。在进行毕业论文的制作时，会使用到标题样式的自定义与修改、目录自动生成、页眉和页脚的添加以及另存为 PDF 格式等操作。具体的效果如下图所示。

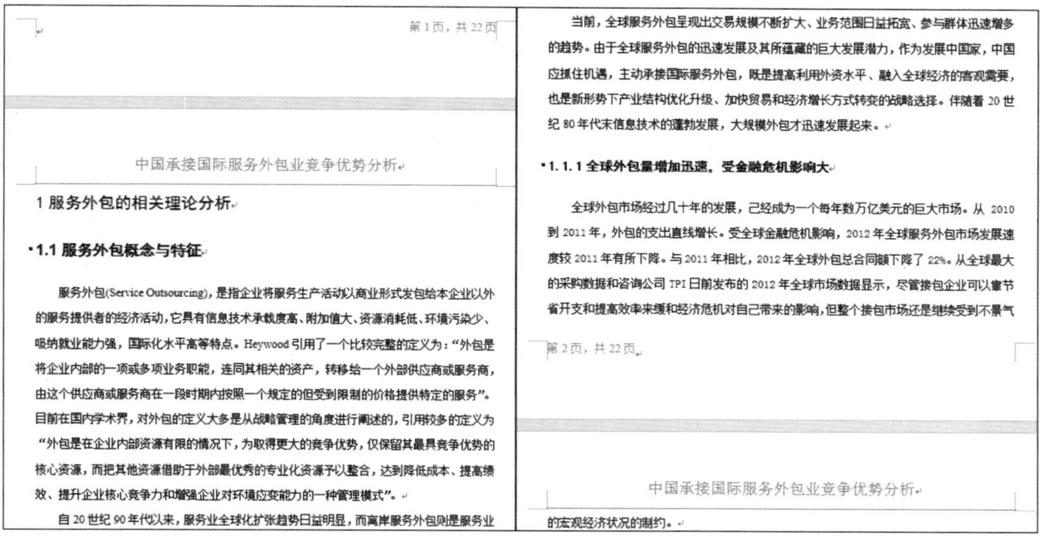

中国承接国际服务外包业竞争优势分析

1 服务外包的相关理论分析

1.1 服务外包概念与特征

服务外包(Service Outsourcing)，是指企业将服务生产活动以商业形式发包给本企业以外的服务提供者的经济活动，它具有信息技术承载度高、附加值大、资源消耗低、环境污染少、吸纳就业能力强、国际化水平高等特点。Heywood 引用了一个比较完整的定义为："外包是将企业内部的一项或多项业务职能，连同其相关的资产，转移给一个外部供应商或服务商，由这个供应商或服务商在一段时期内按照一个规定的但受到限制的价格提供特定的服务"。目前在国内学术界，对外包的定义大多是从战略管理的角度进行阐述的，引用较多的定义为"外包是在企业内部资源有限的情况下，为取得更大的竞争优势，仅保留其最具竞争优势的核心资源，而把其他资源借助于外部最优秀的专业化资源予以整合，达到降低成本、提高绩效、提升企业核心竞争力和增强企业对环境应变能力的一种管理模式"。

自 20 世纪 90 年代以来，服务业全球化扩张趋势日益明显，而离岸服务外包则是服务业

当前，全球服务外包呈现出交易规模不断扩大、业务范围日益拓宽、参与群体迅速增多的趋势。由于全球服务外包的迅速发展及其所蕴藏的巨大发展潜力，作为发展中国家，中国应抓住机遇，主动承接国际服务外包，既是提高利用外资水平、融入全球经济的客观需要，也是新形势下产业结构优化升级、加快贸易和经济增长方式转变的战略选择。伴随着 20 世纪 80 年代末信息技术的蓬勃发展，大规模外包才迅速发展起来。

1.1.1 全球外包量增加迅速，受金融危机影响大

全球外包市场经过几十年的发展，已经成为一个每年数万亿美元的巨大市场。从 2010 到 2011 年，外包的支出直线增长。受全球金融危机影响，2012 年全球服务外包市场发展速度较 2011 年有所下降。与 2011 年相比，2012 年全球外包总合同额下降了 22%。从全球最大的采购数据和咨询公司 TPI 日前发布的 2012 年全球市场数据显示，尽管接包企业可以节省开支和提高效率来缓和经济危机对自己带来的影响，但整个接包市场还是继续受到不景气

中国承接国际服务外包业竞争优势分析

的宏观经济状况的制约。

第2章
图文表格混排
——个性花式玩不停

本章提要

    在日常办公应用中，通常都需要将图片、文本、表格以及图形等混排在一起，从而使文档增色不少。使用 Word 2016 程序可以帮助用户轻松设计图文并茂的文档，使文档更加赏心悦目。本章通过招聘宣传海报、工作分析报告、员工晋升导图 3 个实操案例来介绍 Word 中图片、文本、表格以及 SmartArt 图形的基本使用方法。在每个小节的末尾，还设置了 1 个拓展练习，通过附带的光盘打开素材进行操作，制作出书中图示的效果。

技能概要

文字输入 ········ 插入图片 ········ 添加表格 ········ 插入图表 ········ 添加导图 ········ 美化图形

2.1 结合图片充实文字（案例：招聘宣传海报）

　　招聘宣传海报主要是指公司用来公布招聘信息的宣传海报，通过宣传海报可以为应聘者提供一个获得更多信息的来源。一般来说，招聘宣传海报的内容包括招聘人员的基本条件、报名的方式、报名的时间和地点等。每个公司的招聘要求不同，所做的招聘海报也各不相同。完成本例，需要在 Word 2016中利用图形插入来划分报头、以艺术字设置海报的标题、为各板块添加边框与背景、插入图片美化海报、调整图片、插入报尾和时间以及自定义编号样式与编号值等操作。

招式 031　利用图形插入来划分报头

视频同步文件：光盘 \ 视频教学 \ 第 2 章 \ 招式 031.mp4

　　报头是招聘宣传海报的眼睛，因此在进行招聘宣传海报的制作时，常常对海报的报头进行划分，从而使应聘人员能够更清晰地查看和理解招聘的内容。使用"图形"功能可以在海报中添加各种图形效果，从而划分报头中的每块区域，具体操作步骤如下。

1 选择图标

　　❶ 在 Word 2016 工作界面中，选择"文件"选项卡，进入"文件"界面，选择"新建"命令，❷ 进入"新建"界面，选择"空白文档"图标。

2 选择命令

　　❶ 新建一个文档。在"布局"选项卡的"页面设置"面板中，单击"页边距"下三角按钮，❷ 展开下拉菜单，选择"宽"命令。

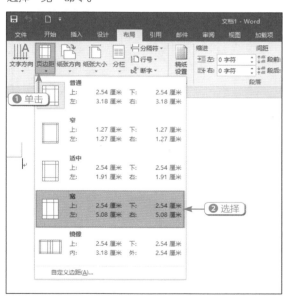

3 选择命令

　　❶ 设置页边距。在"文件"选项卡下，选择"另存为"命令，❷ 在"另存为"界面中，选择"浏览"命令。

4 保存文档

　　❶ 弹出"另存为"对话框，设置保存路径，❷ 设置文件名，❸ 单击"保存"按钮。

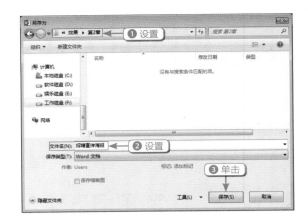

⑤ 选择形状

❶ 在"插入"选项卡的"插图"面板中，单击"形状"下三角按钮，❷ 展开下拉列表，选择"圆角矩形"形状。

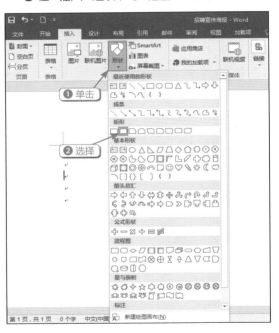

⑥ 绘制圆角矩形

❶ 在文档中单击鼠标左键并拖曳，绘制一个圆角矩形形状，❷ 在"格式"选项卡的"大小"面板中，修改"形状高度"为 1.2 厘米、"形状宽度"为 7 厘米。

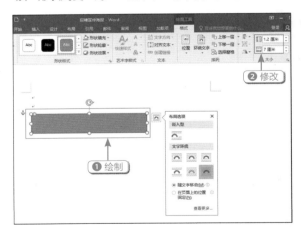

⑦ 选择形状样式

选择新绘制的圆角矩形形状，在"格式"选项卡的"形状样式"面板中，单击右侧的"其他"按钮，展开下拉列表，选择"强烈效果 – 绿色，强调颜色 6"形状样式。

⑧ 复制圆角矩形

更改圆角矩形形状的形状样式效果。选择新绘制的圆角矩形，对其进行复制操作，并修改各矩形形状的位置和形状样式效果。

技巧拓展

在更改形状样式时，用户不仅可以直接更改形状的样式，还可以单击"形状填充"按钮，更改形状的填充效果；单击"形状轮廓"按钮，更改形状的轮廓颜色；单击"形状效果"按钮，更改形状的阴影、映像、发光、柔化边缘、棱台、三维旋转效果。

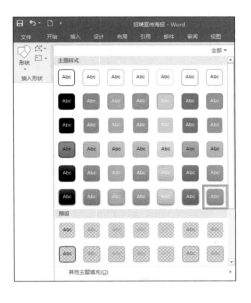

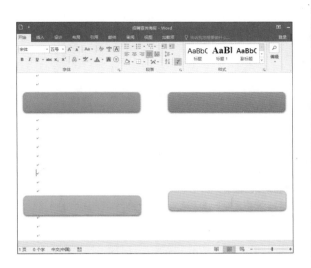

招式 032　设计海报的艺术字标题

视频同步文件：光盘＼视频教学＼第 2 章＼招式 032.mp4

在招聘宣传海报中，海报标题是必要元素。一般通过插入艺术字进行设计，一般采用大号字体，放在海报中醒目的位置。艺术字是一种具有特殊效果的文字，使用"插入艺术字"功能，可以在海报中插入一些具有艺术效果的标题文字，从而使海报的内容更加丰富多彩，达到吸引招聘人员的目的，具体操作步骤如下。

1 选择艺术字样式

❶ 在"招聘宣传海报"文档中，将光标定位在首行的位置处，在"插入"选项卡的"文本"面板中，单击"艺术字"下三角按钮，❷ 展开下拉面板，选择合适的艺术字样式。

2 输入艺术字

在首行位置显示一个艺术字文本框，删除文本框内的内容，重新输入文本"诚聘英才"。

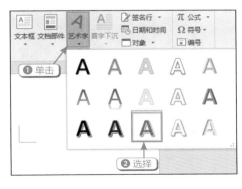

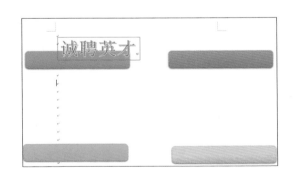

技巧拓展

"艺术字"下拉面板中包括多种艺术字样式，用户可以根据实际需要选择不同的艺术字样式，创建出不同的艺术字效果。

45

③ 修改艺术字格式

❶ 选择艺术字文本，在"字体"面板中，修改"字体"为"方正卡通简体"、"字号"为 90，❷ 完成艺术字文本格式的修改。

④ 修改艺术字填充颜色

❶ 选择艺术字文本，在"格式"选项卡的"形状样式"面板中，单击"文本填充"右侧的下三角按钮，❷ 展开下拉面板，选择"浅蓝"颜色即可。

技巧拓展

在"文本填充"下拉面板中，选择"无填充颜色"命令，则可以取消艺术字文本的填充效果；选择"其他填充颜色"命令，则在弹出的"颜色"对话框中重新选择其他的颜色效果或者定义颜色效果；选择"渐变"命令，则可以在展开的"渐变"下拉面板中选择合适的渐变颜色效果进行填充。

⑤ 选择艺术字样式

❶ 定位光标后，在"插入"选项卡的"文本"面板中，单击"艺术字"下三角按钮，❷ 展开下拉面板，选择合适的艺术字样式。

⑥ 输入艺术字文本

在相应的位置显示一个艺术字文本框，删除文本框内的内容，重新输入文本"高薪厚职等你来"。

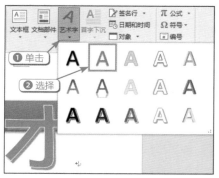

⑦ 修改艺术字效果和位置

选择新输入的艺术字样式，在"字体"面板中，修改"字体"为"汉仪中楷简"、"字号"为 30；在"形状样式"面板中，修改"文本填充"为"紫色"、"文本轮廓"为"白色"，并依次调整各艺术字和圆角矩形的位置。

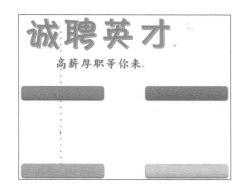

招式 033　为各板块添加文本框效果

视频同步文件：光盘 \ 视频教学 \ 第 2 章 \ 招式 033.mp4

　　在招聘宣传海报中不仅需要添加艺术字标题效果，还需要添加文本框效果。文本框是一种图形对象，它作为一个盛放文本或图形的"容器"，可以放置在页面上的任何位置，并可以任意调整其大小，具体操作步骤如下。

1 选择命令

❶ 在制作好的"招聘宣传海报"文档中，单击"插入"选项卡的"文本"面板中的"文本框"下三角按钮，❷ 展开下拉列表，选择"绘制文本框"命令。

2 修改字体效果

❶ 在文档中单击鼠标左键并拖曳，绘制一个文本框，并在文本框中输入文本。❷ 在"字体"面板中修改"字体"为"微软雅黑"、"字号"为 11，加粗相应的文本。

3 选择形状样式

　　选择文本框对象，在"形状样式"面板中单击右侧的"其他"按钮，展开下拉列表，选择合适的形状样式。

4 修改文本颜色

　　更改文本框的形状样式，并修改"形状颜色"为"蓝色，个性色 1，淡色 60%"，"字体颜色"为"黑色"，并查看文本效果。

第 2 章

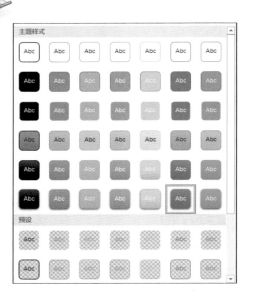

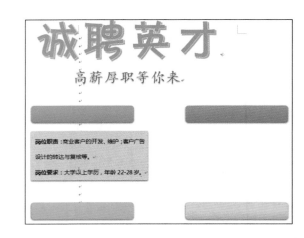

5 设置段落参数

❶ 选择文本框，单击"段落"面板中的"段落设置"按钮，弹出"段落"对话框，取消勾选所有的复选框，❷ 单击"确定"按钮。

6 调整文本框

更改文本框文本的段落格式，在文本框上单击鼠标左键并拖曳，调整文本框的大小和位置。

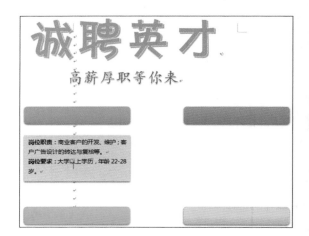

7 绘制文本框

选择"绘制文本框"命令，在圆角矩形上单击鼠标左键并拖曳，绘制一个文本框，并输入文本"市场营销"。

8 设置文本格式

❶ 在"字体"面板中，修改"字体"为"黑体"、"字号"为"小二"、"字体颜色"为"黑色"，❷ 并查看修改后的文本效果。

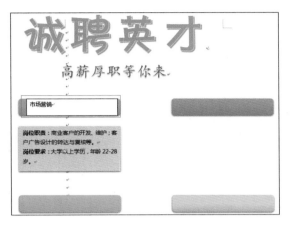

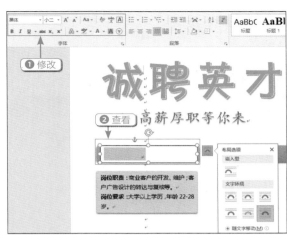

⑨ 设置文本框

在"格式"选项卡的"形状样式"面板中，修改"形状填充"和"形状轮廓"颜色均为"无"，并将文本框文本居中对齐。

⑩ 设置文本格式

依次选择文本框对象，对其进行复制操作，并修改各文本框的文本内容、文本框位置以及文本框的填充颜色。

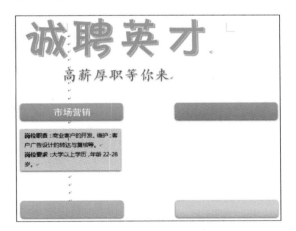

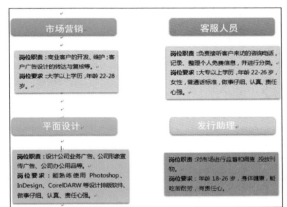

技巧拓展

在绘制文本框时，用户可以在"文本框"下拉列表中直接选择现有的文本框样式进行创建，也可以选择"绘制竖排文本框"命令，在文档中绘制垂直的文本框效果。

招式 034　插入的图片美化海报效果

视频同步文件：光盘 \ 视频教学 \ 第 2 章 \ 招式 034.mp4

图片是海报设计中的重要元素，在海报报头内插入美观、生动的图片，可以大大增加海报的宣传效果。使用"图片"功能可以快速在海报文档中添加图片效果，具体的操作步骤如下。

1 单击按钮

在"招聘宣传海报"文档中的"插入"选项卡下，单击"插图"面板中的"图片"按钮。

2 选择图片

❶ 弹出"插入图片"对话框，选择需要插入的"图片 1"图片，❷ 单击"插入"按钮。

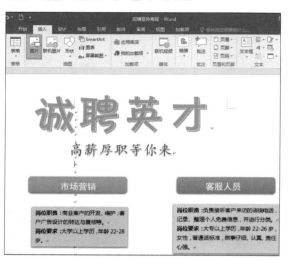

技巧拓展

在 Word 中除了插入单张图片外，还可以一次性插入多张图片。用户可以在"插入图片"对话框中，按住 Ctrl 键的同时，用鼠标单击选取多张需要插入到文档中的图片，然后单击"确定"按钮即可。

3 插入图片

返回到文档中，完成图片的插入操作，并查看插入的图片效果。

4 插入图片

使用同样的方法，在海报文档中插入其他的图片对象。

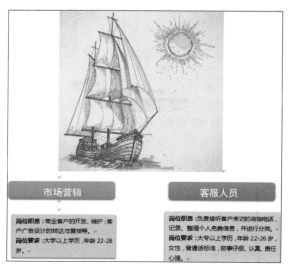

招式 035　快速将图形衬于文字下方

视频同步文件：光盘 \ 视频教学 \ 第 2 章 \ 招式 035.mp4

在宣传海报中添加图片后，为了能让图片与文字之间的编排更加紧密、美观，可以设置图片和文字的排列方式，将图片放置在文字的下方，从而增加海报的美感。使用"衬于文字下方"功能可以快速将图形衬于文字的下方，具体操作步骤如下。

1 选择命令

❶ 在"招聘宣传海报"文档中，选择最上方的图片对象，在"格式"选项卡的"排列"面板中，单击"环绕文字"下三角按钮，❷ 展开下拉菜单，选择"衬于文字下方"命令。

2 图形衬于文字下方

将图片衬于文字的下方。使用同样的方法，选择文档中最下方的图片对象，将其衬于文字的下方，并查看文档效果。

技巧拓展

图片的文字环绕方式，一般包括嵌入型、四周型、紧密型环绕、穿越型环绕、上下型环绕、衬于文字下方和衬于文字上方 7 种，用户可以选择不同的方式，从而得到不同的文字与图片环绕效果。

招式 036　调整图片的大小与位置

视频同步文件：光盘 \ 视频教学 \ 第 2 章 \ 招式 036.mp4

在制作招聘宣传海报时，用户不仅需要设置图片的环绕方式，还需要对图片的大小和位置进行调整，从而得到更加完美的海报效果。使用"格式"选项卡中的"大小"面板，可以对图片的大小进行调整，在完成图片的大小调整后，单击鼠标左键并拖曳图片，即可完成图片位置的调整，具体操作步骤如下。

1 修改图片大小

❶ 在"招聘宣传海报"文档中，选择最上方的图片对象，❷ 在"格式"选项卡的"大小"面板中，修改"高度"为 10、"宽度"为 23。

2 调整图片位置

在选择的图片上单击鼠标左键并拖曳，将其移动至合适的位置后，释放鼠标，即可完成图片位置的调整。

3 修改图片大小

❶ 选择最下方的图片对象，❷ 在"格式"选项卡的"大小"面板中，修改"高度"和"宽度"均为 25。

4 调整图片位置

在选择的图片上单击鼠标左键并拖曳，将其移动至合适的位置后，释放鼠标，然后依次调整各图形的位置。

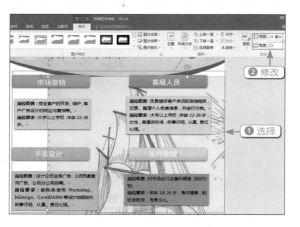

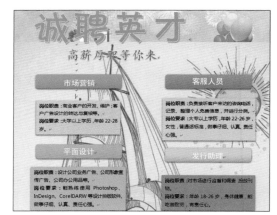

技巧拓展

在 Word 中，用户不仅可以调整图片的大小和位置，还可以使用"旋转"功能对图片进行各种角度的旋转。

招式 037 图片的分层叠加与组合

视频同步文件：光盘\视频教学\第 2 章\招式 037.mp4

在编排宣传海报文档时，为了使海报看起来更加美观，通常需要对图片进行分层叠加，并将图片组合为一个整体，具体操作步骤如下。

1 选择命令

❶ 在"招聘宣传海报"文档中，选择下方的图片对象，右击，弹出快捷菜单，选择"置于底层"命令，❷ 再次展开子菜单，选择"置于底层"命令。

2 置于底层放置图片

将选择的图片置于底层放置，并查看图片的分层叠加效果。

技巧拓展

　　在为图片添加分层叠加时，选择"置于顶层"命令，可以将图片置于顶层放置；选择"下移一层"命令，可以将图片下移一个图层进行放置。

3 选择命令

　　❶ 按住 Ctrl 键，选择多个图片对象，❷ 在"排列"面板中单击"组合"按钮，❸ 展开下拉菜单，选择"组合"命令。

4 组合图形

　　组合选择的图片对象，并使用同样的方法，依次组合文档中的图形和文本框对象。

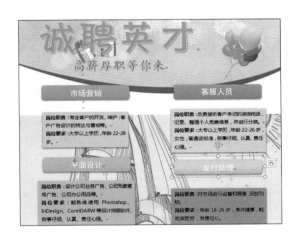

技巧拓展

　　在组合完图形后，组合的图形为一个整体。如果想取消图形的组合，则可以选择组合图形，在"排列"面板中单击"组合"按钮，展开"组合"下拉菜单，选择"取消组合"命令即可。

招式 038　报尾设计与自动插入日期

视频同步文件：光盘 \ 视频教学 \ 第 2 章 \ 招式 038.mp4

　　报尾部分是指招聘宣传海报的结尾处，其内容包括招聘单位、招聘地址、招聘电话以及招聘日期。用户可以直接在海报的结尾处输入文本，并对文本的字符格式进行设置，再通过"插入日期"功能插入招聘的日期和时间，具体操作步骤如下。

第 2 章

① 输入结尾文本

在"招聘宣传海报"文档中,将光标定位在海报文档的末尾处,依次输入相应的文本内容。

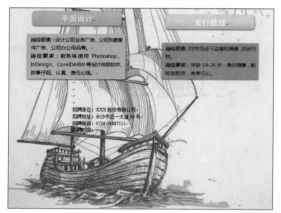

② 更改文本格式

❶ 在"字体"面板中,修改"字体"为"微软雅黑"、"字号"为"小四",并单击"加粗"按钮,❷ 此时可以查看更改后的文本格式。

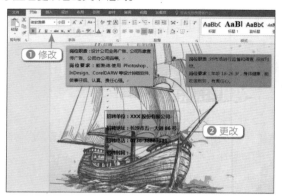

③ 添加边框

❶ 选择报尾文本,在"段落"面板中,单击"边框"右侧的下三角按钮,❷ 展开下拉菜单,选择"所有框线"命令。

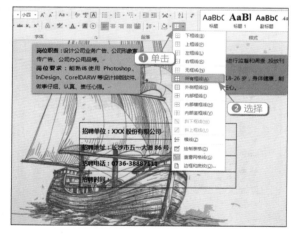

④ 选择命令

❶ 选择报尾文本,在"段落"面板中单击"边框"右侧的下三角按钮,❷ 展开下拉菜单,选择"边框和底纹"命令即可。

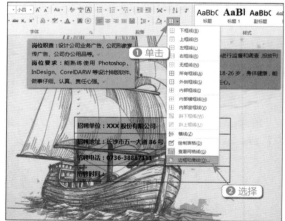

⑤ 设置边框参数

❶ 弹出"边框和底纹"对话框,在"边框"选项卡的"设置"列表框中选择"自定义"选项,❷ 在"颜色"下拉列表中选择"黄色"颜色,❸ 在"宽度"下拉列表中选择"1.5磅"选项,❹ 在"预览"选项组中单击线条。

⑥ 设置底纹参数

❶ 切换至"底纹"选项卡,❷ 在"填充"下拉面板中选择"蓝色,个性色5,淡色40%",❸ 在"应用于"下拉列表中选择"段落"选项,❹ 单击"确定"按钮。

技巧拓展

在为文本添加边框效果时,可以在"样式"下拉列表中选择多种边框样式效果进行添加。

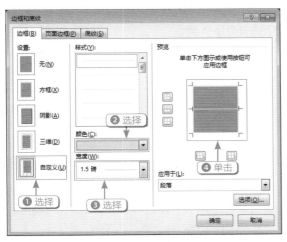

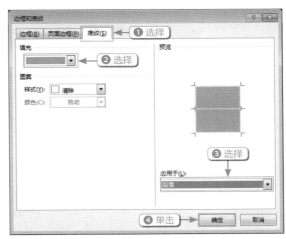

7 单击按钮

❶ 完成文本的边框和底纹的设置。❷ 在"插入"选项卡的"文本"面板中单击"日期和时间"按钮。

8 设置日期参数

❶ 弹出"日期和时间"对话框，在"可用格式"列表框中选择"2017 年 3 月 17 日"选项，❷ 单击"确定"按钮。

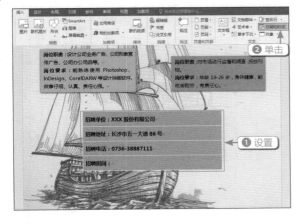

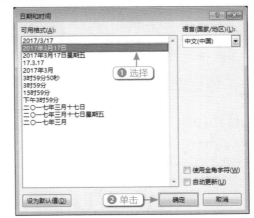

9 插入日期

完成日期的插入操作，并将插入的日期修改为"2018 年 3 月 19 日"。

技巧拓展

在添加日期时，勾选"自动更新"复选框，则可以自动更新插入的招聘时间，而不需要手动进行更改。

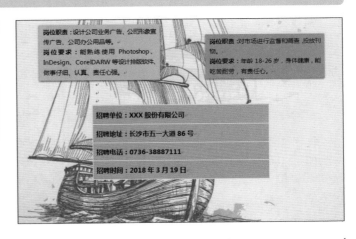

招式 039　让背景图形变成透明状态

视频同步文件：光盘 \ 视频教学 \ 第 2 章 \ 招式 039.mp4

在制作招聘宣传海报时，有时会对图片进行分层叠加，但是叠加后的图片效果没有融合在一起，很不美观。此时，用户可以使用"设置透明色"功能将图形设置为透明状态，从而融合图形，具体操作步骤如下。

1 选择命令

❶ 在"招聘宣传海报"文档中，选择最上方的背景图片，在"格式"选项卡的"调整"面板中，单击"颜色"下三角按钮，❷ 展开下拉面板，选择"设置透明色"命令。

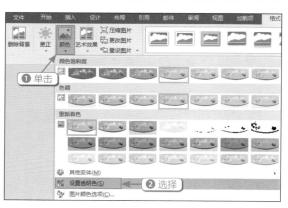

2 设置透明色

当鼠标指针变成相应的形状时，在图片的白色背景上单击鼠标左键，即可将图片的白色背景设置为透明色，并调整图形的位置。

技巧拓展

在"颜色"下拉面板中，用户不仅可以设置背景图片的透明色，还可以在"颜色饱和度"选项组中选择合适的选项，设置图片的颜色饱和度；在"色调"选项组中选择合适的色调效果，进行色调调整；在"重新着色"选项组中选择合适的着色效果，进行图片着色调整。

招式 040　自定义编号样式与编号值

视频同步文件：光盘 \ 视频教学 \ 第 2 章 \ 招式 040.mp4

在制作招聘宣传海报时，还需要为每个岗位添加一定的编号样式，以便对招聘进行分级显示。使用"编号"功能可以自定义新的编号样式，并对编号中的编号值进行设置，具体操作步骤如下。

1 选择命令

❶ 在"招聘宣传海报"文档中，选择左上方圆角矩形的文本，在"段落"面板中单击"编号"右侧的下三角按钮，❷ 展开下拉面板，选择"定义新编号格式"命令。

2 定义新编号样式

❶ 弹出"定义新编号格式"对话框，在"编号样式"下拉列表中选择"一，二，三（简）"编号样式，❷ 在"编号格式"文本框中输入文本，❸ 单击"字体"按钮。

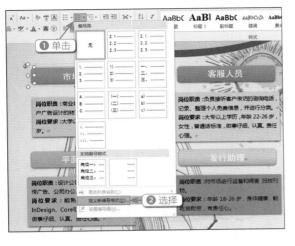

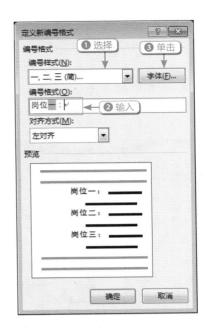

技巧拓展

在定义新的编号样式时，可以在"对齐方式"下拉列表中设置编号样式的对齐方式，其中包括"左对齐""居中"和"右对齐"3 种对齐方式。选择"左对齐"选项，可以将编号设置为靠文本的左对齐；选中"居中"选项，可以将编号设置为居中对齐；选择"右对齐"选项，可以将编号设置为靠文本的右对齐。

③ 选择命令

❶ 弹出"字体"对话框，在"中文字体"下拉列表中选择"黑体"字体，❷ 在"字号"下拉列表中选择"小二"选项，❸ 单击"确定"按钮。

④ 添加编号

返回到"定义新编号样式"对话框，单击"确定"按钮，返回到文档中，完成编号样式的自定义操作。

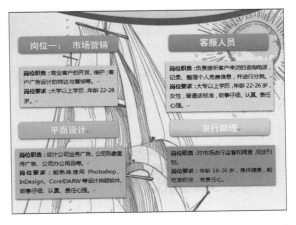

第 2 章

⑤ 添加编号

使用同样的方法，在其他的圆角矩形中的文本上，依次添加新添加的编号样式效果。

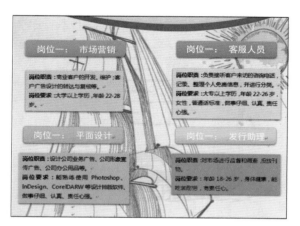

⑦ 设置起始编号参数

❶弹出"起始编号"对话框，在"值设置为"数值框中输入"二"，❷单击"确定"按钮。

技巧拓展

在"起始编号"对话框中，选中"继续上一列表"单选按钮，则可以接上一个编号列表进行编号值排序。

⑥ 选择命令

选择左下方编号值，右击，弹出快捷菜单，选择"设置编号值"命令。

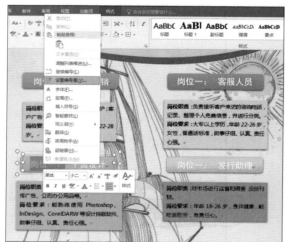

⑧ 更改编号起始值

完成编号起始值的更改，并查看更改后的文档效果。使用同样的方法，修改其他的编号起始值。

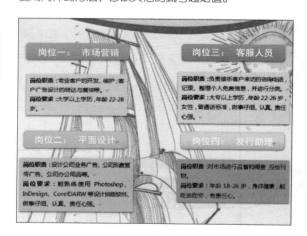

拓展练习　制作美食宣传海报

美食宣传海报是指由餐饮企业将美食产品方面的有关信息传播出去，以扩大影响和知名度。在进行美食宣传海报的制作时，会使用到图形插入、插入艺术字、添加图片以及设计报尾等操作。具体的效果如下图所示。

2.2 添加图表补充说明（案例：工作分析报告）

工作分析报告是指向上级机关汇报本单位、本部门、本地区工作情况、做法、经验以及问题的分析报告，是报告中常见的一种。工作分析报告的内容主要是向上级汇报工作，其表达方式以叙述、说明为主，在语言运用上要突出陈述性，充分显示内容的真实和材料的客观。完成本例，需要在 Word 2016 中手动或自动插入表格、选择表格样式并输入数据、让表格自动适应文字大小、使用表格进行双栏排版、插入图表、为编辑好的图表添加题注以及在打印中显示和隐藏图表等操作。

招式 041　表格自动插入的多种方式

视频同步文件：光盘 \ 视频教学 \ 第 2 章 \ 招式 041.mp4

在工作分析报告中常常会有表格内容，从而清晰、简洁地展现和分析出报告中的具体数据。在 Word 中创建表格的方法有多种，例如，可以通过指定行和列直接插入表格，通过绘制表格功能自定义各种表格、直接插入电子表格以及使用内置样式快速插入表格等，具体操作步骤如下。

1 切换下一行

打开随书配套光盘的"素材 \ 第 2 章 \ 工作分析报告 .docx"文档，将光标定位在"良好的基础"文本末尾处，按 Enter 键，切换至下一行。

2 手动插入表格

❶ 在"插入"选项卡的"表格"面板中，单击"表格"下三角按钮，❷ 展开下拉面板，在"表格"方框上，单击鼠标左键并拖曳，选择 4×2 表格，❸ 即可手动插入表格。

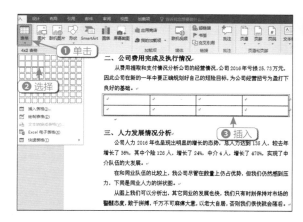

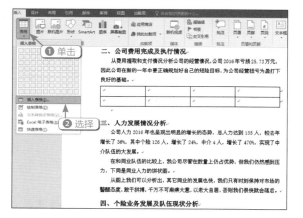

③ 选择命令

❶ 将光标定位在表格的下一行，在"插入"选项卡的"表格"面板中，单击"表格"下三角按钮，❷ 展开下拉面板，选择"插入表格"命令。

④ 设置表格参数

❶ 弹出"插入表格"对话框，修改"列数"参数为 4，❷ 修改"行数"参数为 7，❸ 单击"确定"按钮。

⑤ 使用标尺调整文档

完成表格的自动插入操作，并删除文档中的空行对象。

技巧拓展

在 Word 2016 中插入表格时，用户不仅可以使用自动插入方式，还可以在"表格"下拉面板中选择"绘制表格"命令，使用画笔工具在文档页面中拖曳鼠标左键绘制横线、竖线和斜线，从而创建出各种复杂的表格。

二、公司费用完成及执行情况

从费用提取和支付情况分析公司的经营情况,公司 2016 年亏损 25.73 万元,因此公司在新的一年中要正确规划好自己的短险目标,为公司经营扭亏为盈打下良好的基础。

三、人力发展情况分析

公司人力 2016 年也呈现出明显的增长的态势,总人力达到 135 人,较去年增长了 36%,其中个险 126 人,增长了 24%,中介 4 人,增长了 470%,实现了中介队伍的大发展。

招式 042　选择恰当样式并输入数据

视频同步文件：光盘 \ 视频教学 \ 第 2 章 \ 招式 042.mp4

在"工作分析报告"文档中插入表格后，表格中没有任何数据，且是以默认的样式显示。用户可以根据实际需要，在"表格样式"下拉列表中选择合适的表格样式进行套用，并直接使用数字键盘和中文输入法在表格中依次输入数据，具体操作步骤如下。

① 选择表格样式

在"工作分析报告"文档中，选择表格对象，在"设计"选项卡的"表格样式"面板中，单击右侧的"其他"按钮，展开下拉列表，选择"网格表 4– 着色 5"表格样式。

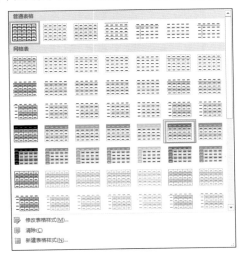

② 更改表格样式

为选中的表格更改表格样式，并查看更改样式后的表格效果。在表格的单元格中，依次输入文本和数据内容。

二、公司费用完成及执行情况

从费用提取和支付情况分析公司的经营情况，公司 2016 年亏损 25.73 万元，因此公司在新的一年中要正确规划好自己的短险目标，为公司经营扭亏为盈打下良好的基础。

费用提取和支付统计表			
费用提取项目	提取金额	费用支付项目	支付金额
长险可提费用	126.9 万	手续费支出	77.23 万
短险可提费用	37.07 万	工资性支统筹	54.71 万
集团件数提取	2.03 万	资产费用分摊	-1.75 万
可提费用合计	165.99 万	监险费	2.87 万
		招待费	0.14 万
		已支费用合计	191.72 万

三、人力发展情况分析

公司人力 2016 年也呈现出明显的增长的态势，总人力达到 135 人，较去年增长了 36%，其中个险 126 人，增长了 24%，中介 4 人，增长了 470%，实现了中介队伍的大发展。

③ 单击按钮

❶ 选择表格中最上方的一行单元格，❷ 在"布局"选项卡的"合并"面板中单击"合并单元格"按钮。

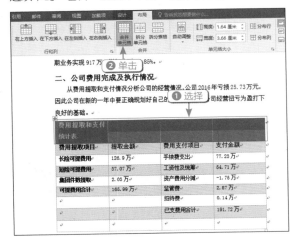

④ 合并表格

为选择的一行单元格进行单元格合并操作，并查看合并后的表格效果。

期业务实现 917 万，增幅达到 31.85%。

二、公司费用完成及执行情况

从费用提取和支付情况分析公司的经营情况，公司 2016 年亏损 25.73 万元，因此公司在新的一年中要正确规划好自己的短险目标，为公司经营扭亏为盈打下良好的基础。

费用提取和支付统计表			
费用提取项目	提取金额	费用支付项目	支付金额
长险可提费用	126.9 万	手续费支出	77.23 万
短险可提费用	37.07 万	工资性支统筹	54.71 万
集团件数提取	2.03 万	资产费用分摊	-1.75 万
可提费用合计	165.99 万	监管费	2.87 万
		招待费	0.14 万
		已支费用合计	191.72 万

三、人力发展情况分析

公司人力 2016 年也呈现出明显的增长的态势，总人力达到 135 人，较去年增长了 36%，其中个险 126 人，增长了 24%，中介 4 人，增长了 470%，实现了中

5 选择命令

选择最下方多余的行对象，右击，弹出快捷菜单，选择"删除行"命令。

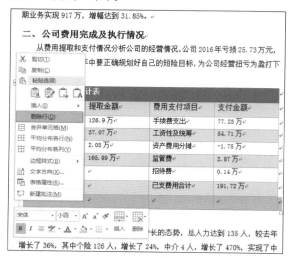

6 删除行

删除多余的行对象，并查看表格效果。

7 修改文本格式

❶ 选择最上方的单元格文本，在"字体"面板中，修改"字体"为"黑体"、"字号"为"三号"，❷ 并取消文本加粗。

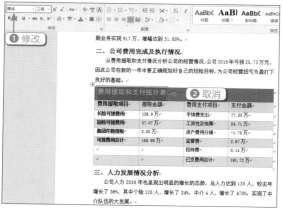

8 修改文本格式

使用同样的方法，依次修改表格中其他单元格的文本格式。

技巧拓展

在选择表格样式时，可以在"表格样式"下拉列表中选择"修改表格样式"命令，重新更改表格样式的各参数；选择"清除"命令，则可以直接清除表格的表格样式，恢复到默认的表格状态。

招式 043 快速调整表格布局和位置

视频同步文件：光盘\视频教学\第 2 章\招式 043.mp4

在"工作分析报告"文档的表格中输入数据后，需要对表格的行高、列宽以及文本对齐方式等布局进行设置，并将表格移动至合适的位置，具体操作步骤如下。

1 修改行高参数

❶ 在"工作分析报告"文档中选择表格对象，❷ 在"布局"选项卡的"单元格大小"面板中修改表格"高度"参数为 1。

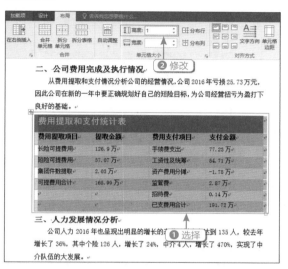

2 修改表格行高

修改表格的行高，并查看修改后的表格效果。

技巧拓展

在修改表格行高参数时，用户可以在"布局"选项卡的"单元格大小"面板中单击"分布行"按钮，将每个行的行高值进行平均分布；单击"分布列"按钮，将每个列的列宽值进行平均分布。

3 选择命令

❶ 再次选择表格对象，❷ 在"布局"选项卡的"单元格大小"面板中，单击"自动调整"下三角按钮，展开下拉菜单，❸ 选择"根据内容自动调整表格"命令。

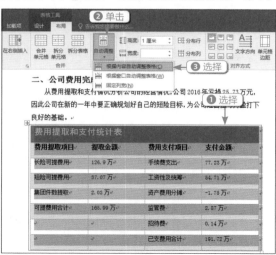

4 修改表格列宽

修改表格的列宽，并查看修改后的表格效果。

5 单击按钮

❶ 再次选择表格对象，❷ 在"布局"选项卡的"对齐方式"面板中单击"水平居中"按钮。

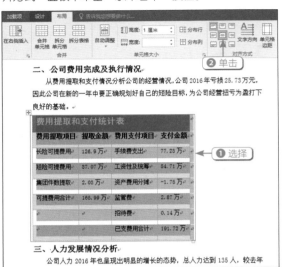

6 修改文本对齐方式

修改表格中文本的对齐方式，并查看修改后的表格效果。

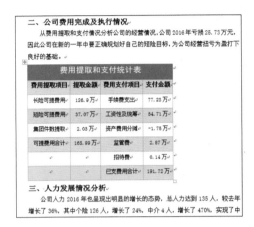

7 选择命令

再次选择表格对象，右击，弹出快捷菜单，选择"表格属性"命令。

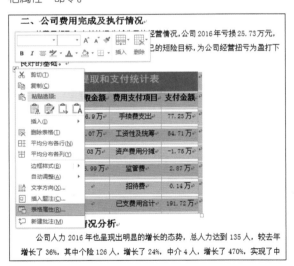

8 设置对话框

❶ 弹出"表格属性"对话框，在"表格"选项卡的"对齐方式"选项组中单击"居中"图标，❷ 并单击"确定"按钮。

9 设置表格位置

调整表格的位置，并查看更改位置后的表格效果。

技巧拓展

在调整表格的位置时，单击"左对齐"按钮，将表格在文档中靠左侧放置；单击"右对齐"按钮，将表格在文档中靠右侧放置。

二、公司费用完成及执行情况

从费用提取和支付情况分析公司的经营情况,公司 2016 年亏损 25.73 万元,因此公司在新的一年中要正确规划好自己的短险目标,为公司经营扭亏为盈打下良好的基础。

费用提取和支付统计表			
费用提取项目	提取金额	费用支付项目	支付金额
长险可提费用	126.9 万	手续费支出	77.23 万
短险可提费用	37.07 万	工资性及统筹	54.71 万
集团件数提取	2.03 万	资产费用分摊	-1.75 万
可提费用合计	165.99 万	监管费	2.87 万
		招待费	0.14 万
		已支费用合计	191.72 万

三、人力发展情况分析

公司人力 2016 年也呈现出明显的增长的态势,总人力达到 135 人,较去年

招式 044 让表格自动适应文字大小

视频同步文件:光盘 \ 视频教学 \ 第 2 章 \ 招式 044.mp4

在编辑"工作分析报告"文档中的表格时,经常会出现表格中文字由于字数不一样,出现文字的长短不一致,从而影响了表格的美观。此时,用户可以使用"适应文字"功能让表格自动适应文字的大小,具体操作步骤如下。

1 选择命令

在"工作分析报告"文档中,选择表格对象,右击,弹出快捷菜单,选择"表格属性"命令。

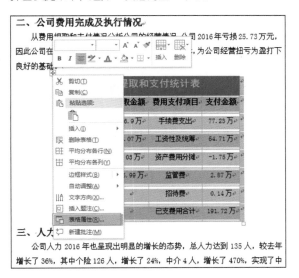

2 单击按钮

❶ 弹出"表格属性"对话框,切换至"单元格"选项卡,❷ 单击"选项"按钮。

3 设置单元格选项

❶ 弹出"单元格选项"对话框,在"选项"选项组中勾选"适应文字"复选框,❷ 单击"确定"按钮。

4 表格自动适应文字

返回到"表格属性"对话框,单击"确定"按钮,即可让表格自动适应文字大小,并查看表格效果。

二、公司费用完成及执行情况

从费用提取和支付情况分析公司的经营情况,公司 2016 年亏损 25.73 万元,因此公司在新的一年中要正确规划好自己的短险目标,为公司经营扭亏为盈打下良好的基础。

费用提取和支付统计表			
费用提取项目	提取金额	费用支付项目	支付金额
长险可提费用	126.9 万	手续费支出	77.23 万
短险可提费用	37.07 万	工资性及统筹	54.71 万
集团件数提取	2.03 万	资产损用分摊	-1.75 万
可提费用合计	165.99 万	监 管 费	2.87 万
		招 待 费	0.14 万
		已支费用合计	191.72 万

三、人力发展情况分析

公司人力 2016 年也呈现出明显的增长的态势,总人力达到 135 人,较去年增长了 36%,其中个险 126 人,增长了 24%,中介 4 人,增长了 470%,实现了中

技巧拓展

在"单元格选项"对话框中,勾选"自动换行"复选框,则可以将表格的文本根据单元格的大小自动进行换行操作,而不需要手动调整。

招式 045 新版插图表"不求 Excel"

视频同步文件:光盘 \ 视频教学 \ 第 2 章 \ 招式 045.mp4

在制作工作分析报告文档时,常常需要在文档中插入数据图表,从而将复杂的数据分析简单明了地表现出来。Word 2016 中提供了多种数据图表类型,如柱形图、折线图、饼图、条形图、面积图、散点图等,用户可以根据实际工作需要选择不同的图表类型,进行图表制作,具体操作步骤如下。

1 单击按钮

❶ 在"工作分析报告"文档中,将光标定位在相应文本末尾处,按 Enter 键,切换至下一行,❷ 在"插入"选项卡的"插图"面板中单击"图表"按钮。

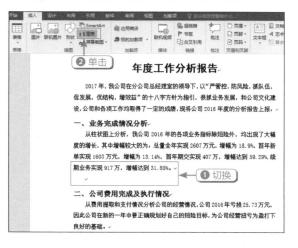

2 选择图表类型

❶ 弹出"插入图表"对话框,在左侧列表框中选择"柱形图"选项,❷ 在右侧列表框中选择"簇状柱形图"图标,❸ 单击"确定"按钮。

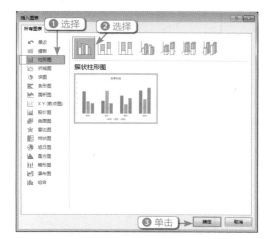

③ 输入数据

打开"Microsoft Word 中的图表"窗口，在单元格中输入数据，并调整列宽和范围。

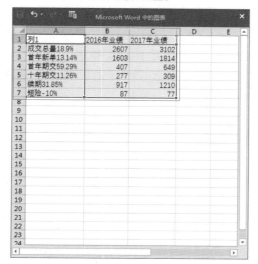

④ 创建图表

关闭图表窗口，返回到文档中，查看新创建好的图表。

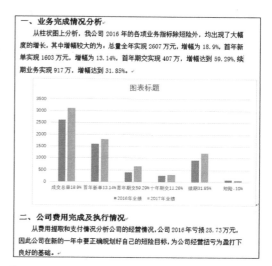

⑤ 更改图表布局和大小

在"图表布局"面板中，单击"快速布局"下三角按钮，展开下拉面板，选择"布局 4"选项，更改图表的布局，并用鼠标拖曳调整图表的大小。

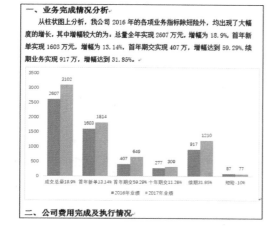

⑥ 创建其他图表

使用同样的方法，依次在文档中的其他位置分别添加饼图图表、柱形图图表以及折线图图表，并依次修改图表的布局和大小。

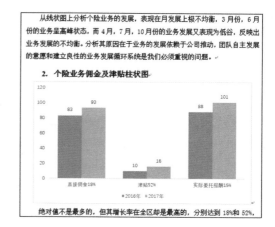

技巧拓展

图表的功能十分强大，在添加好图表对象并将其选择后，在"格式"选项卡的"大小"面板中修改"形状高度"和"形状宽度"参数即可修改图表大小。

招式 046　给跨页表格添加相同表头

视频同步文件：光盘 \ 视频教学 \ 第 2 章 \ 招式 046.mp4

在办公文档中添加表格后，常常会出现表格占用篇幅过大或者排版而导致表格内容跨页的情况。因此，给跨页的表格添加相同的表头很有必要。使用"表格属性"功能可以为跨页的表格添加相同的表头，具体操作步骤如下。

① 选择命令

在"工作分析报告"文档中，选择前两行表格对象，右击，弹出快捷菜单，选择"表格属性"命令。

② 勾选复选框

❶ 弹出"表格属性"对话框，勾选"在各页顶端以标题行形式重复出现"复选框，❷ 单击"确定"按钮。

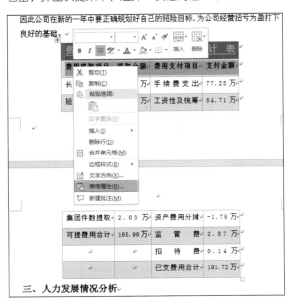

③ 输入密码

即可给跨页表格添加相同的表头，并查看文档效果。

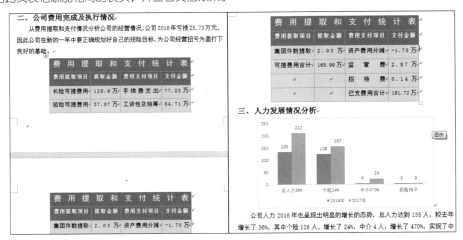

技巧拓展

在为表格跨页添加相同表头时，如果要重复的不止一行，可以选中多行，然后再设置标题行重复；如果全部选中表格，且这个表格的行数超过了一页，那么设置标题行重复是没有效果的。

招式 047　为编辑好的图表添加题注

视频同步文件：光盘 \ 视频教学 \ 第 2 章 \ 招式 047.mp4

　　在工作分析报告文档中添加了各种各样的图表后，由于图表太多，不好区分，此时就需要为每个图表添加题注效果，不仅可以满足排版需要，而且便于阅读，具体的操作步骤如下。

① 单击按钮

❶ 在"工作分析报告"文档中选择第一个图表，❷ 在"引用"选项卡的"题注"面板中单击"插入题注"按钮。

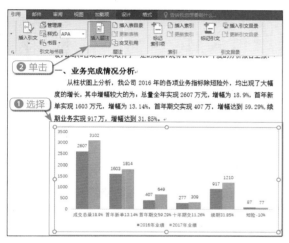

② 单击按钮

弹出"题注"对话框，单击"新建标签"按钮。

③ 输入标签名称

❶ 弹出"新建标签"对话框，在"标签"文本框中输入"图表"，❷ 单击"确定"按钮。

④ 显示新建题注

返回到"题注"对话框，显示新建的题注，单击"确定"按钮。

⑤ 创建题注

为图表创建好题注，并显示在选择图表的下方。

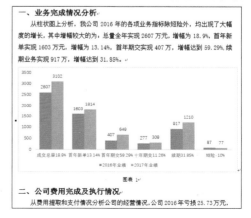

⑥ 创建题注

使用同样的方法，为其他的图表添加题注，并调整图表和题注的位置。

技巧拓展

在"题注"对话框中，单击"删除标签"按钮，将删除添加的题注标签；单击"编号"按钮，将弹出"题注编号"对话框，用于为题注添加章节或者小节的编号；单击"自动插入题注"按钮，将自动为图表添加题注。

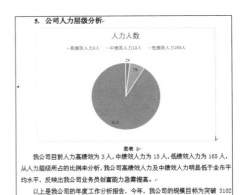

图表 8。

我公司目前人力高绩效为 3 人，中绩效人力为 13 人，低绩效人力为 165 人，从人力层级所占的比例来分析，我公司高绩效人力及中绩效人力明显低于全市平均水平，反映出我公司业务员创富能力急需提高。

以上是我公司的年度工作分析报告，今年，我公司的规模目标为突破 3102 万，其中续期保费为 1210 万，个险确保 157 万，短险 87 万，中介为 23 万，实现业务的新的突破。同时，我公司的面临的最大的短板是效益，因此我公司今年

招式 048 为新插入的图表进行美化

视频同步文件：光盘\视频教学\第 2 章\招式 048.mp4

在工作分析报告文档中添加图表后，图表是以默认状态显示的，用户可以根据实际工作需要，对图表进行美化，具体操作步骤如下。

① 选择图表样式

❶ 在"工作报告分析"文档中选择图表 1，❷ 在"设计"选项卡的"图表样式"面板中选择"样式 7"样式。

② 更改图表样式和填充

❶ 更改图表的样式。在"格式"选项卡的"形状样式"面板中单击"形状填充"右侧的下三角按钮，❷ 展开下拉面板，选择合适的填充颜色，❸ 即可更改图表的填充背景。

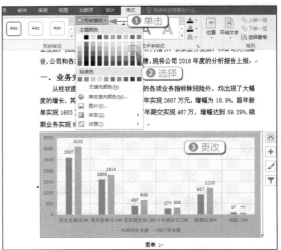

③ 美化文本格式

选择图表 1 中的各个文本框，将文本字体修改为"宋体"、"字体颜色"为黑色，完成图表文本格式的美化。

④ 美化图表 2

选择图表 2，修改"图表样式"为"样式 7"、"形状填充"颜色为"浅蓝"，并修改图表 2 中的文本字体格式。

一、业务完成情况分析

从柱状图上分析，我公司 2016 年的各项业务指标除短险外，均出现了大幅度的增长，其中增幅较大的为：总量全年实现 2607 万元，增幅为 18.9%，首年新单实现 1603 万元，增幅为 13.14%，首年期交实现 407 万，增幅达到 59.29%，续期业务实现 917 万，增幅达到 31.85%。

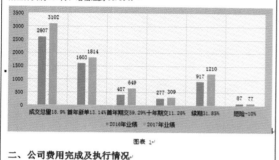

图表 1

二、公司费用完成及执行情况

三、人力发展情况分析

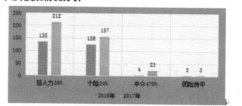

图表 2

公司人力 2016 年也呈现出明显的增长的态势，总人力达到 135 人，较去年增长了 36%，其中个险 126 人，增长了 24%，中介 4 人，增长了 470%，实现了中介队伍的大发展。

在和同业队伍的比较上，我公司尽管在数量上仍占优势，但我们仍然感到压力，下图是同业人力的饼状图。

⑤ 美化图表 3

选择图表 3，修改"形状填充"颜色为"黄色"，并修改图表 3 中的文本字体格式。

⑥ 美化图表 4

选择图表 4，修改"形状样式"为"中等效果 – 橙色，强调颜色 2"，并修改图表 4 中的文本字体格式。

四、个险业务发展及队伍现状分析

1. 业务发展月线状图

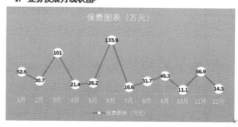

图表 4

从线状图上分析个险业务的发展，表现在月发展上极不均衡，3 月份，6 月份的业务呈高峰状态，而 4 月，7 月，10 月份的业务发展又表现为低谷，反映出业务发展的不均衡。分析其原因在于业务的发展依赖于公司推动，团队自主发展的意愿和建立良性的业务发展循环系统是我们必须重视的问题。

公司人力 2016 年也呈现出明显的增长的态势，总人力达到 135 人，较去年增长了 36%，其中个险 126 人，增长了 24%，中介 4 人，增长了 470%，实现了中介队伍的大发展。

在和同业队伍的比较上，我公司尽管在数量上仍占优势，但我们仍然感到压力，下图是同业人力的饼状图。

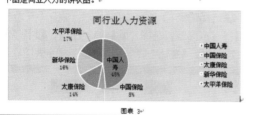

图表 3

⑦ 美化其他图表

使用同样的方法，依次美化图表 5、图表 6、图表 7 以及图表 8 的效果。

技巧拓展

在美化图表效果时，单击"更改颜色"下三角按钮，展开下拉列表，选择合适的颜色进行更改图表的颜色。

3. 个险业务件数及件均保费分析

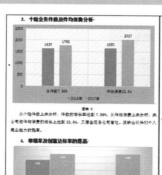

图表 5

从个险保单上来分析，伴随着销量的增长和件均保费的增长 22.84，从件均保费上来分析，我公司在件均保费的增长上达到 22.84，又增金区各公司首位，反映出我体对个人展业能力的提高。

4. 举绩率及创富达标率的提高

举绩率来分析，我公司的举绩率较高，但创富率极低，其在全市各家公司之中入于较低的水平，激励和帮助伙伴致富，提高所有伙伴的创富能力和水平，将是公司今后长期的重要工作。

5. 公司人力层级分析

图表 8

我公司目前人力高绩效为 3 人，中绩效人力为 13 人，低绩效人力为 165 人，从人力层级所占的比例来分析，我公司高绩效人力及中绩效人力明显低于全市平均水平，反映出我公司业务员创富能力急需提高。

以上是我公司的年度工作报告，今年，我公司的规模目标为突破 3102 万，其中续期保费为 1210 万，个险确保 157 万，短险 87 万，中介为 23 万，实

招式 049　为图表添加各种图表元素

视频同步文件：光盘 \ 视频教学 \ 第 2 章 \ 招式 049.mp4

　　在工作分析报告文档中，不仅需要对图表进行美化操作，还需要为图表添加各种元素，以丰富图表内容。使用"添加图表元素"功能可以在图表中添加趋势线、图例、数据表以及误差线等元素，具体操作步骤如下。

① 选择命令

　　❶ 在"工作报告分析"文档中选择图表 2，在"设计"选项卡的"图表布局"面板中，单击"添加图表元素"下三角按钮，❷ 展开下拉菜单，选择"趋势线"命令，❸ 再次展开子菜单，选择"线性"命令。

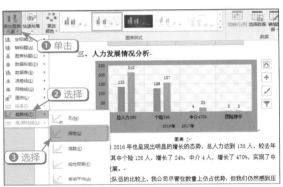

② 选择选项

　　❶ 弹出"添加趋势线"对话框，选择"2016年"选项，❷ 单击"确定"按钮。

③ 添加趋势线

　　即可为图表 2 添加趋势线效果，并查看图表效果。

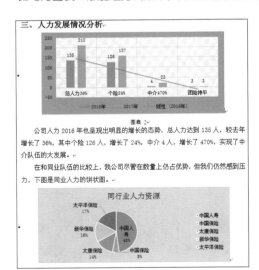

④ 添加水平网格线

　　❶ 选择图表 4，单击"添加图表元素"下三角按钮，❷ 展开下拉菜单，选择"网格线"命令，❸ 再次展开子菜单，选择"主轴主要水平网格线"命令即可。

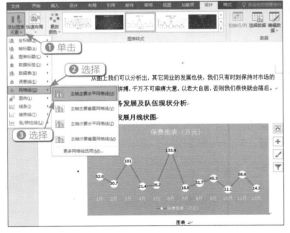

⑤ 添加垂直网格线

　　❶ 单击"添加图表元素"下三角按钮，❷ 展开下拉菜单，选择"网格线"命令，❸ 再次展开子菜单，选择"主轴主要垂直网格线"命令即可。

⑥ 更改图例位置

　　❶ 选择图表 8，单击"添加图表元素"下三角按钮，❷ 展开下拉菜单，选择"图例"命令，❸ 再次展开子菜单，选择"顶部"命令，即可更改图例位置。

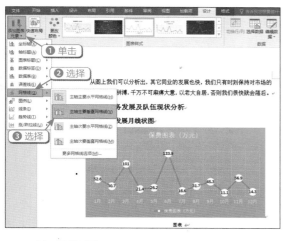

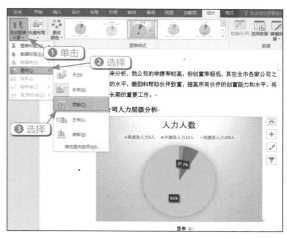

技巧拓展

　　"添加图表元素"下拉菜单中包括坐标轴、轴标题、图表标题、数据标签、数据表、误差线、网格线、图例、线条、趋势线以及涨跌柱线等多种元素，用户可以根据实际的工作情况选择不同的图表元素进行添加即可。

招式 050　为常用的样式设置快捷键

视频同步文件：光盘 \ 视频教学 \ 第 2 章 \ 招式 050.mp4

　　在完成工作分析报告中的表格和图表制作后，还需要为文档中各个级别标题应用样式。但是一个个应用样式特别麻烦，此时用户可以为常用的样式设置快捷键，从而节省工作时间，具体操作步骤如下。

1 选择命令

　　在"工作报告分析"文档中，单击"样式"面板中的"其他"按钮，展开列表框，选择"标题"样式，右击，弹出快捷菜单，选择"修改"命令。

2 修改样式参数

　　❶ 弹出"修改样式"对话框，在"格式"选项组中修改格式，❷ 单击"格式"下三角按钮，❸ 展开下拉菜单，选择"快捷键"命令。

③ 自定义键盘

❶ 弹出"自定义键盘"对话框,在"请按新快捷键"文本框中输入快捷键,❷ 单击"指定"按钮。

④ 快捷键套用样式

指定"标题"样式的快捷键,依次关闭对话框,选择标题文本,按快捷键 Ctrl + 1,即可快速应用快捷键套用样式。

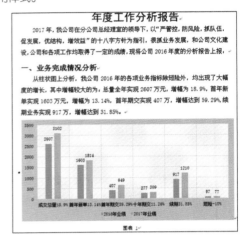

技巧拓展

在定义好样式的快捷键后,单击"删除"按钮,可以将自定义的快捷键删除;单击"全部重设"按钮,则可以将所有设置好的快捷键全部重新设置为默认状态。

拓展练习　设计好看的立体图表

活动宣传单主要体现活动的主题、具体内容、时间安排等关键信息,而为了更好地呈现活动宣传单的内容,可以运用带有立体感的图表、表格和不同的文本效果来完美呈现。在进行活动宣传单的制作时,会使用到表格的添加、表格的编辑、立体图表的添加、立体图表的编辑等操作。具体的效果如下图所示。

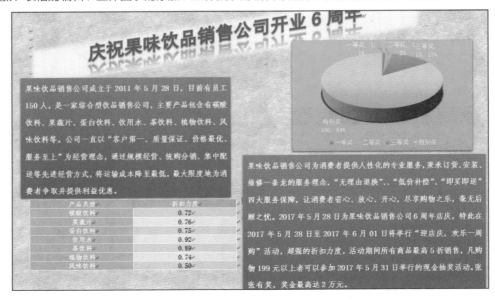

2.3 SmartArt 做流程图（案例：员工晋升导图）

员工晋升导图是为了提高员工的个人素质和能力，充分调动全体员工的主动性和积极性，并在公司内部营造公平、公正、公开的升职流程图。在制作员工晋升导图时，要充分了解员工晋升的制度、晋升类型与晋升依据等因素来制定。完成本例，需要在 Word 2016 中插入 SmartArt 流程图、增加流程图的层次关系结构、流程图的文字输入和修改以及快速更改流程图样式效果等操作。

招式 051　快速插入 SmartArt 流程图

视频同步文件：光盘 \ 视频教学 \ 第 2 章 \ 招式 051.mp4

本节所需要完成的是员工晋升导图的制作。在制作"员工晋升导图"文档时，常常会使用到 SmartArt 流程图。SmartArt 图形是信息和观点的视觉表示形式。可以通过从多种不同布局中进行选择来创建 SmartArt 图形，从而快速、轻松、有效地传达信息。在"插图"面板中，单击 SmartArt 按钮，可以根据提示进行操作，创建 SmartArt 流程图，具体操作步骤如下。

1 单击按钮

打开随书配套光盘的"素材 \ 第 2 章 \ 员工晋升导图 .docx"文档，将光标定位在文档的末尾处，在"插入"选项卡的"插图"面板中，单击 SmartArt 按钮。

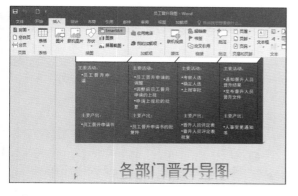

2 选择选项

❶ 弹出"选择 SmartArt 图形"对话框，在左侧列表框中选择"层次结构"选项，❷ 在中间列表框中选择"半圆组织结构图"图标，❸ 单击"确定"按钮。

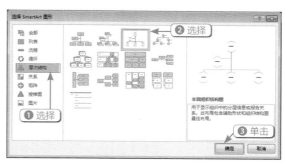

3 创建流程图

完成 SmartArt 流程图的创建，并在文档的末尾处显示。

技巧拓展

在"选择 SmartArt 图形"对话框中包括列表、流程、循环、层次结构、关系、矩阵、棱锥图以及图片 8 种类型，每种类型中又包括多种 SmartArt 图形。用户可以根据实际工作需要，选择不同的 SmartArt 图形进行创建即可。

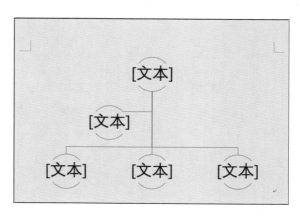

招式 052　增加流程图层次关系结构

视频同步文件：光盘 \ 视频教学 \ 第 2 章 \ 招式 052.mp4

　　在员工晋升导图文档中添加 SmartArt 流程图后，流程图都只是简单的层次结构，不能完美地呈现出员工晋级升职的流程。因此，需要根据实际的工作需要将多余的层次结构图删除，再使用"添加形状"功能添加流程图中的层次结构图，具体操作步骤如下。

1 选择命令

❶ 在"员工晋升导图"文档中，选择左下方的形状，❷ 在"设计"选项卡的"创建图形"面板中，单击"添加形状"下三角按钮，❸ 展开下拉菜单，选择"添加助理"命令。

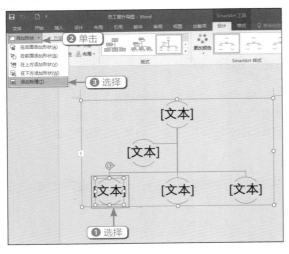

2 添加助理形状

在选择的形状下方添加一个助理形状，并查看流程图效果。

技巧拓展

　　在添加 SmartArt 流程图时，在"添加形状"下拉菜单中选择不同的命令，可以在选择形状的前、后、左、右以及下方等位置创建形状。

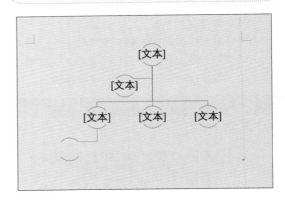

3 删除形状

选择左侧的形状，按 Delete 键，删除多余的形状。

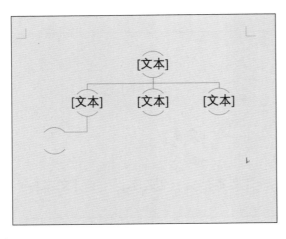

4 选择命令

❶ 选择左下方的形状，❷ 单击"添加形状"下三角按钮，❸ 展开下拉菜单，选择"在下方添加形状"命令。

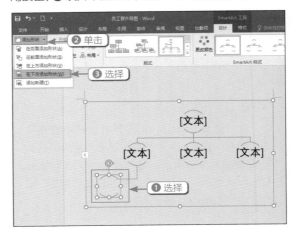

5 添加形状

在选择的形状下方添加一个形状，并查看流程图效果。

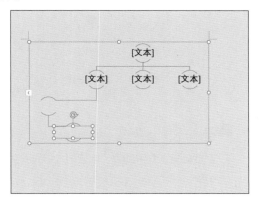

6 添加层次结构

使用同样的方法，为流程图中的其他形状添加层次结构。

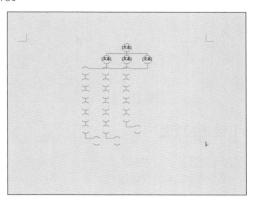

7 修改流程大小

选择流程图，在"格式"选项卡的"大小"面板中，修改形状的"高度"为 20 厘米、"宽度"为 14 厘米。

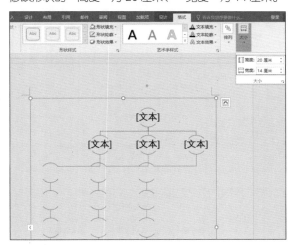

8 调整形状位置

在流程图中，依次选择合适的形状，调整各形状的位置。

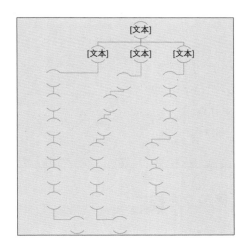

招式 053　流程图的文字输入和修改

视频同步文件：光盘 \ 视频教学 \ 第 2 章 \ 招式 053.mp4

在员工晋升导图中完成流程图的插入和层次结构添加后，需要在流程图中输入文字。如果流程图中没有文本框，则可以使用"文本窗格"功能进行文字输入，具体操作步骤如下。

1 输入文本

选择"员工晋升导图"文档中的最上方的文本框，输入文本"求职者应聘成功分流到各个部门"。

2 输入文本

使用同样的方法，依次选择其他的文本框，输入文本。

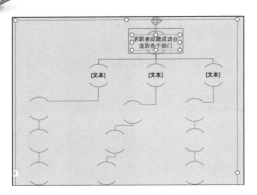

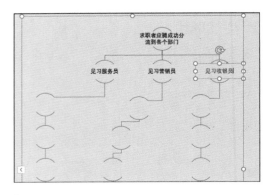

③ 单击按钮

选择流程图，在"格式"选项卡的"创建图形"面板中，单击"文本窗格"按钮。

④ 输入文本

打开"在此处键入文字"窗格，依次输入相应的文本。

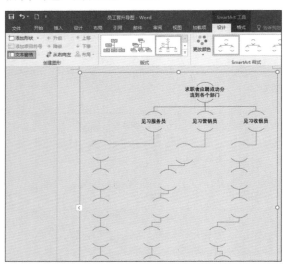

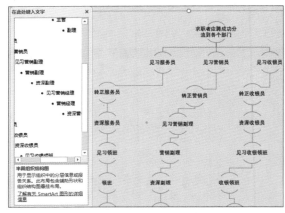

⑤ 更改文本格式

选择整个流程图，在"字体"面板中，修改"字体"为"汉仪楷体简"、"字号"为 14，完成流程图文本格式的更改，并调整各文本框的大小。

> **技巧拓展**
>
> 在流程图中，用户不仅可以输入文本，还可以对文本的字体样式、字号、字体颜色等文本格式进行设置。

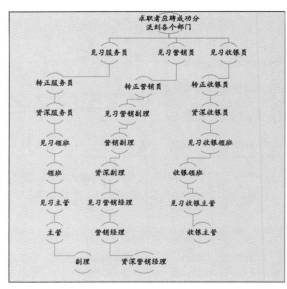

招式 054　快速更改流程图样式效果

视频同步文件：光盘＼视频教学＼第 2 章＼招式 054.mp4

在员工晋升导图中创建好流程图后，如果流程图不能很直观地反映员工晋升的流程，可以使用"样式"功能重新更改流程图样式，具体操作步骤如下。

① 选择流程图样式

在"员工晋升导图"文档中选择流程图，在"设计"选项卡的"样式"面板中，单击"其他"按钮，展开下拉面板，选择"组织结构图"样式。

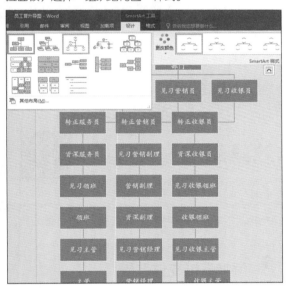

② 更改流程图样式

快速更改流程图的样式，并调整流程图中各个形状的位置和大小，并查看流程图效果。

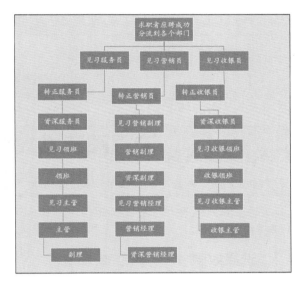

> **技巧拓展**
>
> "样式"下拉面板中包括多种结构图样式，用户可以根据实际工作需要选择合适的样式进行更改即可。

招式 055　更换流程图颜色进行美化

视频同步文件：光盘＼视频教学＼第 2 章＼招式 055.mp4

在员工晋升导图中更改样式后的流程图是以默认的颜色显示，有时会出现不够美观，和文档搭配不协调的情况。此时，可以使用"更改颜色"功能对流程图的颜色进行美化，具体操作步骤如下。

① 选择颜色

❶ 在"员工晋升导图"文档中选择流程图，在"SmartArt 样式"面板中单击"更改颜色"下三角按钮，❷ 展开下拉列表，选择合适的颜色。

② 更改流程图颜色

更改 SmartArt 流程图的颜色效果，并查看流程图效果。

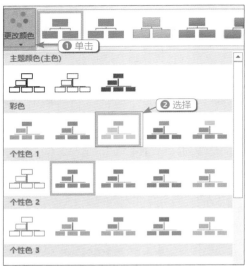

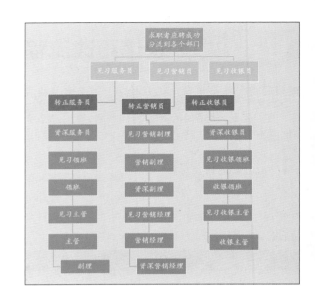

技巧拓展

在"更改颜色"下拉列表中，用户不仅可以将流程图颜色更改为彩色，还可以更改为个性色1、个性色2以及个性色3，还可以选择"重新着色SmartArt图中的图片"命令，重新着色SmartArt图形。

招式 056　流程图三维立体效果添加

视频同步文件：光盘\视频教学\第2章\招式056.mp4

在员工晋升导图中创建好流程图后，可以在"SmartArt样式"下拉面板中为流程图选择三维立体效果，具体操作步骤如下。

① 选择效果

在"员工晋升导图"文档中选择流程图，在"SmartArt样式"面板中，单击"其他"按钮，展开下拉面板，选择"砖块场景"效果。

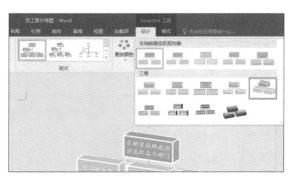

② 添加三维立体效果

为SmartArt流程图添加三维立体效果，并查看流程图效果。

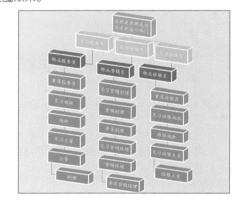

技巧拓展

在"SmartArt样式"下拉面板中包括多个三维立体或二维立体感效果，用户可以根据工作需要，选择不同的立体效果即可。

第 2 章

招式 057　将图片文件用作项目符号

视频同步文件：光盘 \ 视频教学 \ 第 2 章 \ 招式 057.mp4

　　在处理员工晋升导图文档时，由于文档内容较多，常常需要为文档内容添加项目符号，以便更明确地表达内容质检的并列关系，从而使文档条理更加清晰。在添加项目符号时，可以将计算机中保存好的图片用作项目符号，以增加项目符号的美感度，具体操作步骤如下。

1 选择命令

❶ 在"员工晋升导图"文档中，选择文档内容，单击"项目符号"下三角按钮，❷ 展开下拉面板，选择"定义新项目符号"命令。

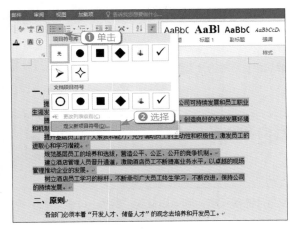

2 单击按钮

　　弹出"定义新项目符号"对话框，单击"图片"按钮。

3 单击链接

　　弹出"插入图片"对话框，在"来自文件"选项组中单击"浏览"链接。

4 选择图片文件

❶ 弹出"插入图片"对话框，选择"项目图片"文件，❷ 单击"插入"按钮。

5 选择编号样式

❶ 返回到"定义新项目符号"对话框，单击"确定"按钮。在"开始"选项卡的"段落"面板中，单击"项目符号"下三角按钮，❷ 展开下拉面板，选择添加的图片编号样式。

6 添加图片项目符号

　　为选择的文档添加图片项目符号。使用同样的方法，为其他的文本添加图片符号，并调整相应文本的段落格式，查看文档效果。

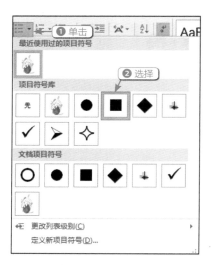

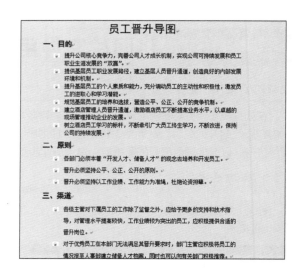

技巧拓展

在将图片文本用作项目符号时，用户不仅可以使用计算机中自带的图片文件用作项目符号，还可以使用"必应图像搜索"命令，在互联网状态下搜索并选择图片。

招式 058　裁剪图片为任意的形状

视频同步文件：光盘\视频教学\第2章\招式058.mp4

员工晋升导图文档中包含图片对象，为了保持文本和图片的美观度，则可以使用"裁剪"功能将图片裁剪为任意的形状，具体操作步骤如下。

1 选择形状

❶在"员工晋升导图"文档中,选择图片对象,在"格式"选项卡的"大小"面板中,单击"裁剪"下三角按钮,❷展开下拉菜单,选择"裁剪为形状"命令,❸再次展开下拉列表,选择"单圆角矩形"形状。

2 裁剪图片为形状

将选择的图片裁剪为单圆角矩形的形状，并查看效果。

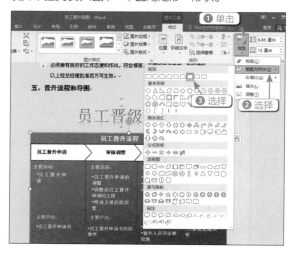

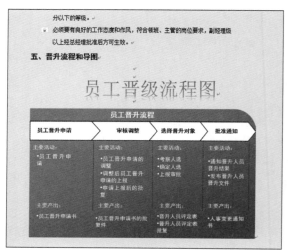

技巧拓展

在裁剪图片时，用户不仅可以将图片裁剪为形状，还可以在"裁剪"下拉菜单中选择"裁剪"命令，将图片进行任意比例的裁剪；选择"纵横比"命令，可以将图片进行等比例裁剪。

招式 059　图片效果的选择及套用

视频同步文件：光盘 \ 视频教学 \ 第 2 章 \ 招式 059.mp4

在员工晋升导图文档中，用户不仅可以将图片裁剪为任意形状，还可以为图片套用各式各样的样式效果，具体操作步骤如下。

1 添加阴影效果

❶在"员工晋升导图"文档中，选择图片对象，在"图片样式"面板中，单击"图片效果"下三角按钮，❷展开下拉菜单，选择"阴影"命令，❸再次展开下拉列表，选择"居中阴影"效果。

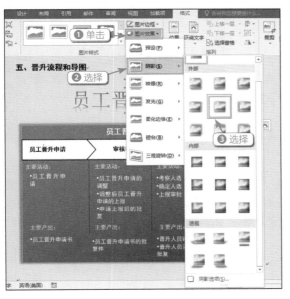

2 添加柔化边缘效果

❶选择图片对象，在"图片样式"面板中，单击"图片效果"下三角按钮，❷展开下拉菜单，选择"柔化边缘"命令，❸再次展开子菜单，选择"2.5 磅"命令，即可为图片添加柔化边缘效果。

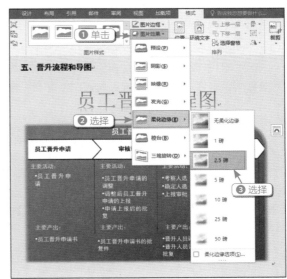

技巧拓展

"图片效果"下拉菜单中包括预设、阴影、映像、发光、柔化边缘、棱台以及三维旋转 7 种图片效果，用户可以根据不同的需要选择不同的图片效果。

招式 060　艺术字样式的随意变换法

视频同步文件：光盘 \ 视频教学 \ 第 2 章 \ 招式 060.mp4

在处理员工晋升导图时，用户不仅需要对流程图和图片进行处理，还需要对艺术字进行处理，具体操作步骤如下。

1 更改艺术字样式

❶在"员工晋升导图"文档中选择最上方的艺术字，在"艺术字样式"面板中，单击"其他"按钮，展开下拉面板，选择合适的艺术字样式，❷更改艺术字的样式。

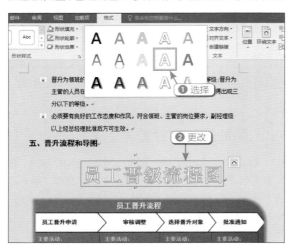

2 更改艺术字样式

❶选择最下方的艺术字，在"艺术字样式"面板中，单击"其他"按钮，展开下拉面板，选择合适的艺术字样式，❷更改艺术字的样式。

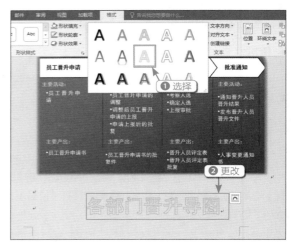

技巧拓展

更改艺术字样式时，用户不仅可以在"艺术字样式"下拉面板中根据需要选择艺术字样式，还可以在"艺术字样式"面板中，单击"文本填充"按钮，更改文本的填充颜色；单击"文本轮廓"按钮，更改文本的轮廓颜色；单击"文本效果"按钮，更改文本的阴影、映像以及发光等效果。

拓展练习　制作一个人事部工作流程图

人事部工作流程图是指人事工作事项的活动流向顺序。人事工作的流程包括公司发展战略、组织结构图设置、工作分析、招聘、薪酬管理等方面，不同的公司所制定的工作流程也不一样。在进行人事部工作流程图的制作时，会用到插入 SmartArt 图形、增加流程图层次关系结构、更改流程图样式、添加流程图效果等操作。具体的效果如下图所示。

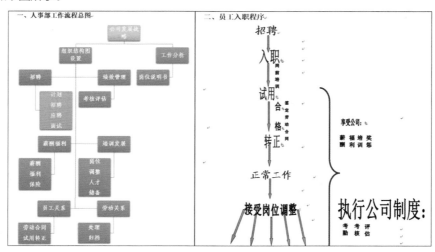

第3章

文档高阶应用
——新手进化老司机

本章提要

在日常办公应用中，通常都需要对制作好的文档进行审阅以及版式设计等操作，从而得到更加完善的办公文档成品。本章通过广告策划书、投标计划书、数码产品展示3个实操案例来介绍Word中添加批注、修订文档、隐藏文档、导出模板、添加图片边框以及双面打印等功能的使用方法。在每个小节的末尾，还设置了1个拓展练习，通过附带的光盘打开素材进行操作，制作出书中图示的效果。

技能概要

添加批注 ...... 修订文档 ...... 比较文档 ...... 导出模板 ...... 保存网页 ...... 双面打印

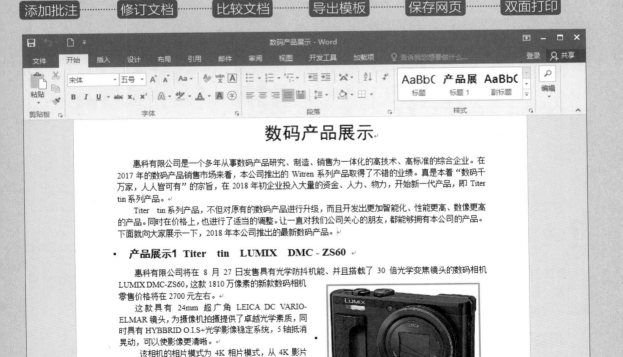

Word/Excel/PPT 2016 办公应用实战秘技 250 招

3.1 省时省力做好审阅 （案例：广告策划书）

广告策划书是指在对其运作过程的每一部分作出分析和评估，并制订出相应的实施计划后，最后形成一个纲领式的总结文档。广告策划书是根据广告策划结果而写的，是提供给广告主加以审核，认可的广告运作的策略性指导文档。一份完成的广告策划书至少包括前言、市场分析、广告战略或广告重点、广告对象或广告诉求、广告地区或诉求地区、广告策略、广告预算及分配、广告效果预测等内容。不过，随着广告策划的内容不同，所制定的广告策划书也会各有差异。完成本例，需要在 Word 2016 中为自己的 Word 设置作者名、批注的添加、隐藏与回复、使用修订模式直接做更改、为生僻的文字标注上拼音等操作。

招式 061 开启拼写和语法检查功能

视频同步文件：光盘\视频教学\第3章\招式 061.mp4

在完成广告策划书文档的制作后，需要开始 Word 的"拼写和语法检查"功能，对广告策划书中的拼写或语法进行检查，当出现拼写或语法错误的地方则会自动加上波浪形下划线，以作提示，具体操作步骤如下。

1 打开文档

打开随书配套光盘的"素材\第3章\广告策划书 .docx"文档。

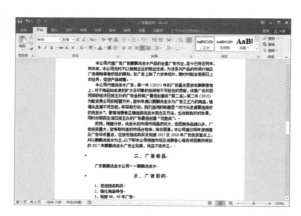

2 选择命令

单击"文件"选项卡，进入"文件"界面，选择"选项"命令。

3 设置校对参数

❶ 弹出"Word 选项"对话框，在左侧列表框中选择"校对"选项，❷ 在右侧的"在 Word 中更正拼写和语法时"选项组中勾选复选框，❸ 单击"确定"按钮。

4 开启拼写和语法检查

为文档开启拼写和语法检查功能，并查看文档效果。

技巧拓展

在开启"拼写和语法检查"功能后，如果想关闭此功能，可以在 Word 状态的【中文（中国）】处双击鼠标左键，弹出"语言"对话框，取消勾选"不检查拼写或语法"复选框即可。

第 3 章

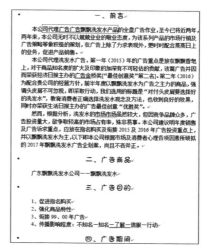

招式 062　为自己的文档设置作者名

视频同步文件：光盘 \ 视频教学 \ 第 3 章 \ 招式 062.mp4

在审阅广告策划书文档时，用户不仅要开启拼写和语法检查功能，还需要为该文档添加好作者名，让该文档属于专人所有，具体操作步骤如下。

① 选择命令

在"广告策划书"文档中，单击"文件"选项卡，进入"文件"界面，选择"选项"命令。

② 设置作者名

❶ 弹出"Word 选项"对话框，在左侧列表框中，选择"常规"选项，❷ 在右侧的"对 Microsoft Office 进行个性化设置"选项组中，依次修改"用户名"和"缩写"，❸ 单击"确定"按钮，即可设置作者名。

技巧拓展

Word 的"选项"功能十分强大，用户不仅可以为 Word 设置作者名，还可以在"对 Microsoft Office 进行个性化设置"选项组中单击"Office 主题"下三角按钮，展开下拉列表，选择合适的主题颜色来设置默认的主题颜色。

招式 063 批注的添加、隐藏和回复

视频同步文件：光盘 \ 视频教学 \ 第 3 章 \ 招式 063.mp4

在审阅广告策划书时，常常需要对错误或已浏览过的文档内容添加批注，从而进行标记和注视，具体操作步骤如下。

1 单击按钮

❶ 在"广告策划书"文档中，选择重复文本，❷ 在"审阅"选项卡的"批注"面板中，单击"新建批注"按钮。

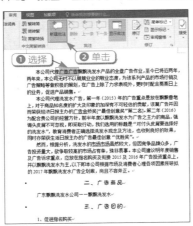

2 添加批注

在文档中将显示批注文本框，并在批注文本框中输入内容"文本重复"，完成批注的添加。

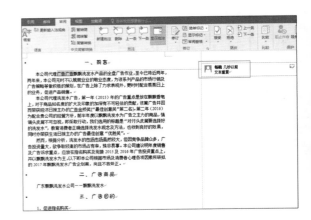

3 添加其他批注

使用同样的方法，依次选择相应的文本，为其添加批注，并查看文档效果。

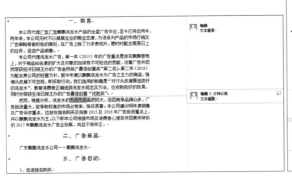

4 单击按钮

在"审阅"选项卡的"批注"面板中，单击"显示批注"按钮。

5 隐藏批注

隐藏文档中的批注，只显示一个信息的图标。

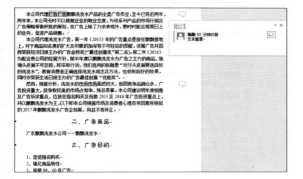

⑥ 单击按钮

选择第 1 个批注，单击"查看批注"按钮，显示批注文本框，并单击文本框中的"答复"按钮。

⑦ 答复批注

显示出答复文本框，输入答复内容"已审核，确实重复，稍后将进行更改"。

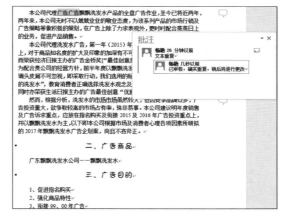

⑧ 答复其他文本

使用同样的方法，依次对其他的批注文本进行答复操作。

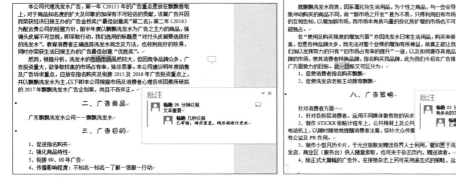

技巧拓展

在添加批注后，用户可以对批注文本框进行大小和位置的调整；也可以单击"删除批注"按钮，将已添加的批注进行单个或多个删除操作。

招式 064 　使用修订模式直接做修改

视频同步文件：光盘 \ 视频教学 \ 第 3 章 \ 招式 064.mp4

在广告策划书中完成批注的添加后，接下来需要根据批注对错误的文本进行修订操作，具体的操作步骤如下。

1 选择命令

❶ 在"广告策划"文档中，单击"审阅"选项卡下的"修订"面板中的"修订"下三角按钮，❷ 展开下拉菜单，选择"修订"命令。

2 修改文本

开启修订模式，并直接在修订模式下，对错误的文本进行修改操作。

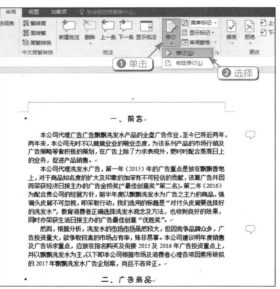

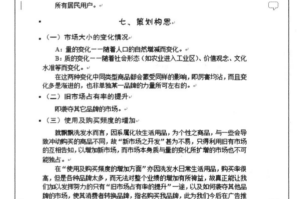

技巧拓展

在开启修订模式后，再次单击"修订"面板中的"修订"按钮，在展开的下拉菜单中选择"修订"命令，即可关闭修订模式。

招式 065 　更改修订模式的显示状态

视频同步文件：光盘 \ 视频教学 \ 第 3 章 \ 招式 065.mp4

在广告策划书中进入修订模式更改文档后，用户不仅可以将修订模式的显示状态设置为"简单标记"，还可以设置为"所有标记"、"无标记"以及"原始状态"等显示状态，具体操作步骤如下。

1 选择命令

❶ 在"广告策划书"文档中，单击"修订"面板中"简单标记"右侧的下三角按钮，❷ 展开下拉菜单，选择"所有标记"命令。

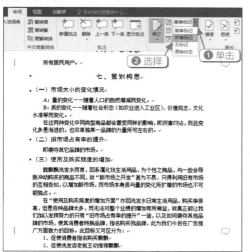

2 更改显示状态

将修订模式的显示状态更改为"所有标记"状态。

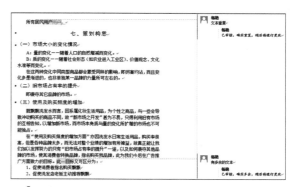

3 选择命令

❶ 单击"修订"面板中"所有标记"右侧的下三角按钮，❷ 展开下拉菜单，选择"无标记"命令。

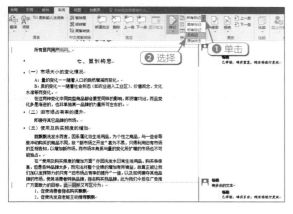

4 更改显示状态

将修订模式的显示状态更改为"无标记"状态。

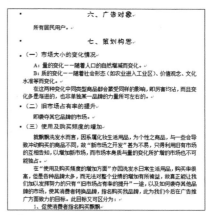

5 选择命令

❶ 单击"无标记"右侧的下三角按钮，❷ 展开下拉菜单，选择"原始状态"命令。

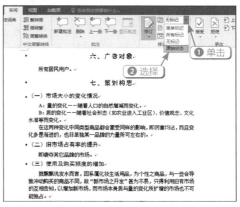

6 更改显示状态

将修订模式的显示状态更改为"原始状态"状态。

技巧拓展

在"修订"面板中，单击"显示标记"按钮，可以显示修订模式下的各种标记；单击"审阅窗格"按钮，将会在文档界面中以水平或垂直的方式显示审阅窗格。

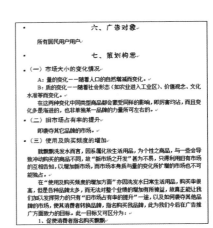

招式 066 使用比较进行精准的修改

视频同步文件：光盘 \ 视频教学 \ 第 3 章 \ 招式 066.mp4

在完成广告策划书文档的修改后，想对该文档进行对比，从而快速找出差异，提高工作效果。使用"比较"功能可以对两个文档进行比较操作，具体操作步骤如下。

1 选择命令

❶ 在"广告策划书"文档中，单击"比较"面板中的"比较"下三角按钮，❷ 展开下拉菜单，选择"比较"命令。

2 单击按钮

弹出"比较文档"对话框，单击"原文档"下拉列表右侧的"打开"按钮。

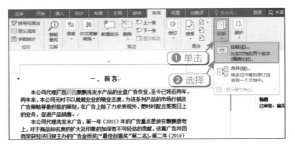

3 选择文档

❶ 弹出"打开"对话框，在随书配套光盘的"素材"文件夹中选择"广告策划书"文档，❷ 单击"打开"按钮。

④ 添加文档

返回到"比较文档"对话框,使用同样的方法,为"修订的文档"添加随书配套光盘的"效果"文件夹中的"广告策划书"文档,单击"确定"按钮。

⑤ 单击按钮

弹出提示框,提示是否进行比较,单击"是"按钮。

⑥ 显示对比结果

自动新建一个名为"比较结果 1"文档,并显示对比结果的窗格。

技巧拓展

"比较"下拉菜单中包括"比较"和"合并"两个命令,选择"合并"命令,则可以将多个作者的修订合并到一个文档中。

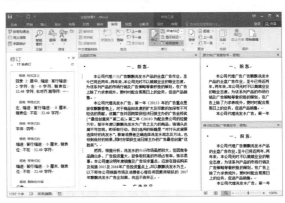

招式 067　批量拒绝或同意删改意见

视频同步文件:光盘\视频教学\第 3 章\招式 067.mp4

在广告策划书中修订文档后,可以对修改后的文档进行批量拒绝或批量统一删改意见,具体操作步骤如下。

① 选择命令

❶ 在"广告策划书"文档中,单击"更改"面板中的"拒绝"下三角按钮,❷ 展开下拉菜单,选择"拒绝所有修订"命令。

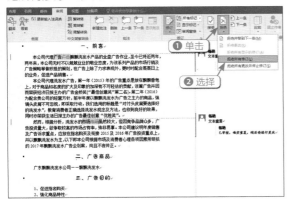

② 拒绝所有修订

拒绝文档中的所有修订,并查看更改后的文本。

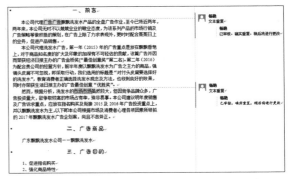

③ 选择命令

❶ 撤销操作，单击"更改"面板中的"接受"下三角按钮，❷ 展开下拉菜单，选择"接受所有修订"命令。

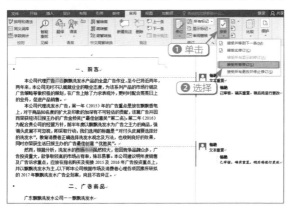

④ 接受所有修订

即可接受文档中的所有修订，并查看更改后的文本。

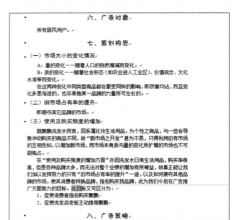

技巧拓展

在拒绝与同意修改意见时，可以选择"接受并移到下一条"命令或"拒绝并移到下一条"命令，单个拒绝或同意修改意见。

招式 068　为生僻的文字标注上拼音

视频同步文件：光盘\视频教学\第3章\招式 068.mp4

在制作广告策划书文档时，常常会出现很多生僻的文字，导致其他观看该策划书的办公人员都不会阅读该文字。因此，使用"拼音指南"功能可以为生僻的文字标注上拼音，具体操作步骤如下。

① 单击按钮

❶ 在"广告策划书"文档中选择合适的文本，❷ 在"开始"选项卡下，单击"字体"面板中的"拼音指南"按钮。

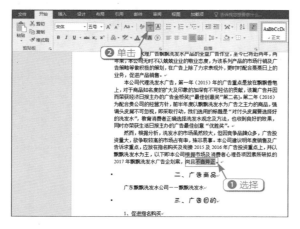

② 输入拼音

❶ 弹出"拼音指南"对话框，在"拼音文字"选项组的文本框中依次输入拼音，❷ 设置"字号"为11磅，❸ 单击"确定"按钮。

③ 标注拼音

为选择的文本标注上拼音，并查看文档效果。

一、前言

本公司代理广告飘飘洗发水产品的全盘广告作业，至今已将近两年，两年来，本公司无时不以兢兢业业的敬业态度，为该系列产品的市场行销及广告策略等做积极的策划，在广告上除了力求表现外，更时常配合蒸蒸日上的业务，促进产品销售。

本公司代理洗发水广告，第一年（2015）年的广告重点是放在飘飘香皂上，对于商品知名度的扩大及印象的加深有不可轻估的贡献，该篇广告并因而荣获经济日报主办的广告金桥奖["最佳创意奖"第二名]。第二年（2016）为配合贵公司的经营方针，前半年度以飘飘洗发水为广告之主力的商品，强调头皮屑不可忽视，即采取行动，我们选用的标题是"对付头皮屑要选择好的洗发水"，教育消费者正确选择洗发水观念及方法，也收到良好的效果，同时亦荣获生活日报主办的广告最佳创意"优胜奖"。

然而，根据分析，洗发水的市场虽然较大，但因竞争品牌众多，广告投资量大，欲争取较高的市场占有率，殊非易事。本公司建议明年度销售及广告诉求重点，应放在指名购买及衔接 2015 及 2016 年广告投资重点上，并以飘飘洗发水为王，以下即本公司根据市场及消费者心理各项因素所研拟的 2017 年飘飘洗发水广告企划案，尚且不吝赐正。

二、广告商品

广东飘飘洗发水公司——飘飘洗发水

三、广告目的

1、促进指名购买

---

④ 标注拼音

使用同样的方法，选择其他的文本，为其标注拼音。

- （二）旧市场占有率的提升
  即袭夺其它品牌的市场。
- （三）使用及购买频度的增加。

就飘飘洗发水而言，因系属化妆生活用品，为个性之商品，与一些会导致冲动购买的商品不同，故"新市场之开发"甚为不易，只得利用旧有市场的互相告知，以增加新市场，而市场本身质与量的变化所扩增的市场也不可能独占。

在"使用及购买频度的增加方面"亦因洗发水日常生活用品，购买率很高，但是各种品牌太多，而无法对整个业绩的增加有所裨益，故真正能让我们加以发挥努力的只有"旧市场占有率的提升"一途，以及如何袭夺其它品牌的市场，使其消费者转换品牌，指名购买我品牌，此为我们今后在广告推广方面致力的目标。此目标又可区分为：
  1、促使消费者指名购买飘飘
  2、促使洗发店老板主动推荐飘飘

八、广告策略

针对消费者方面——
  1、针对各阶层消费者，运用不同媒体做有效的诉求。
  2、制作 STICKR 张贴计程车上，公共椅背上及公共电话或公司行号的电话机上，以随时随地地提醒消费者注意，弥补大众传播媒体之不足，并具有公益及 PR 作用。
  3、制作小型月历卡片，于元旦前散发赠送各界人士利用，譬如置于洗发店、商业区（服务台）供人随意索取，也可夹于杂志页内，赠送读者。

技巧拓展

在"拼音指南"对话框中，单击"组合"按钮，即可组合拼音；单击"清除读音"按钮，可以删除"拼音文字"选项区中的拼音；单击"默认读音"按钮，可以将拼音参数恢复到默认的状态。

招式 069　对文档中的修订进行保护

视频同步文件：光盘 \ 视频教学 \ 第 3 章 \ 招式 069.mp4

在完成广告策划书文档的审阅和修订操作后，还需要对文档中的修订进行保护，以防止其他用户修改。使用"锁定修订"功能可以为修订的文档进行加密保护，具体操作步骤如下。

① 修改图片大小

❶ 在"广告策划书"文档中的"审阅"选项卡下，单击"修订"面板中的"修订"下三角按钮，❷ 展开下拉菜单，选择"锁定修订"命令。

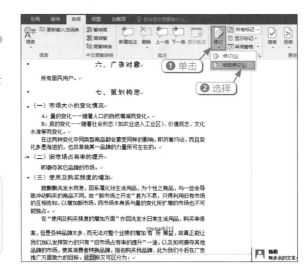

技巧拓展

在保护修订文档后，如果想编辑修订文档，则可以在"修订"面板中单击"修订"下三角按钮，展开下拉菜单，选择"修订"命令，弹出"解除锁定跟踪"对话框，输入密码，单击"确定"按钮即可。

② 调整图片位置

❶ 弹出"锁定跟踪"对话框，在"输入密码"文本框中输入密码，如 123456；❷ 在"重新输入以确认"文本框中再次输入相同的密码，❸ 单击"确定"按钮，即可对文档的修订进行加密保护。

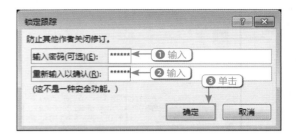

拓展练习　为自己的文章找找错

在制作或输入文章时，常常需要对文章中的语法和拼写进行审阅，以防止出错。在"审阅"选项卡的"校对"面板中，单击"拼写和语法"按钮，将自动检查出整篇文章中的错误，并自动打开"语法"窗格，在打开的窗格中将显示错误注解信息，用户可以根据注解信息，对文章中的内容进行更改。如果文章中的错误太多，且都是相同的错误，则可以使用"替换"功能将错误的文本进行批量的查找和替换操作。在"编辑"面板中，单击"替换"下三角按钮，展开下拉菜单，选择"替换"命令，弹出"查找和替换"对话框，在弹出的对话框中，根据提示输入查找文本和替换文本，进行替换即可。

3.2 设计版式一劳永逸（案例：投标计划书）

投标计划书是指投标单位按照招标书的条件和要求，完成需要向招标单位提交的报价和标单的文书时所做的工作计划书。该计划书主要是针对投标工作所制定的，随着投标书的制作内容不同，则投标计划书也会相应地进行变动和更改。完成本例，需要在 Word 2016 中设置文档的页面纸张方向、快速导出为现成标书模板、为文字实现简繁转换、为文字添加上标、下标、删除多余空格和空行以及暂时性隐藏部分文档内容等操作。

招式 070　设置文档的页面纸张方向

视频同步文件：光盘＼视频教学＼第 3 章＼招式 070.mp4

在打开投标计划书文档时，发现该文档的纸张方向不是按照标准的纸张方向设置，需要使用"纸张方向"功能重新进行调整，具体操作步骤如下。

① 选择命令

❶ 打开随书配套光盘的"素材\第 3 章\投标计划书.docx"文档，在"页面设置"面板中，单击"纸张方向"下三角按钮，❷ 展开下拉菜单，选择"纵向"命令。

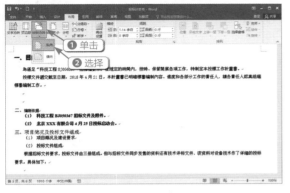

② 设置纵向方向

即可将文档的纸张方向设置为"纵向"显示，并查看文档效果。

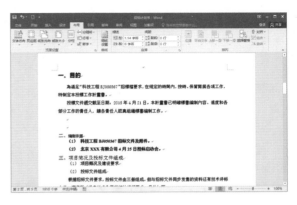

技巧拓展

在"页面设置"面板中，用户不仅可以设置为"纵向"方向显示，还可以单击"纸张方向"下三角按钮，展开下拉菜单，选择"横向"命令，设置为"横向"方向显示。

招式 071　快速导出为现成标书模板

视频同步文件：光盘\视频教学\第 3 章\招式 071.mp4

在制作好投标计划书文档后，可以使用"导出"功能将该文档导出为标书模板，以备日后工作使用，具体操作步骤如下。

① 选择命令

❶ 在"文件"选项卡下，选择"导出"命令，❷ 进入"导出"界面，选择"更改文件类型"命令，❸ 再次展开列表框，选择"模板"命令，❹ 并单击"另存为"按钮。

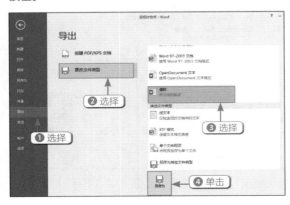

② 导出标书模板

❶ 弹出"另存为"对话框，设置"文件名"为"投标计划书"，❷ 单击"保存"按钮，即可将文档导出为标书模板。

技巧拓展

在将文档导出为模板后，在"文件"选项卡下，选择"打开"命令，可以直接将模板导入到文档中。

招式 072　快速为文字实现简繁转换

视频同步文件：光盘＼视频教学＼第 3 章＼招式 072.mp4

"投标计划书"文档中包含有繁体字，使得只认识简体字的读者阅读非常吃力，因此需要使用"简繁转换"功能将繁体字转换为简体字，具体操作步骤如下。

1 修改行高参数

❶ 在"投标计划书"文档中，选择合适的段落文本，❷ 在"审阅"选项卡的"中文简繁转换"面板中，单击"简繁转换"按钮。

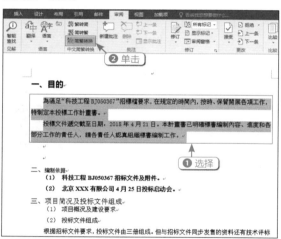

2 设置对话框

❶ 弹出"中文简繁转换"对话框，在"转换方向"选项组中，选中"繁体中文转换为简体中文"单选按钮，❷ 单击"确定"按钮。

3 转换为简体字

将选择的段落文本转换为简体字，并查看文本效果。

技巧拓展

在 Word 中不仅可以将繁体字转换为简体字，还可以在"中文简繁转换"对话框中选中"简体中文转换为繁体中文"单选按钮，将简体字转换为繁体字。

招式 073　快速为文字添加上标下标

视频同步文件：光盘＼视频教学＼第 3 章＼招式 073.mp4

在撰写办公类的文档时，经常会遇到输入上标和下标的情况，因此，使用"上标"或"下标"功能即可为文字添加上标或下标效果，具体操作步骤如下。

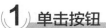

① 单击按钮

❶ 在"投标计划书"文档中选择文本，❷ 在"字体"面板中，单击"上标"按钮。

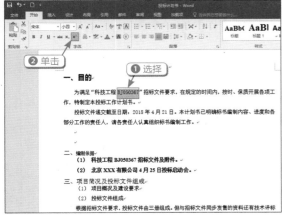

② 添加上标文字

❶ 将选择的文本标注为上标，并在"字号"下拉列表中选择"小二"选项，❷ 修改上标文字的字号大小。

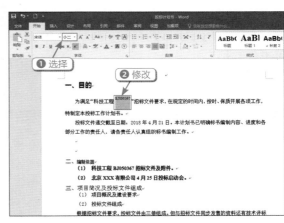

③ 添加上标文字

选择合适的文本，在"字体"面板中，单击"上标"按钮，即可添加上标文字，并修改字号为"三号"。

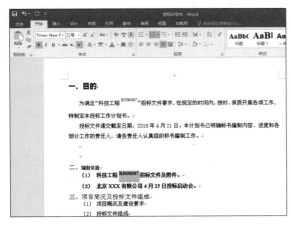

④ 单击按钮

❶ 选择合适的文本，❷ 在"字体"面板中，单击"下标"按钮。

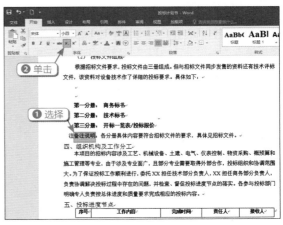

⑤ 添加上标文字

❶ 即可将选择的文本标注为下标文字，并修改字号为"三号"，❷ 完成下标文字的字号设置。

技巧拓展

在为文字添加上标或下标时，使用"双行合一"命令，可以在弹出的"双行合一"对话框中输入上下标文本，并在上下标文本中间按空格键，单击"确定"按钮，即可完成上下标的同时添加。

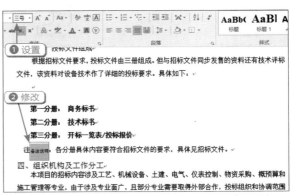

招式 074 快速删除多余空格或空行

视频同步文件：光盘 \ 视频教学 \ 第 3 章 \ 招式 074.mp4

　　"投标计划书"文档中包含多个空行，一个个删除既烦琐也比较浪费时间，还容易遗漏。因此，使用"替换"功能可以快速将多余的空格和空行对象进行批量删除，具体操作步骤如下。

1 单击按钮

在"投资计划书"文档中，单击"编辑"面板中的"替换"按钮。

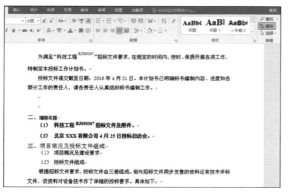

2 单击按钮

弹出"查找和替换"对话框，单击"更多"按钮。

3 选择命令

❶ 展开对话框，在"查找内容"文本框中，单击鼠标，然后单击"替换"选项组中的"特殊格式"下三角按钮，❷ 展开下拉菜单，选择"段落标记"命令。

4 单击按钮

❶ 即可在文本框中添加内容。使用同样的方法，再次选择"段落标记"命令，在"查找内容"和"替换为"文本框中依次添加内容，❷ 并单击"全部替换"按钮。

技巧拓展

　　"特殊格式"下拉菜单中包括段落标记、制表符、任意字符、任意数字、任意字母、分栏符、省略号、长划线、尾注标记以及图形等命令，使用不同的命令，可以批量替换文档中制表符、空行和空格等对象，从而提高工作效率。

⑤ 单击按钮

弹出提示框，提示已替换完成，单击"确定"按钮。

⑥ 替换空行

替换文档中的空行对象，并查看文档对象。

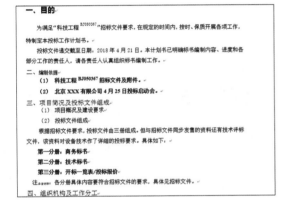

⑦ 单击按钮

查看带空格的文档页面，单击"编辑"面板中的"替换"按钮。

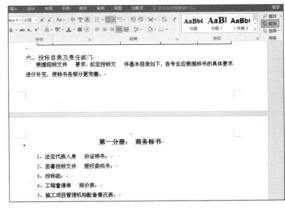

⑧ 选择命令

❶ 弹出"查找和替换"对话框，在"查找内容"文本框中，单击鼠标，然后单击"查找"选项组中的"特殊格式"下三角按钮，❷ 展开下拉菜单，选择"空白区域"选项。

⑨ 单击按钮

❶ 在"查找内容"文本框中添加内容，❷ 单击"全部替换"按钮。

⑩ 删除空格

弹出提示框，单击"确定"按钮，即可删除文档中的空格。

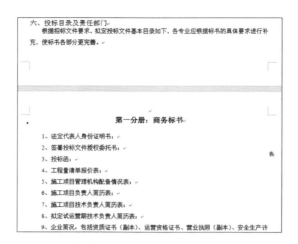

第 3 章

招式 075　暂时性隐藏部分文档内容

视频同步文件：光盘 \ 视频教学 \ 第 3 章 \ 招式 075.mp4

在制作投标计划书文档时，有时需要将某些文字不删除，但是需要隐藏起来，以防止其他人看到。因此，启动"隐藏"功能可以暂时性隐藏部分的文档内容，具体操作步骤如下。

① 单击按钮

❶ 在"投标计划书"文档中选择合适的文本，❷ 在"字体"面板中，单击"字体"按钮。

② 勾选复选框

❶ 弹出"字体"对话框，在"效果"选项组中，勾选"隐藏"复选框，❷ 单击"确定"按钮。

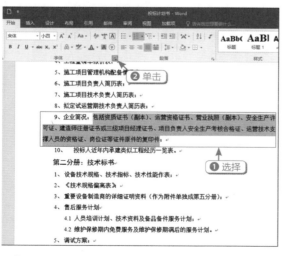

③ 隐藏文本

即可暂时性隐藏文档中的选定内容，并查看文档效果。

技巧拓展

在隐藏部分文档内容后，再次在"字体"面板中取消勾选"隐藏"复选框，即可取消部分文档内容的隐藏操作。

3、投标函；

4、工程量清单报价表；

5、施工项目管理机构配备情况表；

6、施工项目负责人简历表；

7、施工项目技术负责人简历表；

8、拟定试运营期技术负责人简历表；

9、企业简况；

10、　投标人近年内承建类似工程经历一览表。

第二分册：技术标书

1、设备技术规格、技术指标、技术性能作表；

2、《技术规格偏离表》

3、重要设备制造商的详细证明资料（作为附件单独成第五分册）；

4、售后服务计划

　　4.1 人员培训计划、技术资料及备品备件服务计划；

　　4.2 维护保修期内免费服务及维护保修期满后的服务计划。

招式 076　使用格式刷摆平凌乱格式

视频同步文件：光盘 \ 视频教学 \ 第 3 章 \ 招式 076.mp4

"投标计划书"文档中的格式比较多，也比较烦琐，一个个修改文本中的字体、段落等格式，则比较复杂，且增加了工作量。此时使用"格式刷"功能可以将相同文本的段落、字体等格式进行复制，具体操作步骤如下。

1 双击按钮

❶ 在"投标计划书"文档中选择最上方一级标题文本，❷ 在"开始"选项卡的"剪贴板"面板中，双击"格式刷"按钮。

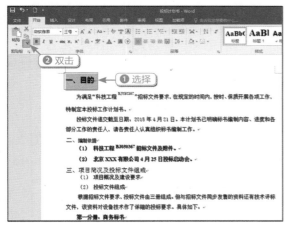

2 复制格式

此时鼠标指针呈刷子形状，在文档中的其他一级标题文本上，依次单击鼠标左键，即可使用格式刷复制格式，并按 Esc 键退出。

七、投标文件编制要求

（1）　基本工作要求，**按照招商文件要求的格式。**

（2）　整个投标文件分册装订出版，每个分册编制独立的目录。

（3）　投标文件正文采用多级目录编制，便于修改过程中自动更新。

（4）　目录采用三级标题。

（5）　所有投标文件正文采用宋体，一级目录加粗小三字号，二级目录四号字号，三级目录小四字号，正文小四字号。

（6）　页眉，其中为该分册的名称，页脚为"第 X 页共 X 页"格式。

（7）　投标书正文页边距为：左、右边距 3cm，上、下边距 2.5cm。

八、其它要求

6.1　投标文件书总体策划由市场部负责。

6.2　各投标责任人将最终版的投标文件签字版和电子版提供给市场部统一排版。

6.3　各编标责任人应以本标书编制计划为依据，编制详细工作计划，各参与投标部门负责人对本部门输出文件的准确性、及时负责。

本计划一经批准，即刻生效，在无新的调整计划出台前，各部门务必遵守，以保证投标工作的如期完成。

2018 年 3 月 21 日

3 复制格式

使用同样的方法，在文档中依次使用格式刷复制正文、标题等格式，并修改相应编号的起始值。

技巧拓展

在使用格式刷时，如果只想单次复制格式，则可以单击"剪贴板"面板中的"格式刷"按钮即可。

特制定本投标工作计划书。

投标文件递交截止日期，2018 年 4 月 21 日。本计划书已明确标书编制内容、进度和各部分工作的责任人，请各责任人认真组织标书编制工作。

二、编制依据

(1) 科技工程 BJ050367 招标文件及附件。

(2) 北京 XXX 有限公司 4 月 25 日投标启动会。

三、项目简况及投标文件组成

(1) 项目概况及建设要求。

(2) 投标文件组成

根据招标文件要求，投标文件由三册组成。但与招标文件同步发售的资料还有技术评标文件，该资料对设备技术作了详细的投标要求。具体如下：

第一分册：商务标书

第二分册：技术标书

第三分册：开标一览表/投标报价

注：上述明确各分册具体内容要符合招标文件的要求，具体见招标文件。

四、组织机构及工作分工

本项目的招标内容涉及工艺、机械设备、土建、电气、仪表控制、物资采购、概预算和施工管理等专业，由于涉及专业面广，且部分专业需要取得外部合作，投标组织和协调范围

10、招标文件要求投标人提供的其它材料。

第三分册：开标一览表/投标报价

七、投标文件编制要求

(1) 基本工作要求，按照招商文件要求的格式；

(2) 整个投标文件分册装订出版，每个分册编制独立的目录；

(3) 投标文件正文采用多级目录编制，便于修正过程中自动更新；

(4) 目录采用三级标题；

(5) 所有投标文件正文采用宋体，一级目录加粗小三字号，二级目录四号字号，三级目录小四字号，正文小四字号；

(6) 页眉，其中为该分册的名称，页脚为"第 X 页共 X 页"格式；

(7) 投标文件正文页边距为：左、右边距 3cm，上、下边距 2.5cm；

八、其它要求

1、投标文件书总体策划由市场部负责。

2、各标书责任人将最终版的投标文件签字版和电子版提供给市场部统一排版。

3、各标书责任人应以本标书编制计划书为依据，编制详细工作计划，各参与投标部门负责人对本部门输出文件的准确性、及时性负责。

本计划一经批准，即刻生效，在无新的调整计划出台前，各部门务必遵守，以保证投标工作的如期完成。

招式 077　添加保护固定完成的模板

视频同步文件：光盘＼视频教学＼第 3 章＼招式 077.mp4

在"投标计划书"文档中，将文档内容转换为内容控件或单一模板，则可以对模板进行保护固定，从而禁止其他人对模板样式进行修改和删除，具体操作步骤如下。

① 设置对话框

❶ 在"投标计划书"文档中，选择"文件"选项卡下的"选项"命令，弹出"Word 选项"对话框，在左侧列表框中选择"自定义功能区"选项，❷ 在右侧列表框中勾选"开发工具"复选框，❸ 单击"确定"按钮。

② 单击按钮

❶ 即可在功能区中添加"开发工具"选项卡，在文档中选择合适的段落文本，❷ 单击"开发工具"选项卡的"控件"面板中的"纯文本内容控件"按钮。

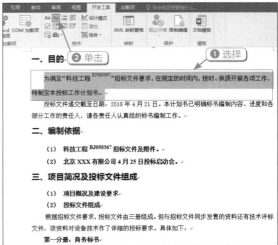

③ 单击按钮

❶将文本内容转换为内容控件，❷并在"开发工具"选项卡的"控件"面板中单击"属性"按钮。

④ 保护固定内容控件

❶弹出"内容控件属性"对话框，勾选"无法删除内容控件"和"无法编辑内容"复选框，❷单击"确定"按钮，即可保护固定内容控件。

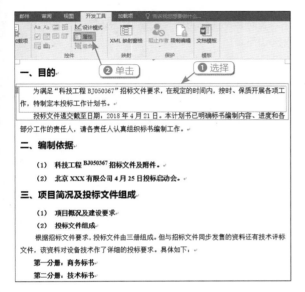

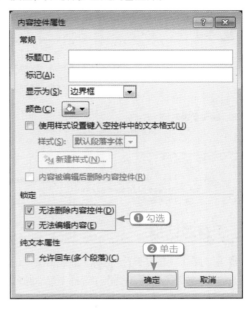

⑤ 保护其他固定内容控件

使用同样的方法，依次将第2页文档中的相应文本内容转换为内容控件，并添加保护功能。

技巧拓展

在为内容控件添加保护后，如果想修改内容控件中的内容，则可以在"控件"面板中单击"设计模式"按钮，开启设计模式，从而修改控件内容。

为满足"科技工程BJ050367"招标文件要求，在规定的时间内，按时、保质开展各项工作，特制定本投标工作计划书。

投标文件递交截止日期，2018年4月21日。本计划书已明确标书编制内容、进度和各部分工作的责任人，请各责任人认真组织标书编制工作。

二、编制依据

（1） 科技工程BJ050367招标文件及附件。

（2） 北京XXX有限公司4月25日投标启动会。

三、项目简况及投标文件组成

（1） 项目概况及建设要求

（2） 投标文件组成

根据招标文件要求，投标文件由三册组成。但与招标文件同步发售的资料还有技术评标文件，该资料对设备技术作了详细的投标要求。具体如下：

第一分册：商务标书

招式 078 快速隐藏目录域底纹效果

视频同步文件：光盘\视频教学\第3章\招式078.mp4

在"投标计划书"文档中常常需要添加目录，以便通过目录一目了然地了解到该计划书的篇章结构。但是在生成目录后，目录往往都带有域底纹，影响计划书的美观度。因此，如果不希望文档中出现域底纹，具体操作步骤如下。

1 选择选项

❶ 在"投标计划书"文档中，将光标定位在第 2 页首行文本的开始处，在"目录"面板中，单击"目录"下三角按钮，❷ 展开下拉列表，选择"自动目录 1"选项。

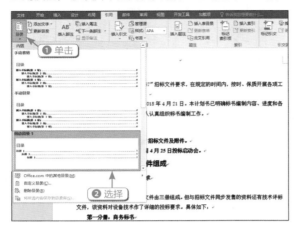

2 生成目录

即可自动生成目录，并在目录和文本之间添加空行和分页符。

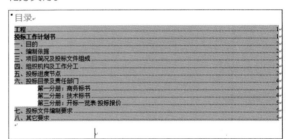

3 设置对话框

❶ 在"文件"选项卡下，选择"选项"命令，弹出"Word 选项"对话框，在左侧列表框中选择"高级"选项，❷ 在右侧的"域底纹"下拉列表中选择"选取时打开"选项，❸ 单击"确定"按钮。

4 隐藏目录域底纹

即可隐藏目录域中的底纹效果，并查看文档效果。

技巧拓展

"域底纹"下拉列表中包括"不显示""始终显示"和"选取时打开"3 种选项，选择不同的选项，可以得到不同的域底纹效果。

拓展练习　编辑自己的个性模板

Word 的模板功能可以定义好文档的基本结构和文档设置，这样以后在使用该模板时就无须再设置其格式。在进行个性模板的制作时，会使用到纸张方向设置、为模板添加文本、设置文本格式、使用格式刷复制格式、保护固定模板以及导出现成模板等操作。具体的效果如下图所示。

第 3 章

公司行政处文件

公行处<2018 年 >183 号

关于撤消工程技术部的决定

经公司领导和公司行政处研究决定：

一、自 2018 年 3 月 1 日起撤消工程技术部。

二、工程技术部的全体员工由公司人事部统一安排岗位，相应的人事调动由公司人事部另行公布。

××有限责任公司

2018 年 2 月 27 日

3.3 小技巧四两拨千斤（案例：数码产品展示）

　　数码产品展示文档是公司为了最新的数码产品进行详细展示，包括产品型号、参数以及款式颜色等产品详细信息描述的文档。使用该文档，可以让每个顾客在看到产品的同时对产品的每一个信息都有一定的了解。完成本例，需要在 Word 2016 中开启与隐藏文档符号、在题注中加入章节编号、将文档保存为网页格式以及为图片添加合适边框等操作。

招式 079　文档符号的开启与隐藏

视频同步文件：光盘 \ 视频教学 \ 第 3 章 \ 招式 079.mp4

　　在日常编辑数码产品展示文档时，经常需要将一些标记符号隐藏或者显示出来，如段落标记、换行符、空格等，以方便文档的排版和编辑，具体操作步骤如下。

 单击按钮

　　打开随书配套光盘的"素材 \ 第 3 章 \ 数码产品展示 .docx"文档，在"段落"面板中，单击"显示 / 隐藏编辑标记"按钮。

2 显示标记符号

　　在文档中显示文档的标记符号，并查看文档效果。

③ 取消勾选复选框

❶ 选择"选项"命令，弹出"Word 选项"对话框，选择"显示"选项，❷ 在"始终在屏幕上显示这些标记格式"选项组中，取消勾选所有复选框，❸ 单击"确定"按钮。

④ 隐藏标记符号

即可将文档中的所有符号标记格式全部隐藏，并查看文档效果。

技巧拓展

在文档中如果想显示所有的符号标记格式，则可以在"Word 选项"对话框的"始终在屏幕上显示这些标记格式"选项组中勾选不同的复选框，则可以显示不同的标记格式。

招式 080 在题注中加入章节编号

视频同步文件：光盘 \ 视频教学 \ 第 3 章 \ 招式 080.mp4

"数码产品展示"文档中包含多张图片效果，为图片自动添加题注可以更好地对应图片和产品内容，以免混淆。但在添加题注时，有时要求题注中包含章节号，具体操作步骤如下。

① 单击按钮

❶ 在"数码产品展示"文档中，选择左下方的图片，❷ 在"引用"选项卡的"题注"面板中，单击"插入题注"按钮。

2 单击按钮

弹出"题注"对话框，在该对话框中，单击"新建标签"按钮。

3 输入标签名称

❶ 弹出"新建标签"对话框，在"标签"文本框中输入"图"，❷ 单击"确定"按钮。

4 单击按钮

❶ 返回到"题注"对话框，完成标签的新建操作，❷ 单击"编号"按钮。

5 设置题注编号

❶ 弹出"题注编号"对话框，勾选"包含章节号"复选框，❷ 单击"确定"按钮。

6 添加题注

返回到"题注"对话框，单击"确定"按钮，完成带章节编号题注的添加操作。

技巧拓展

在为题注添加章节号时，可以在"格式"列表框中重新更改题注章节号的格式；在"使用分隔符"列表框中选择章节号与题注之间的分隔符样式。

7 添加题注

使用同样的方法，为其他的图片依次添加题注。

产品展示1 Titer tin LUMIX DMC - ZS60

惠科有限公司将在 8 月 27 日发售具有光学防抖机能、并且搭载了 30 倍光学变焦镜头的数码相机 LUMIX DMC-ZS60，这款 1810 万像素的新款数码相机零售价格将在 2700 元左右。

这款具有 24mm 超广角 LEICA DC VARIO-ELMAR 镜头，为摄像机拍摄提供了卓越光学素质，同时具有 HYBBRID O.I.S+光学影像稳定系统，5 轴抵消晃动，可以使影像更清晰。

该相机的相片模式为 4K 相片模式，从 4K 影片

图 1-2

撷取高达 8Megapixls 相片，捕捉瞬间精彩。该相机具有 "Post Focus" 先拍摄后对焦功能，让您可以在拍摄后选择多个不同对焦点的相片作比较 Light Speed AF 及 DFD 技术达致高速对焦。

图 1-1

LUMIX DMC-ZS60 支持 RAW 格式影像录制，支援 4K 3840x2160 pixels 25p 影片拍摄，支援全高清 1920x1080pixels 50p/50p 影片拍摄，支援高清 1280x720pixels，100fps 高速影片拍摄。其带有内置缩时摄影模式，轻松制作大师级缩时摄影作品，内置 wifi 功能，可传送相片至电脑，电视或流动装置观赏，并可通过 ios 或 Android 装置无线遥控拍摄。

图 1-3

的数码相机产品，作为 Witren S5000 的升级版本，S5500 保持了 SLR 横仿外观设计风格，并且提供了 10 倍光学变焦功能 (37-370mm) 这款产品相对于 Witren S5000 最大的区别就是在于 CCD 的选择，并没有和 S5000 一样选择 Super CCD HR 传感器单元，而是选择了普通的 CCD 传感器单元，相对原先 Witren S5000 的像素标准提升了 100 万像素标准，达到 400 万像素输出标准，Titer tinS5500 同样提供 RAW 功能，ISO 标准 64-400 以及 640x480 动态视频素质。

产品展示4 Titer tin S3 Pro

惠科有限公司将在 10 月上旬发售搭载了 "Super CCD SR II" 的单反数码相机新品 Titer tin S3 Pro，预计其零售价格在 19500 元左右。作为 2017 年发售的 Witren S2 Pro 后继机型，该机在像素、图像处理引擎方面进行

图 3-1

图 4-2

了改进，机身依然沿用了 S2 Pro 同样的设计，不过机身背面的液晶显示屏从 1.8 英寸增加到了 2 英寸，由于采用了全新的 "Super CCD SR II"，所以 S3 Pro 的实际像有效像素达到了 1234 万像素。

S3 Pro 可以拍摄分辨率为 4,256×2,848、3,024

图 4-1

招式 081 让题注与图表对象不分家

视频同步文件：光盘\视频教学\第 3 章\招式 081.mp4

在排版数码产品展示时，图或表与其对应的题注应该在同一页上，即它们是一个整体不能分散在两页，而在使用 Word 排版中的 "自动分页" 功能时可能会使图或表与其题注分家。因此，在添加题注后应为图表与题注启用 "与下段同页" 功能，使其不分家，具体操作步骤如下。

1 单击按钮

❶ 将光标定位 "数码产品展示" 文档中带有图片和题注的段落上，❷ 在 "段落" 面板中，单击 "段落设置" 按钮。

2 勾选复选框

❶ 弹出 "段落" 对话框，切换至 "换行和分页" 选项卡，❷ 勾选 "与下段同页" 复选框，❸ 单击 "确定" 按钮即可。

技巧拓展

当用户在嵌入型图片上右击，弹出快捷菜单，选择"题注"命令后，此时图片所在段落的默认样式就已经自动勾选了"段落"对话框中的"与下段同页"复选框。如果只是将光标定位在图片的下一段中来插入题注，则"与下段同页"复选框是处于非勾选状态。

招式 082　将文档保存为网页格式

视频同步文件：光盘 \ 视频教学 \ 第 3 章 \ 招式 082.mp4

在制作好数码产品展示后，常常需要将文档保存为网页格式，以供其他用户在线访问阅览。网页是由图片和文字构成的一个文件，可以应用于各种网站平台。使用"另存为"功能可以将文档保存为网页格式，具体操作步骤如下。

1 选择命令

❶ 在"数码产品展示"文档中，单击"文件"选项卡，选择"另存为"命令，❷ 进入"另存为"界面，选择"浏览"命令。

2 保存网页格式

❶ 弹出"另存为"对话框，设置保存路径，并设置"保存类型"为"网页"，❷ 修改文件名，❸ 单击"保存"按钮即可。

技巧拓展

文档的保存网页功能十分强大，用户不仅可以将文档保存为筛选过的网页，还可以将文档保存为单个网页，其保存方法类似，唯一的差别在于保存类型的格式不一样。在"保存类型"下拉列表中，选择"筛选过的网页"选项，即可保存筛选网页；在"保存类型"下拉列表中，选择"单个文件网页"选项，即可保存单个的文件网页，将文档保存为单个文件网页后，其文件的扩展名修改为"*.mht"。

招式 083　快速更改图片清晰度效果

视频同步文件：光盘 \ 视频教学 \ 第 3 章 \ 招式 083.mp4

"数码产品展示"文档中添加的图片有些显示得不是很清晰，导致打印出来的图片特别模糊。因此，用户可以重新更改图片的清晰度参数，具体操作步骤如下。

① 选择命令

❶ 在"数码产品展示"文档中选择左下方图片，在"格式"选项卡的"调整"面板中，单击"更正"下三角按钮，❷ 展开下拉面板，选择"图片更正选项"命令。

② 更改图片清晰度

❶ 打开"设置图片格式"窗格，修改"清晰度"参数为 51%，❷ 即可更改图片的清晰度，并查看图片效果。

③ 更改其他图片清晰度

使用同样的方法，更改其他图片的清晰度。

技巧拓展

在"图片更正"选项组中可以修改"亮度"和"对比度"参数，重新调整图片的亮度和对比度，还可以在"亮度和对比度"的"预设"下拉列表中选择合适的效果进行自动更改。

招式 084　为图片添加合适的边框

视频同步文件：光盘\视频教学\第 3 章\招式 084.mp4

在"数码产品展示"文档中，为图片对象添加合适的边框，可以增加图片和文档的美观度，具体操作步骤如下。

1 添加边框颜色

❶ 在"数码产品展示"文档中选择图片，在"格式"选项卡的"图片样式"面板中，单击"图片边框"下三角按钮，❷ 展开下拉面板，选择"紫色"颜色，❸ 即可为图片添加边框。

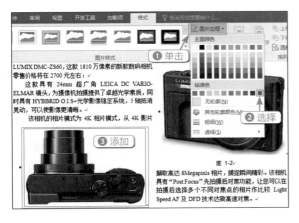

2 设置边框粗细

❶ 再次单击"图片边框"下三角按钮，展开下拉面板，❷ 选择"粗细"命令，再次展开子面板，❸ 选择"2.25 磅"命令，为图片添加边框粗细效果。

3 添加图片边框和粗细效果

使用同样的方法，依次为其他的图片添加边框颜色和粗细效果，并调整各图片的大小。

技巧拓展

在添加图片边框效果时，选择"图片边框"下拉面板中的"虚线"命令，可以在展开的子面板中为图片边框选择不同的边框线型效果。

招式 085　快速完成标点符号的修改

视频同步文件：光盘\视频教学\第 3 章\招式 085.mp4

在审阅"数码产品展示"文档时，发现文档中有些标点符号输入错误，此时可以使用"插入符号"功能对标点符号重新进行修改，具体操作步骤如下。

1 选择符号

❶ 在"数码产品展示"文档中，选择错误的标点符号，❷ 在"插入"选项卡的"符号"面板中，单击"符号"下三角按钮，❸ 展开下拉面板，选择合适的符号。

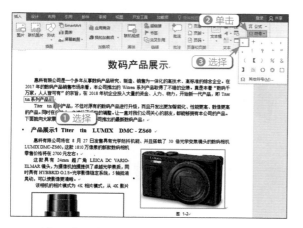

2 更改标点符号

即可对选择的标点符号进行更改。使用同样的方法，更改其他的冒号符号，并查看文档效果。

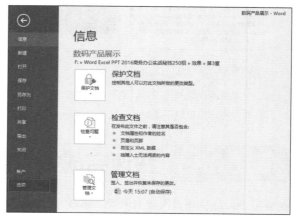

技巧拓展

"符号"下拉面板中包括多种标点符号，用户可以根据实际的工作需要选择不同的标点符号进行插入和修改操作。

招式 086 解决保存时内存不足的问题

视频同步文件：光盘 \ 视频教学 \ 第 3 章 \ 招式 086.mp4

在保存"数码产品展示"文档时，常常会弹出一个提示框，提示语音识别的数据丢失，导致没有足够的空间存储这些数据。但是，检查计算机内存时，发现磁盘空间足够大。因此，要想解决该问题，可以对Word 的选项参数进行设置，具体操作步骤如下。

1 选择命令

在"数码产品展示"文档中，选择"文件"选项卡下的"选项"命令。

② 取消勾选复选框

❶ 弹出 "Word 选项" 对话框，在左侧列表框中选择 "高级" 选项，❷ 在右侧列表框中取消勾选 "嵌入语言数据" 复选框，❸ 单击 "确定" 按钮即可。

技巧拓展

Word 在保存文档时提示内存不足，还可以在 "Word 选项" 对话框中，取消勾选 "自动保存" 复选框，即可解决该问题。

招式 087　对文档进行有序双面打印

视频同步文件：光盘 \ 视频教学 \ 第 3 章 \ 招式 087.mp4

在完成 "数码产品展示" 文档的制作后，需要将文档进行双面打印出来，这样可以节约纸张，具体操作步骤如下。

① 打印奇数页

❶ 在 "数码产品展示" 文档中，选择 "文件" 选项卡下的 "打印" 命令，❷ 进入 "打印" 界面，单击 "打印所有页" 下三角按钮，❸ 展开下拉列表，选择 "仅打印奇数页" 选项，即可打印文档中的奇数页。

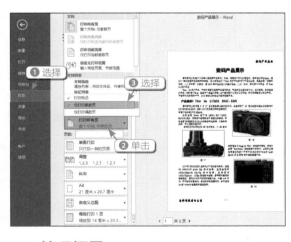

② 打印偶数页

❶ 将打印纸张抽出，换另一面放置在打印机内，选择 "文件" 选项卡下的 "打印" 命令，❷ 进入 "打印" 界面，单击 "打印所有页" 下三角按钮，❸ 展开下拉列表，选择 "仅打印偶数页" 选项，即可打印文档中的偶数页，完成双面打印操作。

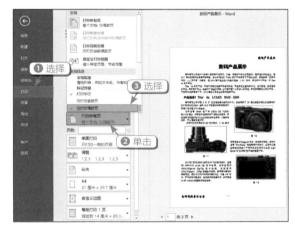

技巧拓展

在进行双面打印时，可以进行手动双面打印，在 "打印" 界面中，单击 "单面打印" 下三角按钮，展开下拉列表，选择 "手动双面打印" 选项即可。

拓展练习 无法打开文档怎么办

在打开文档时，却无法打开，且系统也没有响应。为了解决这一个问题，可以采用以下几种办法。

（1）自动恢复尚未保存的修改。Word 提供了"自动恢复"功能，可以帮助用户找回程序遇到问题并停止响应时尚未保存的信息。实际上，在用户不得不在没有保存工作成果就重新启动计算机和 Word 后，系统将打开"文档恢复"任务窗格，其中列出了程序停止响应时已恢复的所有文件。文件名后面是状态指示器，显示在恢复过程中已对文件所做的操作。"文档恢复"任务窗格可让用户打开文件、查看所做的修复以及对已恢复的版本进行比较。然后，用户可以保存最佳版本并删除其他版本，或保存所有打开的文件以便以后预览。

（2）手动打开恢复文件。在经过严重故障或类似问题后重新启动 Word 时，程序自动恢复任何文件。如果由于某种原因恢复文件没有打开，用户可以自行将其打开，操作步骤如下：①在"文件"选项卡下，选择"打开"命令；②在文件夹列表中，定位并双击存储恢复文件的文件夹。对于 Windows 7 操作系统，该位置通常为"C:\documents and settings\Application Data\Microsoft\Word"文件夹；③在"文件类型"下拉列表中选择"所有文件"。每个恢复文件名称显示为"'自动恢复'保存 file name"及程序文件扩展名；④单击要恢复的文件名，然后单击"打开"按钮。

（3）禁止自动宏的运行。如果某个 Word 文档中包含有错误的自动宏代码，那么当用户试图打开该文档时，其中的自动宏由于错误不能正常运行，从而引发不能打开文档的错误。此时，请在"Windows 资源管理器"中，按住 Shift 键，然后再双击该 Word 文档，则可阻止自动宏的运行，从而能够打开文档。

第 4 章

常见表格制作
——做人事轻松写意

本章提要

在日常办公应用中，通常都需要对各种各样的表格进行创建和编辑。Excel的功能强大、易于操作，可以制作电子表格、方便输入数据等。本章通过工作任务登记表、员工档案、培训成绩3个实操案例来介绍Excel中工作簿的创建、单元格调整、输入相同数据以及合并两列数据的基本使用方法。在每个小节的末尾，还设置了1个拓展练习，通过附带的光盘打开素材进行操作，制作出书中图示的效果。

技能概要

创建表格 ⋯⋯ 粘贴数据 ⋯⋯ 对齐表格 ⋯⋯ 填充数据 ⋯⋯ 条件格式 ⋯⋯ 合并表格

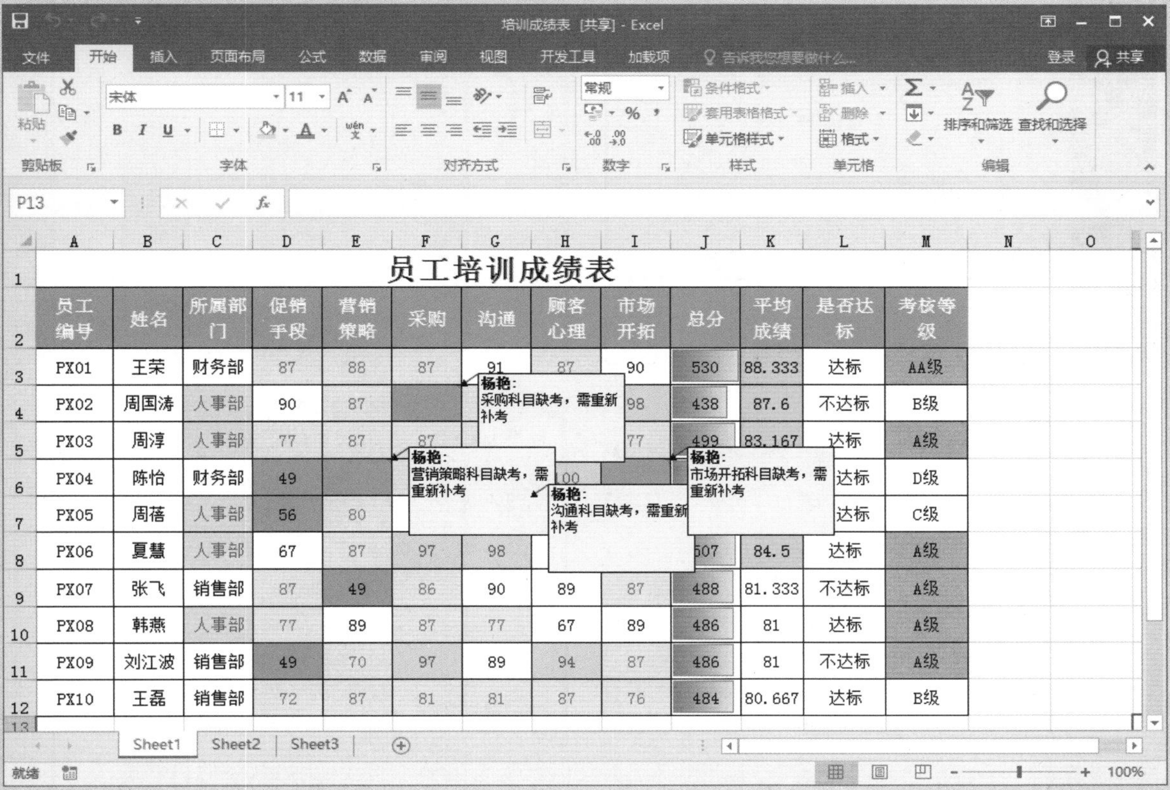

4.1 玩转表格基础操作（案例：工作任务登记表）

工作任务登记表用来登记每天完成的工作情况，其内容包括序号、工作内容、计划完成时间、实际完成时间、提前或落后完成时间、完成质量情况、责任人、检查人等。不同的登记内容，所制定的工作任务登记表也不一样。完成本例，需要在 Excel 2016 中进行创建工作簿、启动自动打开指定工作簿、巧用选择性粘贴适应表格、用拆分合并单元格做表头等操作。

招式 088　创建工作簿并增删工作表

视频同步文件：光盘 \ 视频教学 \ 第 4 章 \ 招式 088.mp4

在制作工作任务登记表之前，首先需要创建一个工作簿，才能进行工作表的添加和删除，具体操作步骤如下。

1 选择图标

❶ 在 Excel 2016 工作界面中，选择"文件"选项卡，进入"文件"界面，选择"新建"命令，❷ 进入"新建"界面，选择"空白文档"图标。

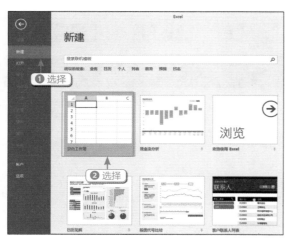

2 选择命令

❶ 新建一个空白工作簿，并自动重名为"工作簿1"，在工作簿中将自动显示一个工作表，在工作表标签上右击，❷ 弹出快捷菜单，选择"插入"命令。

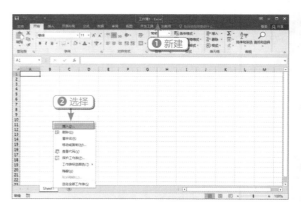

3 选择工作表类型

❶ 弹出"插入"对话框，在列表框中选择"工作表"选项，❷ 单击"确定"按钮。

④ 新建工作表

在工作簿中新建一个工作表，并自动命名为
Sheet2。

⑤ 选择命令

选择 Sheet1 工作表标签，右击，弹出快捷菜单，
选择"删除"命令，即可删除工作表。

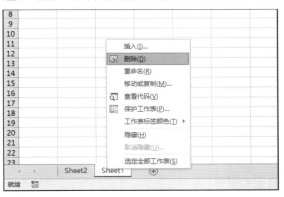

⑥ 选择命令

❶ 在"文件"选项卡下选择"另存为"命令，进入"另
存为"界面，❷ 选择"浏览"命令。

⑦ 保存工作簿

❶ 弹出"另存为"对话框，设置文件保存路径，
❷ 修改"文件名"为"工作任务登记表"，❸ 单击"保
存"按钮，即可保存工作簿。

技巧拓展

在 Excel 2016 的启动界面中，用户不仅可以新建空白的工作簿，选择相应的模板图标，即可通过模板快
速新建工作簿。

招式 089　启动自动打开指定工作簿

视频同步文件：光盘 \ 视频教学 \ 第 4 章 \ 招式 089.mp4

在完成工作任务登记表的创建后，可以将该工作簿设置为自动启动打开，这样再打开该工作簿时，可以
自动打开，从而节省工作簿的查找时间，具体操作步骤如下。

1 选择命令

在"工作任务登记表"工作簿中的"文件"选项卡下，选择"选项"命令。

2 启动自动打开工作簿

❶ 弹出"Excel 选项"对话框，在左侧列表框中选择"高级"选项，❷ 在右侧列表框中，修改"启动时打开此目录中的所有文件"路径，❸ 单击"确定"按钮即可。

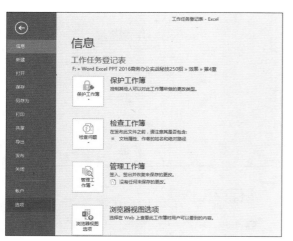

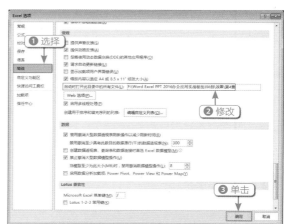

技巧拓展

在 Excel 中不仅可以启动自动打开指定的工作簿，还可以在启动计算机时，自动启动 Excel 程序。单击"开始"按钮，打开"开始"菜单，打开所有的程序列表，选择 Excel 2016 选项，按住左键的同时将其拖动至"启动"选项中，释放鼠标即可。

招式 090 取消单元格错误检查提示

视频同步文件：光盘 \ 视频教学 \ 第 4 章 \ 招式 090.mp4

在工作任务登记表中输入数据后，有些数据因为数字格式不对，常常会在单元格的左上角显示出一个绿色的小三角，通过检查又没有问题。因此，可以将单元格错误检查功能禁用，就不用每次都检查一下绿色的小三角，增加工作量，具体操作步骤如下。

1 选择命令

在"工作任务登记表"工作簿中的"文件"选项卡下，选择"选项"命令。

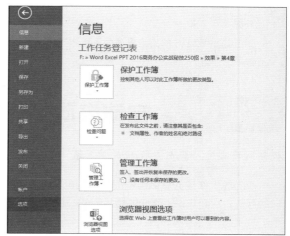

② 取消单元格错误检查

❶ 弹出 "Excel 选项" 对话框，在左侧列表框中选择 "公式" 选项，❷ 在右侧的 "错误检查" 选项组中，取消勾选 "允许后台错误检查" 复选框，❸ 单击 "确定" 按钮即可。

技巧拓展

在取消单元格的错误检查提示时，如果只想暂时性取消错误检查，则可以使用 "忽略错误" 功能来实现。选择错误的单元格，显示一个感叹号，单击感叹号，展开下拉菜单，选择 "忽略错误" 命令即可暂时忽略。

招式 091 快速在工作簿中添加数据

视频同步文件：光盘 \ 视频教学 \ 第 4 章 \ 招式 091.mp4

在完成工作任务登记表的创建后，需要在工作簿中添加文本或数字等数据。在 Excel 中，文本型数据是常用的数据类型，通常是指字符或者是任何数字和字符的组合；而数字的格式比较多，包括货币型数字、日期型数字和分数等。每张人事表的内容不同，所输入的数据内容也不同，用户只要根据实际情况，进行数据添加即可，具体操作步骤如下。

① 输入文本

在工作任务登记表中选择 A1 单元格，使用输入法，输入文本 "工作任务登记表"。

② 输入文本

使用同样的方法，在其他的单元格中依次输入文本内容。

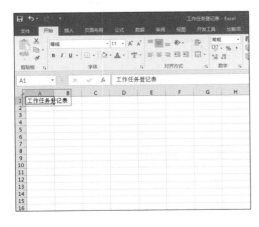

③ 单击按钮

❶ 将光标定位在 A2 单元格文本的末尾处，❷ 在 "插入" 选项卡的 "符号" 面板中，单击 "符号" 按钮。

④ 选择符号

❶ 弹出 "符号" 对话框，在 "近期使用过的符号" 选项组中，选择合适的符号，❷ 单击 "插入" 按钮。

121

5 添加符号

在选择的单元格内添加符号，并查看工作表效果。

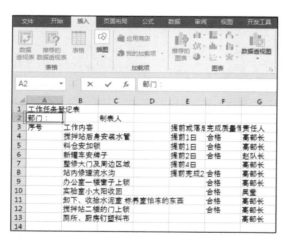

6 添加符号

使用同样的方法，在其他的单元格中添加相同的符号。

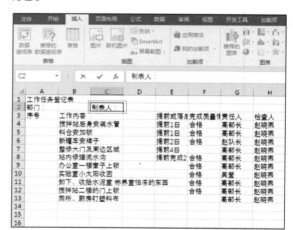

7 输入数据

选择 A4 单元格，在数字键盘上按 1 键，输入数据。

8 输入数据

使用同样的方法，依次选择其他的单元格，在数字键盘上按数字键，输入其他数据。

⑨ 选择字体

❶ 选择 A1 单元格，在"字体"面板中，单击"字体"右侧的下三角按钮，❷ 展开下拉列表，选择"黑体"。

⑩ 更改字号

❶ 在"字体"面板中，单击"字号"右侧的下三角按钮，❷ 展开下拉列表，选择 22 选项，❸ 即可更改文本的字号。

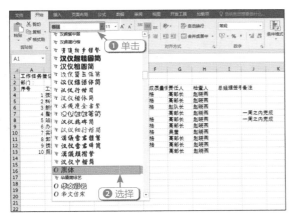

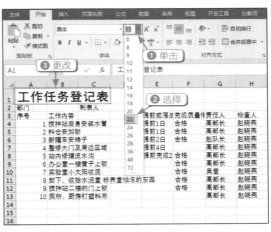

⑪ 更改字体格式

使用同样的方法，依次修改其他单元格中的文本和数据的字体格式效果。

	A	B	C	D	E	F	G	H	I	J	K
1	工作任务登记表										
2	部门：			制表人：							
3	序号	工作内容			提前或落	完成质量	责任人	检查人	总经理签:	备注	
4	1	搅拌站后身安装水管			提前1日	合格	高部长	赵晓燕			
5	2	料仓安加锁			提前1日		高部长	赵晓燕			
6	3	新罐车安牌子			提前2日	合格	赵队长	赵晓燕			
7	4	整修大门及周边区域			提前4日		高部长	赵晓燕		一周之内完成	
8	5	站内修理流水沟			提前完成2	合格	高部长	赵晓燕		一周之内完成	
9	6	办公室一楼窗子上锁				合格	高部长	赵晓燕			
10	7	实验室小太阳收回				合格	吴莹	赵晓燕			
11	8	卸下、收拾水泥室 标养室怕冻的东西				合格	高部长	赵晓燕			
12	9	搅拌站二楼的门上锁				合格	高部长	赵晓燕			
13	10	厕所、厨房钉塑料布					高部长	赵晓燕			
14											
15											

技巧拓展

在工作簿中添加数据时，输入到单元格内的任何字符，只要不被系统解释成数字、公式、日期或者逻辑值，则 Excel 一律将其视为文本。

招式 092　巧用选择性粘贴适应表格

视频同步文件：光盘 \ 视频教学 \ 第 4 章 \ 招式 092.mp4

在工作任务登记表中，由于数据太多，一个个输入比较烦琐，且增加了工作量。因此可以将一些数据通过复制粘贴功能进行粘贴操作，从而节省工作时间，具体操作步骤如下。

1 选择命令

❶ 在工作任务登记表中，选择"文件"选项卡下的"打开"命令，❷ 进入"打开"界面，选择"浏览"命令。

2 单击按钮

❶ 弹出"打开"对话框，在合适的文件夹中，选择"完成时间表"工作簿，❷ 单击"打开"按钮。

3 复制单元格区域

❶ 打开选择的工作簿。在工作簿中，单击鼠标左键并拖曳，选择单元格区域，❷ 在"剪贴板"面板中，单击"复制"按钮。

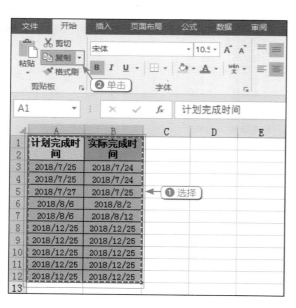

4 选择命令

❶ 切换至"工作任务登记表"工作簿，选择合适的单元格区域，❷ 在"剪贴板"面板中，单击"粘贴"下三角按钮，❸ 展开下拉面板，选择"选择性粘贴"命令。

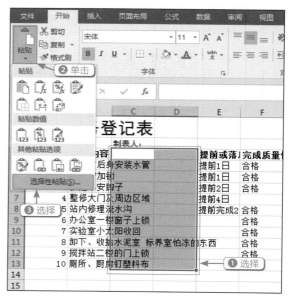

技巧拓展

在"剪贴板"面板中，单击"剪切"按钮，则可以对选择的单元格区域进行剪切操作。

⑤ 设置粘贴选项

❶ 弹出"选择性粘贴"对话框，选中"数值"单选按钮，❷ 单击"确定"按钮。

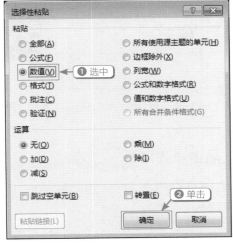

⑥ 选择性粘贴数据

选择性粘贴数据，并再次复制粘贴数据，调整数据的位置，查看工作表效果。

技巧拓展

在"选择性粘贴"对话框中，选中"粘贴"选项组中对应的单选按钮，则可以只粘贴数据的数值、公式或者格式；选中"运算"选项组中的"加""减""乘"和"除"单选按钮，则可以对粘贴的数据进行加法、减法、乘法和除法运算。

招式 093　用合并单元格功能做表头

视频同步文件：光盘＼视频教学＼第 4 章＼招式 093.mp4

在工作任务登记表中输入表头数据后，表头数据显示得不完整，且不是整体显示。此时可以使用"合并单元格"功能将表头上相邻的单元格合并为一个单元格，以便使表头数据内容完整显示，具体操作步骤如下。

① 单击按钮

❶ 在工作任务登记表中，单击鼠标左键并拖曳，选择单元格区域，❷ 在"对齐方式"面板中，单击"合并后居中"按钮。

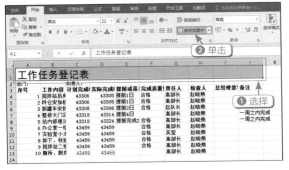

② 合并单元格

将选择的单元格区域合并为一个单元格，并将单元格中的文本自动居中对齐，并查看工作表效果。

技巧拓展

在合并单元格时，若选择"跨越合并"命令，可以将相同行中的所选单元格合并到一个最大的单元格中；若选择"合并单元格"命令，则可以将所选单元格合并为一个单元格，且单元格中的文本对齐方式保持不变；若选择"取消单元格合并"命令，则可以将当前合并好的单元格拆分为多个单元格。

招式 094 快速设置单元格对齐方式

视频同步文件：光盘 \ 视频教学 \ 第 4 章 \ 招式 094.mp4

在工作任务登记表中输入各种数据后，数据都是以默认的左对齐方式显示，用户需要根据实际的工作需要，重新调整单元格的对齐方式，具体操作步骤如下。

1 单击按钮

❶ 在工作任务登记表中，按住 Ctrl 键，选择多个单元格区域，❷ 在"对齐方式"面板中，单击"居中"按钮。

2 居中对齐文本

将选择单元格区域中的文本进行居中对齐，并查看工作表效果。

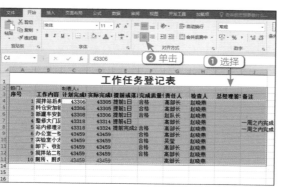

技巧拓展

"对齐方式"面板中包括"顶端对齐""垂直居中""底端对齐""左对齐""居中"和"右对齐"6 种对齐方式，选择不同的对齐方式，可以得到不同的对齐效果。

招式 095 让数值类型适应实际需求

视频同步文件：光盘 \ 视频教学 \ 第 4 章 \ 招式 095.mp4

在制作人事类的工作表时，工作表中的数据常常包含有数字、日期、货币等数据类型，因此，可以根据实际需要为数据设置多种格式，具体操作步骤如下。

1 选择命令

在工作任务登记表中，选择单元格区域，右击，弹出快捷菜单，选择"设置单元格格式"命令。

2 选择日期类型

❶ 弹出"设置单元格格式"对话框，在左侧列表框中选择"日期"选项，❷ 在右侧的"类型"列表框中选择日期类型，❸ 单击"确定"按钮。

③ 设置数据类型

完成单元格区域的数据类型设置，并查看工作表效果。

	工作任务登记表									
	部门：		制表人：							
序号	工作内容	计划完成时间	实际完成时间	或落后完成	成质量情	责任人	检查人	总经理签字	备注	
1	搅拌站后	2018/7/25	2018/7/24	提前1日	合格	高部长	赵晓燕			
2	料仓安加	2018/7/25	2018/7/24	提前1日	合格	高部长	赵晓燕			
3	新罐车安	2018/7/27	2018/7/25	提前2日	合格	赵队长	赵晓燕			
4	整修大门	2018/8/6	2018/8/2	提前4日		高部长	赵晓燕		一周之内完成	
5	站内修理	2018/8/6	2018/8/12	是前完成2日	合格	高部长	赵晓燕		一周之内完成	
6	办公室一书	2018/12/25	2018/12/25		合格	高部长	赵晓燕			
7	实验室小	2018/12/25	2018/12/25		合格	吴莹	赵晓燕			
8	卸下、收据	2018/12/25	2018/12/25		合格	高部长	赵晓燕			
9	搅拌站二	2018/12/25	2018/12/25		合格	高部长	赵晓燕			
10	厕所、厨	2018/12/25	2018/12/25			高部长	赵晓燕			

技巧拓展

在日期"类型"列表框中，包括多种日期类型，选择不同的日期类型，可以得到长日期、不带年月的日期等数据效果，还可以在"区域设置（国家/地区）"下拉列表中选择不同的区域，对不同地区的时间日期进行设置。

招式 096 手动、自动调整单元格大小

视频同步文件：光盘\视频教学\第 4 章\招式 096.mp4

在编辑工作任务登记表时，工作表中单元格的大小都是默认参数设置，使得很多数据内容显示不全，也不美观。因此，对单元格的大小进行手动或者自动调整，则显得至关重要，具体操作步骤如下。

① 选择命令

❶ 在工作任务登记表中，选择 A 列对象，❷ 在"单元格"面板中，单击"格式"下三角按钮，❸ 展开下拉菜单，选择"自动调整列宽"命令。

② 自动调整列宽

自动调整选择列的列宽，并查看调整后的工作表效果。

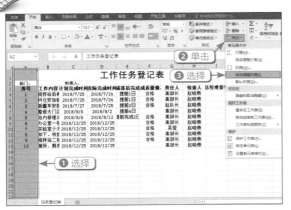

技巧拓展

在调整列宽时，选择"格式"下拉菜单中的"默认列宽"命令，则可以将列宽参数恢复到原始状态。

③ 选择命令

选择 B 列，右击，弹出快捷菜单，选择"列宽"命令。

④ 修改列宽参数

❶ 弹出"列宽"对话框，修改"列宽"参数为 18，❷ 单击"确定"按钮。

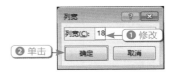

技巧拓展

在手动调整列宽时，可以选择需要调整的列对象，当鼠标指针呈双向黑色十字箭头时，单击鼠标左键并拖曳，即可调整列宽。

⑤ 手动修改列宽

手动修改选择列的列宽，并查看调整后的工作表效果。

⑥ 修改列宽

使用同样的方法，分别修改其他列的列宽参数为 12 和 8，完成列宽修改。

7 单击按钮

❶ 选择合适的单元格区域，❷ 在"对齐方式"面板中，单击"自动换行"按钮。

8 文本自动换行

将单元格中的文本内容进行自动换行操作，并手动调整相应的列宽。

9 选择命令

选择合适的行对象，右击，弹出快捷菜单，选择"行高"命令。

10 修改行高参数

❶ 弹出"行高"对话框，修改"行高"参数为30，❷ 单击"确定"按钮。

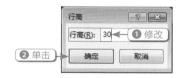

11 手动修改行高

即可手动修改选择行的行高，并查看调整后的工作表效果。

12 调整行高

使用同样的方法，将第2行的行高参数修改为19，并查看调整后的工作表效果。

技巧拓展

在手动调整行高时，可以选择需要调整的行对象，当鼠标指针呈双向黑色十字箭头时，单击鼠标左键并拖曳，即可调整行高。

招式 097　添加边框与底纹美化表格

视频同步文件：光盘 \ 视频教学 \ 第 4 章 \ 招式 097.mp4

编辑工作任务登记表时，不仅要调整单元格的大小，还需要为表格添加边框与底纹效果，使得表格更加美观醒目，具体操作步骤如下。

1 选择命令

❶ 在工作任务登记表中选择 A1 单元格，在"字体"面板中，单击"边框"右侧的下三角按钮，❷ 展开下拉菜单，选择"粗下框线"命令。

2 添加边框

为选择的单元格添加粗下框线，并查看工作表效果。

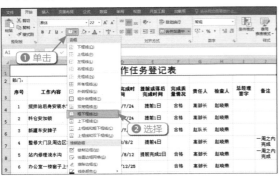

3 选择命令

❶ 选择合适的单元格区域，在"字体"面板中，选择"边框"右侧的下三角按钮，❷ 展开下拉菜单，选择"所有框线"命令。

4 添加边框

为选择的单元格添加框线，并查看工作表效果。

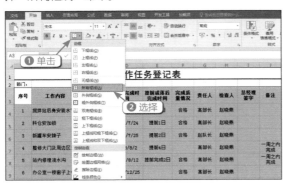

技巧拓展

在"边框"下拉菜单中，选择"下框线"命令，则可以为单元格只添加下框线；选择"上框线"命令，则可以为单元格只添加上框线；选择"左框线"命令，则可以为单元格只添加左框线；选择"右框线"命令，则可以为单元格只添加右框线；选择"无框线"命令，则可以取消单元格中的边框；选择"外侧框线"命令，则可以为单元格只添加外侧的边框线；选择"粗外侧框线"命令，则可以为单元格只添加加粗的外侧边框线；选择"双底框线"命令，则可以在单元格的底部添加双线条的边框。

⑤ 添加底纹

❶ 选择合适的单元格区域，在"字体"面板中，选择"填充颜色"右侧的下三角按钮，❷ 展开下拉面板，选择"浅绿"颜色即可。

⑥ 继续添加底纹

❶ 选择合适的单元格区域，在"字体"面板中，选择"填充颜色"右侧的下三角按钮，❷ 展开下拉面板，选择"蓝色，个性色 1，填充 60%"颜色即可。

拓展练习　制作学员出勤签到表

学员出勤签到表用来登记每个星期学生的出勤和签到记录，其内容包括日期 & 星期、上课时间、课时数、姓名、班长签字，以及班主任签字等。在进行学员出勤签到表的制作时，会使用到创建工作簿、添加数据、合并单元格、设置单元格对齐方式以及调整单元格大小等操作。具体效果如右图所示。

4.2 重复数据不再费劲（案例：员工档案）

在所有员工进入公司之日起，就需要为每个员工建立员工档案表。在制作员工档案表时，员工的基本资料一定要健全，其基本资料包括姓名、工号、身份证号码、性别、民族、学习、部门以及职务等。完成本例，需要在 Excel 2016 中固定长报表表头、多单元格同类信息快速填充、规律递增数据的极速填充、添加序列输入文字、在表格中快速查找同类项以及在指定位置插入删除单元格等操作。

招式 098　长报表如何固定表头显示

视频同步文件：光盘 \ 视频教学 \ 第 4 章 \ 招式 098.mp4

在编辑员工档案表时，由于档案表内容过多，为了方便查看，可以使用"冻结首行"功能将档案表的行标题冻结起来，具体操作步骤如下。

① 打开工作簿

打开随书配套光盘的"素材\第 4 章\员工档案表 .xlsx"工作簿。

② 选择命令

❶ 选择首行，在"视图"选项卡的"窗口"面板中，单击"冻结窗格"下三角按钮，❷ 展开下拉菜单，选择"冻结首行"命令。

③ 固定表头

固定工作表的表头，并在工作表中滚动查看内容。

	A	B	C	D	E	F	G	H	I	J	K
1						员工档案表					
14		孙超	510662*******4266	男		1985年09月15日		大连	1359641****		技术员
15		汪恒	510158*******8846	男		1982年09月15日		青岛	1369458****		销售代表
16		王春燕	213254*******1422	女		1985年06月23日		沈阳	1342674****		销售代表
17		谢怡	101547*******6482	女		1983年11月02日		无锡	1369787****		技术员
18		张蓓宇	211411*******4553	男		1985年05月11日		兰州	1514545****		会计
19		郑舒	123486*******2157	女		1981年09月18日		太原	1391324****		销售代表
20		周鑫	670113*******4631	男		1981年07月22日		长沙	1531121****		技术员
21		谢雨欣	105461*******6482	女		1987年01月02日		广州	1374787****		技术员
22		张光	211431*******4573	男		1983年06月12日		兰州	1502545****		财务总监
23		郑阳云	117486*******2157	女		1985年09月18日		长沙	1391644****		销售代表
24		陶云	670113*******5741			1981年06月25日		昆明	1364121****		主管
25		杨浩	106547*******7142	男		1987年12月05日		广州	1375787****		出纳
26		张泽	254411*******4543	男		1988年09月11日		兰州	1581547****		销售代表
27		郑峰	175486*******2877	男		1982年09月27日		大连	1381354****		销售代表
28		周明阳	664113*******4791	男		1983年07月19日		昆明	1571461****		主管
29		陈超									
30		郑峰									

技巧拓展

在"冻结窗格"下拉菜单中，选择"冻结拆分窗格"命令，可以将拆分的窗格进行冻结；选择"冻结首列"命令，可以将工作表中的首列对象进行冻结。

招式 099 多单元格同类信息快速填充

视频同步文件：光盘 \ 视频教学 \ 第 4 章 \ 招式 099.mp4

在编辑员工档案表时，档案表中"民族"列的数据都是相同的，此时可以先输入一个数据后，再使用"填充"功能将相同的数据进行填充操作，从而节省了工作量和工作时间，具体操作步骤如下。

1 输入文本

在员工档案表中，选择 E3 单元格，输入"汉"，并选择合适的单元格区域。

	A	B	C	D	E	F	G	H
1						员工档案表		
2	工号	姓名	身份证号码	性别	民族	出生年月	籍贯	联系电话
3		艾利	511129*******6112	男	汉	1977年02月12日		绵阳
4		陈超	330253*******5472	男		1984年10月23日		郑州
5		高毅	412446*******4565	女		1982年03月26日		泸州
6		胡欣欣	410521*******6749	女		1979年01月25日		西安
7		蒋宇	513861*******1246	男		1981年05月21日		贵阳
8		李浩泽	610101*******2308	男		1981年03月17日		天津
9		陈雪	310484*******1121	女		1983年03月07日		杭州
10		欧阳灿	101125*******3464	男		1978年12月22日		佛山
11		钱明明	210456*******2454	男		1982年11月20日		洛阳
12		冉晓晓	415153*******2156	女		1984年04月22日		咸阳
13		舒洋	511785*******2212	男		1983年12月13日		唐山
14		孙超	510662*******4266	男		1985年09月15日		大连
15		汪恒	510158*******8846	男		1982年09月15日		青岛
16		王春燕	213254*******1422	女		1985年06月23日		沈阳
17		谢怡	101547*******6482	女		1983年11月02日		无锡
18		张镨宇	211411*******4553	男		1985年05月11日		兰州
19		郑舒	123486*******2157	女		1981年09月18日		太原
20		周鑫	670113*******4631	男		1981年07月22日		长沙

员工档案管理　Sheet1　+

2 选择命令

❶ 在"编辑"面板中，单击"填充"下三角按钮，

❷ 展开下拉菜单，选择"快速填充"命令。

3 输入文本

快速填充档案表中的同类数据信息，并查看工作表效果。

技巧拓展

在填充同类数据时，选择单元格，将鼠标指针移至单元格的右下角，此时鼠标指针呈黑色十字形状，单击鼠标左键并拖曳，也可以快速填充同类数据。

招式 100　规律递增数据的快速填充

视频同步文件：光盘 \ 视频教学 \ 第 4 章 \ 招式 100.mp4

在员工档案表中需要输入员工的工号数据，员工工号是一种带有规律且向上递增的数据，使用鼠标拖曳功能可以快速填充，具体操作步骤如下。

Word/Excel/PPT 2016 办公应用实战秘技 250 招

1 输入工号

在员工档案表中，选择 A3 和 A4 单元格，依次输入文本。

2 填充工号

在 A4 单元格右下角，单击鼠标左键并拖曳，填充其他的员工工号。

技巧拓展

在填充规律递增的数据时，选择"填充"下拉菜单中的"序列"命令，在弹出的"序列"对话框中，修改"步长"参数，将数据以其他的递增规律或者递减规律填充数据。

招式 101 添加序列来输入文字

视频同步文件：光盘 \ 视频教学 \ 第 4 章 \ 招式 101.mp4

在添加员工档案表数据时，可以使用"数据验证"功能为单元格添加序列，通过选择序列中的数据来输入文字，从而节省了工作时间，具体操作步骤如下。

1 选择命令

❶ 在员工档案表中，选择 G3:G28 单元格区域，❷ 在"数据"选项卡的"数据工具"面板中，单击"数据验证"下三角按钮，❸ 展开下拉菜单，选择"数据验证"命令。

2 设置数据验证条件

❶ 弹出"数据验证"对话框，在"允许"下拉列表中，选择"序列"选项，❷ 在"来源"文本框中输入"硕士,本科,专科"，❸ 单击"确定"按钮。

134

③ 选择选项

完成序列的添加，并在单元格的右侧显示一个下三角按钮，单击该按钮，展开下拉列表，选择"硕士"选项。

	A	B	C	D	E	F	G	H	I
1					**员工档案表**				
2	工号	姓名	身份证号码	性别	民族	出生年月	籍贯	联系电话	部门
3	SY0001	艾利	511129*******6112	男	汉	1977年02月12日		绵阳	1314456****
4	SY0002	陈超	330253*******5472	男	汉	1984年10月23日	郑州	1371512****	
5	SY0003	高敏	412446*******4565	女	汉	1982年03月26日	泸州	1581512****	
6	SY0004	胡欣欣	410521*******6749	女	汉	1979年01月25日	西安	1324465****	
7	SY0005	蒋宇	513861*******1246	男	汉	1981年05月21日	贵阳	1591212****	
8	SY0006	李浩泽	610101*******2308	男	汉	1981年03月17日	天津	1324578****	
9	SY0007	陈露	310484*******1121	女	汉	1983年03月07日	杭州	1304453****	
10	SY0008	欧阳灿	101125*******3464	男	汉	1978年12月22日	佛山	1384451****	
11	SY0009	钱明明	210456*******2454	男	汉	1982年11月20日	洛阳	1361212****	
12	SY0010	冉晓晓	415153*******2156	女	汉	1984年04月22日	咸阳	1334678****	
13	SY0011	舒洋	511785*******2212	男	汉	1983年12月13日	唐山	1398066****	
14	SY0012	孙超	510662*******4266	男	汉	1985年09月15日	大连	1359641****	
15	SY0013	汪恒	510158*******8846	男	汉	1982年09月15日	青岛	1369458****	
16	SY0014	王春燕	213254*******1422	女	汉	1985年06月23日	沈阳	1342674****	
17	SY0015	谢怡	101547*******6482	女	汉	1983年11月02日	无锡	1369787****	
18	SY0016	张蓉宇	211411*******4553	男	汉	1985年05月11日	兰州	1514545****	
19	SY0017	郑舒	123486*******2157	女	汉	1981年08月18日	太原	1391324****	
20	SY0018	周鑫	670113*******4631	男	汉	1981年07月02日	长沙	1531121****	

④ 添加文本

为选择的单元格添加文本。使用同样的方法，在 G 列其他的单元格中依次添加文本。

	A	B	C	D	E	F	G	H	I	J	K
1						**员工档案表**					
10	SY0008	欧阳灿	101125*******3464	男	汉	1978年12月22日	专科	佛山	1384451****		主管
11	SY0009	钱明明	210456*******2454	男	汉	1982年11月20日	本科	洛阳	1361212****		销售代表
12	SY0010	冉晓晓	415153*******2156	女	汉	1984年04月22日	专科	咸阳	1334678****		销售代表
13	SY0011	舒洋	511785*******2212	男	汉	1983年12月13日	专科	唐山	1398066****		技术员
14	SY0012	孙超	510662*******4266	男	汉	1985年09月15日	硕士	大连	1359641****		
15	SY0013	汪恒	510158*******8846	男	汉	1982年09月15日	本科	青岛	1369458****		销售代表
16	SY0014	王春燕	213254*******1422	女	汉	1985年06月23日	专科	沈阳	1342674****		销售代表
17	SY0015	谢怡	101547*******6482	女	汉	1983年11月02日	专科	无锡	1369787****		技术员
18	SY0016	张蓉宇	211411*******4553	男	汉	1985年05月11日	专科	兰州	1514545****		会计
19	SY0017	郑舒	123486*******2157	女	汉	1981年08月18日	专科	太原	1391324****		销售代表
20	SY0018	周鑫	670113*******4631	男	汉	1981年07月02日	硕士	长沙	1531121****		技术员
21	SY0019			男			本科	广州	1374478****		销售代表
22	SY0020	张光	211431*******4573	男	汉	1983年06月02日	本科	重庆	1502549****		财务总监
23	SY0021	陶云	670113*******9741	女	汉	1981年06月02日	硕士	昆明	1364121****		主管
24	SY0022	杨浩	117486*******7142	男		1987年12月17日	本科	广州	1375787****		出纳
25	SY0023	陈洁	254411*******4543	男	汉	1982年03月01日	专科	重庆	1581547****		销售代表
26	SY0024	郑峰	175486*******5877	男	汉	1982年03月07日	本科	大连	1381359****		销售代表
27	SY0025	周明阳	864112*******4791	男	汉	1983年07月19日	硕士	昆明	1571461****		主管

⑤ 选择命令

❶ 选择 J3:J28 单元格区域，❷ 在"数据"选项卡的"数据工具"面板中，单击"数据验证"下三角按钮，❸ 展开下拉菜单，选择"数据验证"命令。

C	D	E	F	G	H	I	J
			员工档案表				
身份证号码	性别	民族	出生年月	籍贯	联系电话	部门	职务
511129*******6112	男	汉	1977年02月12日	硕士	绵阳	1314456****	
330253*******5472	男	汉	1984年10月23日	专科	郑州	1371512****	送货员
412446*******4565	女	汉	1982年03月26日	本科	泸州	1581512****	
410521*******6749	女	汉	1979年01月25日	本科	西安	1324465****	经理
513861*******1246	男	汉	1981年05月21日	专科	贵阳	1591212****	销售代表
610101*******2308	男	汉	1981年03月17日	本科	天津	1324578****	销售代表
310484*******1121	女	汉	1983年03月07日	本科	杭州	1304453****	文员
101125*******3464	男	汉	1978年12月22日	专科	佛山	1384451****	主管
210456*******2454	男	汉	1982年11月20日	本科	洛阳	1361212****	销售代表
415153*******2156	女	汉	1984年04月22日	专科	咸阳	1334678****	销售代表
511785*******2212	男	汉	1983年12月13日	专科	唐山	1398066****	技术员
510662*******4266	男	汉	1985年09月15日	硕士	大连	1359641****	
510158*******8846	男	汉	1982年09月15日	本科	青岛	1369458****	销售代表
213254*******1422	女	汉	1985年06月23日	专科	沈阳	1342674****	销售代表
101547*******6482	女	汉	1983年11月02日	专科	无锡	1369787****	技术员

⑥ 设置数据验证条件

❶ 弹出"数据验证"对话框，在"允许"下拉列表中选择"序列"选项，❷ 在"来源"文本框中输入"销售部，后勤部，财务部，行政部，技术部"，❸ 单击"确定"按钮。

数据验证

设置 | 输入信息 | 出错警告 | 输入法模式

验证条件

❶ 选择

允许(A)：
序列

☑ 忽略空值(B)
☑ 提供下拉箭头(I)

数据(D)：
介于

来源(S)：
销售部,后勤部,财务部,行政部,技术部

❷ 输入

☐ 对有同样设置的所有其他单元格应用这些更改(P)

全部清除(C)   ❸ 单击   确定   取消

⑦ 选择选项

完成序列的添加，并在单元格的右侧显示一个下三角按钮，单击该按钮，展开下拉列表，选择"销售部"选项。

	A	B	C	D	E	F	G	H	I	J	K
1						**员工档案表**					
2	工号	姓名	身份证号码	性别	民族	出生年月	籍贯	联系电话	部门	职务	
3	SY0001	艾利	511129*******6112	男	汉	1977年02月12日	硕士	绵阳	1314456****		
4	SY0002	陈超	330253*******5472	男	汉	1984年10月23日	专科	郑州	1371512****	送货员	
5	SY0003	高敏	412446*******4565	女	汉	1982年03月26日	本科	泸州	1581512****		
6	SY0004	胡欣欣	410521*******6749	女	汉	1979年01月25日	本科	西安	1324465****	经理	
7	SY0005	蒋宇	513861*******1246	男	汉	1981年05月21日	专科	贵阳	1591212****	销售代表	
8	SY0006	李浩泽	610101*******2308	男	汉	1981年03月17日	本科	天津	1324578****	销售代表	
9	SY0007	陈露	310484*******1121	女	汉	1983年03月07日	本科	杭州	1304453****	文员	
10	SY0008	欧阳灿	101125*******3464	男	汉	1978年12月22日	专科	佛山	1384451****	主管	
11	SY0009	钱明明	210456*******2454	男	汉	1982年11月20日	本科	洛阳	1361212****	销售代表	
12	SY0010	冉晓晓	415153*******2156	女	汉	1984年04月22日	专科	咸阳	1334678****	销售代表	
13	SY0011	舒洋	511785*******2212	男	汉	1983年12月13日	专科	唐山	1398066****	技术员	
14	SY0012	孙超	510662*******4266	男	汉	1985年09月15日	硕士	大连	1359641****		
15	SY0013	汪恒	510158*******8846	男	汉	1982年09月15日	本科	青岛	1369458****	销售代表	
16	SY0014	王春燕	213254*******1422	女	汉	1985年06月23日	专科	沈阳	1342674****	销售代表	
17	SY0015	谢怡	101547*******6482	女	汉	1983年11月02日	专科	无锡	1369787****	技术员	
18	SY0016	张蓉宇	211411*******4553	男	汉	1985年05月11日	专科	兰州	1514545****	会计	
19	SY0017	郑舒	123486*******2157	女	汉	1981年08月18日	专科	太原	1391324****		
20	SY0018	周鑫	670113*******4631	男	汉	1981年07月02日	硕士	长沙	1531121****	技术员	

8 添加文本

为选择的单元格添加文本。使用同样的方法，在 J 列其他的单元格中依次添加文本。

技巧拓展

在添加序列时，取消勾选"提供下拉箭头"复选框，则在添加序列后，单元格中将不显示下三角按钮。

招式 102 在表格中快速查找同类项

视频同步文件：光盘 \ 视频教学 \ 第 4 章 \ 招式 102.mp4

在查找员工档案表中的数据时，由于数据太多，不容易查找。因此，可以使用"查找"功能将员工档案表中相同的数据全部查找出来，具体操作步骤如下。

1 选择命令

❶ 在员工档案表的"开始"选项卡中，单击"编辑"面板中的"查找和选择"下三角按钮，❷ 展开下拉菜单，选择"查找"命令。

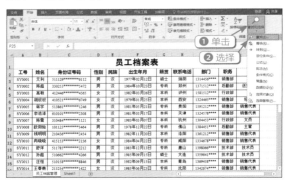

2 输入查找文本

❶ 弹出"查找和替换"对话框，在"查找内容"文本框中输入"昆明"，❷ 单击"查找全部"按钮。

3 显示查找结果

在对话框的底部显示出查找结果，并自动定位至第一个查找结果所对应的单元格。

4 定位单元格

选择第二个查找结果选项，将自动定位至第二个查找结果所对应的单元格。

5 输入查找内容

❶ 在"查找内容"文本框中输入"销售代表"，❷ 单击"查找全部"按钮。

6 显示查找结果

在对话框的底部显示出查找结果，并调整对话框的大小，显示全部结果。

技巧拓展

在"查找和替换"对话框中，切换至"替换"选项卡，在"查找内容"和"替换为"文本框中依次输入文本内容，即可查找并替换文本或者数据。

招式 103　指定位置插入、删除单元格

视频同步文件：光盘 \ 视频教学 \ 第 4 章 \ 招式 103.mp4

在编辑员工档案表时，员工档案表中带有很多多余的单元格，需要使用"插入单元格"功能添加单个的单元格，具体操作步骤如下。

1 选择命令

❶ 在员工档案表中选择 G2 单元格，❷ 在"单元格"面板中单击"插入"下三角按钮，❸ 展开下拉菜单，选择"插入单元格"命令。

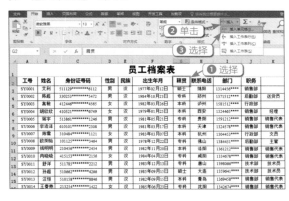

2 选中单选按钮

❶ 弹出"插入"对话框，选中"活动单元格右移"单选按钮，❷ 单击"确定"按钮。

技巧拓展

在添加单元格时，选中"整行"单选按钮，可以添加单元格所在的整行对象；选中"整列"单选按钮，可以添加单元格所在的整列对象。

137

3 插入单元格

插入一个单元格，输入文本"学历"，使用"格式刷"按钮，复制文本格式。

	员工档案表							
工号	姓名	身份证号码	性别	民族	出生年月	学历	籍贯	联系电话
SY0001	艾利	511129******6112	男	汉	1977年02月12日	硕士	绵阳	1314456****
SY0002	陈超	330253******5472	男	汉	1984年10月23日	专科	郑州	1371512****
SY0003	高鹤	412446******4565	女	汉	1982年03月26日	本科	泸州	1581512****
SY0004	胡欣欣	410521******6749	女	汉	1979年01月25日	本科	西安	1324465****
SY0005	蒋宇	513861******1246	男	汉	1981年05月21日	专科	贵阳	1591212****
SY0006	李浩泽	610101******2308	男	汉	1981年03月17日	本科	天津	1324578****
SY0007	陈雷	310484******1121	女	汉	1983年03月07日	本科	杭州	1304453****
SY0008	欧阳灿	101125******3464	男	汉	1978年12月22日	专科	佛山	1384451****
SY0009	钱明明	210456******2454	男	汉	1982年11月20日	本科	洛阳	1361212****
SY0010	冉晓晓	415153******2156	女	汉	1984年04月22日	专科	咸阳	1334678****
SY0011	舒洋	531785******2212	男	汉	1982年12月13日	本科	唐山	1398066****
SY0012	孙磊	510662******4266	男	汉	1985年09月15日	硕士	大连	1359641****
SY0013	汪恒	51015B******8846	男	汉	1982年09月11日	本科	青岛	1369458****
SY0014	王春燕	213254******1422	女	汉	1985年06月21日	专科	沈阳	1342674****
SY0015	谢怡	101547******6482	女	汉	1983年11月02日	专科	无锡	1369787****
SY0016	张蓓宇	211411******4553	男	汉	1985年05月11日	专科	兰州	1514545****
SY0017	郑舒	123486******2157	女	汉	1981年09月18日	专科	太原	1391324****
SY0018	周鑫	670113******4631	男	汉	1981年07月22日	硕士	长沙	1531121****

4 选择命令

❶选择 K3 单元格，❷在"单元格"面板中单击"删除"下三角按钮，❸展开下拉菜单，选择"删除单元格"命令。

5 选中单选按钮

❶弹出"删除"对话框，选中"右侧单元格左移"单选按钮，❷单击"确定"按钮。

技巧拓展

在删除单元格时，选中"整行"单选按钮，可以删除单元格所在的整行对象；选中"整列"单选按钮，可以删除单元格所在的整列对象。

6 删除单元格

删除一个单元格。使用同样的方法，删除其他的单元格。

	员工档案表									
工号	姓名	身份证号码	性别	民族	出生年月	学历	籍贯	联系电话	部门	职务
SY0001	艾利	511129******6112	男	汉	1977年02月12日	硕士	绵阳	1314456****	销售部	经理
SY0002	陈超	330253******5472	男	汉	1984年10月23日	专科	郑州	1371512****	后勤部	送货员
SY0003	高鹤	412446******4565	女	汉	1982年03月26日	本科	泸州	1581512****	行政部	主管
SY0004	胡欣欣	410521******6749	女	汉	1979年01月25日	本科	西安	1324465****	销售部	经理
SY0005	蒋宇	513861******1246	男	汉	1981年05月21日	专科	贵阳	1591212****	销售部	销售代表
SY0006	李浩泽	610101******2308	男	汉	1981年03月17日	本科	天津	1324578****	销售部	销售代表
SY0007	陈雷	310484******1121	女	汉	1983年03月07日	本科	杭州	1304453****	行政部	文员
SY0008	欧阳灿	101125******3464	男	汉	1978年12月22日	专科	佛山	1384451****	后勤部	主管
SY0009	钱明明	210456******2454	男	汉	1982年11月20日	本科	洛阳	1361212****	销售部	销售代表
SY0010	冉晓晓	415153******2156	女	汉	1984年04月22日	专科	咸阳	1334678****	销售部	销售代表
SY0011	舒洋	531785******2212	男	汉	1982年12月13日	本科	唐山	1398066****	技术部	技术员
SY0012	孙磊	510662******4266	男	汉	1985年09月15日	硕士	大连	1359641****	技术部	技术员
SY0013	汪恒	51015B******8846	男	汉	1982年09月11日	本科	青岛	1369458****	销售部	销售代表
SY0014	王春燕	213254******1422	女	汉	1985年06月21日	专科	沈阳	1342674****	销售部	销售代表
SY0015	谢怡	101547******6482	女	汉	1983年11月02日	专科	无锡	1369787****	销售部	销售代表
SY0016	张蓓宇	211411******4553	男	汉	1985年05月11日	专科	兰州	1514545****	财务部	会计
SY0017	郑舒	123486******2157	女	汉	1981年09月18日	专科	太原	1391324****	销售部	销售代表
SY0018	周鑫	670113******4631	男	汉	1981年07月22日	硕士	长沙	1531121****	技术部	技术员

招式 104 一键清除表格中所有格式

视频同步文件：光盘 \ 视频教学 \ 第 4 章 \ 招式 104.mp4

在编辑员工档案表时，想将员工档案表中的格式进行删除，再重新设置，但是一个个清除很浪费时间。此时，可以使用"清除格式"功能对工作表中的所有格式进行一键清除，具体操作步骤如下。

1 选择命令

❶ 在员工档案表中选择合适的单元格区域，❷ 在"编辑"面板中，单击"清除"下三角按钮，❸ 展开下拉菜单，选择"清除格式"命令。

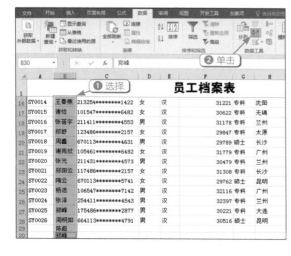

2 清除格式

删除工作表中的所有格式，并查看工作表效果。

技巧拓展

在"清除"下拉菜单中，选择"清除内容"命令，可以清除选择单元格区域内的所有内容；选择"清除批注"命令，则可以清除选择单元格区域内的所有批注；选择"清除超链接"命令，则可以清除选择单元格区域内的所有超链接。

招式 105　删除重复数据

视频同步文件：光盘 \ 视频教学 \ 第 4 章 \ 招式 105.mp4

在员工档案表中带有重复数据，但是一个个查找再删除，既烦琐，又容易删除错误。此时，可以使用"删除重复项"功能将工作表中重复的数据进行删除，具体操作步骤如下。

1 单击按钮

❶ 在员工档案表中选择 B3:B30 单元格区域，❷ 在"数据"选项卡的"数据工具"面板中，单击"删除重复项"按钮。

2 设置排序依据

❶ 弹出"删除重复项警告"对话框，选中"以当前选定区域排序"单选按钮，❷ 单击"删除重复项"按钮。

③ 单击按钮

弹出"删除重复项"对话框，保持默认选项，单击"确定"按钮。

④ 弹出提示框

稍后将弹出提示框，单击"确定"按钮。

⑤ 删除重复数据

删除选定单元格区域中的重复数据，并查看工作表效果。

技巧拓展

在删除重复数据时，如果在"删除重复项"对话框中，单击"取消全选"按钮，将取消数据的选择，使得重复的数据不能删除。

招式 106 重新套用单元格格式效果

视频同步文件：光盘 \ 视频教学 \ 第 4 章 \ 招式 106.mp4

在编辑员工档案表时，可以直接为表格套用表格格式，帮助用户在最短的时间内完成表格格式的设置，具体操作步骤如下。

① 选择选项

❶ 在员工档案表中选择 F3:F28 单元格区域，❷ 在"数字"面板中，单击"数字格式"下三角按钮，❸ 展开下拉列表，选择"长日期"选项。

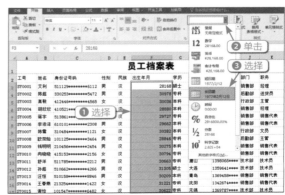

② 设置单元格数字和对齐格式

修改单元格区域的数字格式，并选择所有的单元格文本，在"对齐方式"面板中，单击"居中"按钮，将文本居中对齐。

③ 选择格式

❶ 选择合适的单元格区域，在"样式"面板中，单击"套用表格格式"下三角按钮，❷ 展开下拉面板，选择合适的格式。

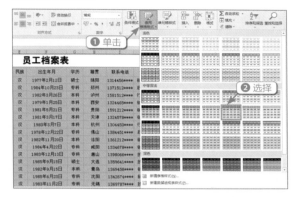

④ 单击按钮

弹出"套用表格格式"对话框，保持默认参数设置，单击"确定"按钮。

技巧拓展

在"套用单元格格式"下拉面板中，选择"新建表格样式"命令，可以根据提示重新创建表格样式效果。

⑤ 套用单元格格式

即可为选择的单元格区域套用单元格格式，并查看工作表效果。

招式 107　对特定单元格做加密保护

视频同步文件：光盘\视频教学\第4章\招式107.mp4

在完成员工档案表的制作后，为了防止其他用户修改该档案表，可以对档案表中的特定单元格或者单元格区域进行加密保护，具体的操作步骤如下。

Word/Excel/PPT 2016 办公应用实战秘技 250 招

1 单击按钮

❶ 在员工档案表中选择合适的单元格区域，❷ 在"审阅"选项卡的"更改"面板中，单击"允许用户编辑区域"按钮。

2 单击按钮

弹出"允许用户编辑区域"对话框，单击"新建"按钮。

3 单击按钮

弹出"新区域"对话框，单击"权限"按钮。

4 单击按钮

弹出"区域 1 的权限"对话框，单击"添加"按钮。

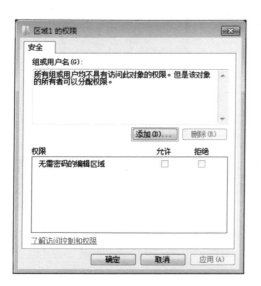

5 输入对象名称

❶ 弹出"选择用户或组"对话框，输入对象名称，❷ 单击"确定"按钮。

第 4 章

6 查看新区域

❶ 根据提示操作，返回到"允许用户编辑区域"对话框，显示新创建的区域，❷ 单击"保护工作表"按钮。

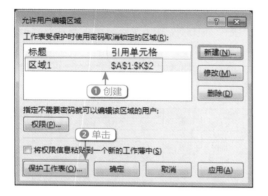

8 再次输入密码

❶ 弹出"确认密码"对话框，在"重新输入密码"文本框中再次输入密码，❷ 并单击"确定"按钮。

7 输入密码

❶ 弹出"保护工作表"对话框，在"取消工作表保护时使用的密码"文本框中输入密码，❷ 单击"确定"按钮。

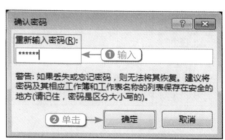

9 加密单元格

为特定的单元格区域添加密码保护，在已保护的单元格中添加或者删除文本时，则弹出提示框，提示单元格已保护信息。

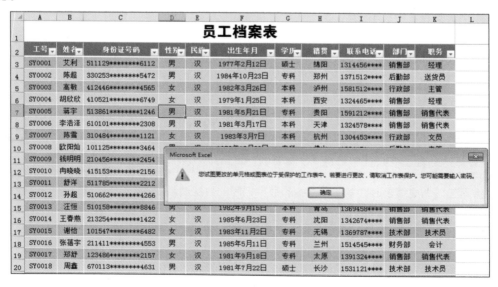

技巧拓展

在对单元格进行加密保护后，如果想在加密的单元格中输入或修改数据，则可以在"审阅"选项卡的"更改"面板中，单击"撤销工作表保护"按钮，在弹出的对话框中输入密码即可。

拓展练习　完善班级信息登记表

班级信息登记表用来登记每个班级学生的基本信息情况，其内容包括学号、姓名、性别、党团、出生年月等。在完善班级信息登记表的制作时，会使用到规律递增数据的填充、添加序列输入文字、删除多余的行和列、套用单元格格式等操作。具体效果如下图所示。

	班级统计表												
						班主任:							
××班一组:							二组:						
学　号	姓　名	性别	党团	出生年月	市县别	备 注	学号	姓 名	性别2	党团3	出生年月	市县别5	备 注
1	蔡雯	男	党员	1991/10/12	湖南长沙		16	陈建刚	男	团员	1992/5/14	湖南长沙	
2	周钦	男	团员	1991/9/5	湖南益阳		17	邓艺	女	党员	1990/12/27	湖南郴州	
3	范伟	男	党员	1992/5/3	湖南长沙		18	范奇	男	团员	1991/6/8	湖南益阳	
4	邓子琪	女	党员	1991/7/25	湖南益阳		19	郭明明	男	党员	1991/7/19	湖南沅陵	
5	王慧清	女	团员	1991/11/15	湖南益阳		20	胡康云	女	党员	1991/4/6	湖南郴州	
6	赵颖	男	党员	1992/7/1	湖南常德		21	李晓	女	团员	1991/1/24	湖南常德	
7	廖湘	女	团员	1992/3/14	湖南沅陵		22	刘毅	男	团员	1992/1/18	湖南长沙	
8	万敏	女	党员	1991/6/25	湖南沅陵		23	柳凯	男	党员	1992/2/17	湖南益阳	
9	张海峰	男	团员	1990/12/12	湖南常德		24	王敏	女	团员	1991/10/15	湖南株洲	
10	李天奇	男	团员	1990/11/29	湖南怀化		25	徐佳	男	党员	1991/8/16	湖南沅陵	
11	马仙	女	团员	1992/4/26	湖南娄底		26	杨晓	男		1991/3/3	湖南常德	
12	王健	男	党员	1991/3/8	湖南常德		27	余力	男	党员	1991/7/4	湖南株洲	
13	肖燕	女	团员	1991/5/10	湖南娄底		28	俞熊	男	党员	1991/2/12	湖南益阳	
14	田丽	女	团员	1991/9/21	湖南怀化		29	曾庆红	女	党员	1991/7/13	湖南株洲	
15	刘宇	男	党员	1991/11/5	湖南娄底		30	张君	男	团员	1991/12/27	湖南怀化	

4.3　条件格式大显身手（案例：培训成绩）

员工培训成绩表主要用来登记公司员工的培训考核成绩。在制作员工培训成绩表时，其内容一定要填写完整，其基本内容包括员工编号、姓名、所属部门、各个科目培训成绩、总分成绩、平均成绩以及考核等级等。完成本例，需要在 Excel 2016 中判断培训成绩是否达标、防止表格输入重复的数据、允许多个人同时编辑表格、为不同分段标注评价等级以及使用数据条统计总分成绩等操作。

招式 108　不连续单元格中输入相同数据

视频同步文件：光盘 \ 视频教学 \ 第 4 章 \ 招式 108.mp4

在完善员工培训成绩表时，发现表格中的很多相同的数据遗漏，没有填写。此时，可以使用 Ctrl + Enter 快捷键，在不连续的单元格中依次输入相同的数据，具体操作步骤如下。

1 打开工作簿

打开随书配套光盘的"素材\第4章\员工培训成绩表.xlsx"工作簿。

员工培训成绩表

员工编号	姓名	所属部门	促销手段	营销策略	采购	沟通	顾客心理	市场开拓	总分	平均成绩	是否达标	考核等级
PX01	王荣	财务部		88		91		90	269	89.667		D级
PX02	周国涛	人事部	90				76	98	264	88		D级
PX03	周淳	人事部	77			88	83	77	325	81.25		D级
PX04	陈怡	财务部	49				100		149	74.5		D级
PX05	周蓓	人事部	56	80	90		98		324	81		D级
PX06	夏慧	人事部	67		97	98	91	67	420	84		B级
PX07	张飞	销售部		49	86	90	89		314	78.5		D级
PX08	韩燕	人事部	77	89		77	67	89	399	79.8		C级
PX09	刘江波	销售部	49	70	97	89	94		399	79.8		C级
PX10	王磊	销售部	72		81	81		76	310	77.5		D级

2 选择不连续单元格

在工作表中,按住 Ctrl 键,选择多个不连续的单元格。

员工培训成绩表

员工编号	姓名	所属部门	促销手段	营销策略	采购	沟通	顾客心理	市场开拓	总分	平均成绩	是否达标	考核等级
PX01	王荣	财务部		88		91		90	269	89.667		D级
PX02	周国涛	人事部	90				76	98	264	88		D级
PX03	周淳	人事部	77			88	83	77	325	81.25		D级
PX04	陈怡	财务部	49				100		149	74.5		D级
PX05	周蓓	人事部	56	80	90		98		324	81		D级
PX06	夏慧	人事部	67		97	98	91	67	420	84		B级
PX07	张飞	销售部		49	86	90	89		314	78.5		D级
PX08	韩燕	人事部	77	89		77	67	89	399	79.8		C级
PX09	刘江波	销售部	49	70	97	89	94		399	79.8		C级
PX10	王磊	销售部	72		81	81	87	76	310	77.5		D级

3 输入数据

按 Ctrl + Enter 快捷键,即可在不连续的单元格中输入相同的数据为 87,并查看工作表效果。

员工培训成绩表

员工编号	姓名	所属部门	促销手段	营销策略	采购	沟通	顾客心理	市场开拓	总分	平均成绩	是否达标	考核等级
PX01	王荣	财务部	87	88	87	91	87	90	530	88.333		AA级
PX02	周国涛	人事部	90	87		87	76	98	438	87.6		B级
PX03	周淳	人事部	77	87	87	88	83	77	499	83.167		A级
PX04	陈怡	财务部	49		87	87	100		323	80.75		A级
PX05	周蓓	人事部	56	80	90		98	87	411	82.2		C级
PX06	夏慧	人事部	67	87	97	98	91	67	507	84.5		A级
PX07	张飞	销售部	87	49	86	90	89	87	488	81.333		A级
PX08	韩燕	人事部	77	89	87	77	67	89	486	81		A级
PX09	刘江波	销售部	49	70	87	89	94	87	486	81		A级
PX10	王磊	销售部	72	87	81	81	87	76	484	80.667		B级

技巧拓展

在不连续的单元格中输入相同的数据后,如果发现数据输入错误或者单元格选择错误等情况,想进行撤销操作,则可以按 Ctrl + Z 快捷键,即可实现。

招式 109 判断培训成绩是否达标

视频同步文件:光盘\视频教学\第 4 章\招式 109.mp4

在编辑员工培训成绩表时,需要对每个员工的培训成绩进行判断,看是否达标,是否需要再次培训。此时,可以将 IF 和 AND 函数组合在一起使用,快速判断培训成绩是否达标,具体操作步骤如下。

1 单击按钮

❶ 在员工培训成绩表中选择 L3 单元格，❷ 在"公式"选项卡的"函数库"面板中，单击"插入函数"按钮。

2 选择函数

❶ 弹出"插入函数"对话框，在"选择函数"列表框中，选择 IF 函数，❷ 单击"确定"按钮。

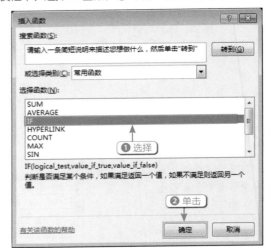

3 输入函数内容

❶ 弹出"函数参数"对话框，在各引用文本框中输入内容，❷ 单击"确定"按钮。

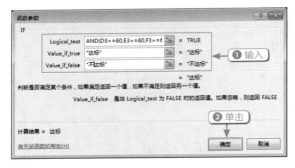

4 显示判断结果

返回到工作表中，将显示培训成绩的判断结果。

=IF(AND(D3>=60,E3>=60,F3>=60,G3>=60,H3>=60,I3>=60),"达标","不达标")

员工培训成绩表

所属部门	促销手段	营销策略	采购	沟通	顾客心理	市场开拓	总分	平均成绩	是否达标	考核等级
财务部	87	88	87	91	87	90	530	88.333	达标	AA级
人事部	90	87		87	76	98	438	87.6		B级
人事部	77	87	87	88	83	77	499	83.167		A级
财务部	49		87	87	100		323	80.75		D级
人事部	56	80	90		98	87	411	82.2		C级
人事部	67	87	97	98	91	67	507	84.5		A级
销售部	87	49	86	90	89		488	81.333		A级
人事部	77	89	87	77	67	89	486	81		A级
销售部	49	70	97	89	94	87	486	81		A级
销售部	72	87	81	81	87	76	484	80.667		B级

5 添加形状

❶ 选择 L3:L12 单元格区域，❷ 在"编辑"面板中，单击"填充"下三角按钮，展开下拉菜单，❸ 选择"向下"命令。

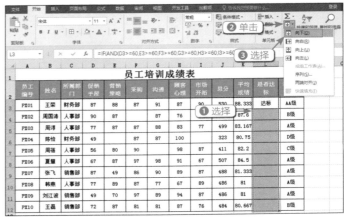

⑥ 显示填充结果

在选择的单元格区域中自动填充公式，显示填充结果，并为相应的单元格添加边框效果。

员工编号	姓名	所属部门	促销手段	营销策略	采购	沟通	顾客心理	市场开拓	总分	平均成绩	是否达标	考核等级
												员工培训成绩表
PX01	王荣	财务部	87	88	87	91	87	90	530	88.333	达标	AA级
PX02	周国涛	人事部	90	87		87	76	98	438	87.6	不达标	B级
PX03	周淳	人事部	77	87	87	88	83	77	499	83.167	达标	A级
PX04	陈怡	财务部	49		87	87	100		323	80.75	不达标	D级
PX05	周蕾	人事部	56	80	90		98	87	411	82.2	不达标	C级
PX06	夏慧	人事部	67	87	97	98	91	67	507	84.5	达标	A级
PX07	张飞	销售部	87	49	86	90	89	87	488	81.333	不达标	A级
PX08	韩燕	人事部	77	89	87	77	67	89	486	81	达标	A级
PX09	刘江波	销售部	49	70	87	89	94	87	486	81	不达标	A级
PX10	王磊	销售部	72	87	81	81	87	76	484	80.667	达标	B级

技巧拓展

IF 函数一般是指 Excel 中的 IF 函数，根据指定的条件来判断其"真"（TRUE）、"假"（FALSE），根据逻辑计算的真假值，从而返回相应的内容。可以使用 IF 函数对数值和公式进行条件检测。其语法结构为：IF(logical_test,value_if_true,value_if_false)，其中 Logical_test 表示计算结果为 TRUE 或 FALSE 的任意值或表达式。

招式 110 防止表格输入重复的数据

视频同步文件：光盘 \ 视频教学 \ 第 4 章 \ 招式 110.mp4

在编辑员工培训成绩表时，需要为员工姓名的输入设置数据有效性，以防止输入重复的姓名，具体操作步骤如下。

① 单击按钮

❶ 选择 B3:B12 单元格区域，❷ 在"数据"选项卡的"数据工具"面板中，单击"数据验证"按钮。

② 选择选项

❶ 弹出"数据验证"对话框，单击"允许"右侧的下三角按钮，❷ 展开下拉列表，选择"自定义"选项。

③ 输入公式

打开"公式"文本框，输入公式"=COUNTIF(B:B,B3)=1"。

④ 选择选项

❶ 切换至"出错警告"选项卡，单击"样式"右侧的下三角按钮，❷ 展开下拉列表，选择"警告"选项。

⑤ 输入警告信息

❶ 在"标题"文本框中输入标题信息，❷ 在"错误信息"文本框中输入错误信息，❸ 单击"确定"按钮。

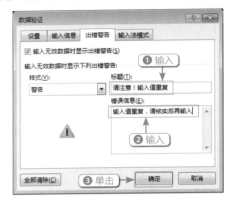

⑥ 弹出提示框

防止表格输入重复的数据。在单元格中输入重复的内容时，将弹出提示框，提示是否允许输入非法值。

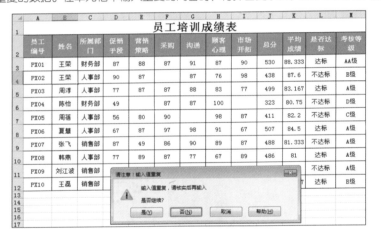

技巧拓展

在添加"出错警告"信息后，如果输入值是正确的，则可以单击"是"按钮，即可允许输入；如果输入值不正确，则单击"否"按钮，返回到工作表中，并打开文本输入框，再次输入正确值即可。

招式 111　允许多人同时编辑表格

视频同步文件：光盘 \ 视频教学 \ 第 4 章 \ 招式 111.mp4

在制作员工培训成绩表时，由于工作表中的数据太多，需要每个员工自己填写。但是，如果每个员工发一个表格填写，填完后还需要汇总，特别麻烦。此时，可以将员工培训成绩表的工作表设置为工作，以方便局域网的所有用户都可以打开同一个工作表进行编辑，待编辑完成后，直接保存就可以，从而省去了烦琐的汇总工作，具体操作步骤如下。

① 单击按钮

在员工培训成绩表中的"审阅"选项卡下，单击"更改"面板中的"共享工作簿"按钮。

② 勾选复选框

弹出"共享工作簿"对话框，勾选"允许多用户同时编辑，同时允许工作簿合并"复选框。

③ 修改参数

❶切换至"高级"选项卡，修改"保存修订记录"参数为 25 天，❷ 单击"确定"按钮。

④ 共享工作簿

弹出提示框，提示是否保存文档，单击"是"按钮，即可将工作簿进行共享操作，允许多人同时编辑。

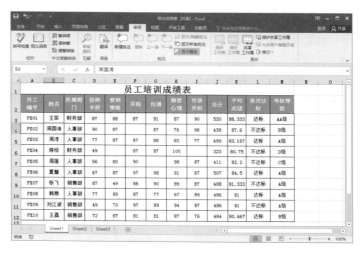

招式 112 突出显示指定需求的数据

视频同步文件：光盘\视频教学\第 4 章\招式 112.mp4

在编辑员工培训成绩表时，有时需要突出显示某一个部门的信息，有时也会需要突出显示高于某一分数以上的数据。此时，可以使用"条件格式"下的"突出显示单元格规则"功能突出显示指定需求的数据，具体操作步骤如下。

1 取消勾选复选框

在员工培训成绩表中，单击"更改"面板中的"共享工作簿"按钮，弹出"共享工作簿"对话框，取消勾选"允许多用户同时编辑，同时允许工作簿合并"复选框。

2 选择单元格区域

弹出提示框，单击"是"按钮，即可取消工作簿的共享操作。在培训成绩表中，单击鼠标左键并拖曳，选择 C3:C12 单元格区域。

员工编号	姓名	所测部门	促销平梭	营销策略	采购	沟通	顾客心理	市场开拓	总分	平均成绩
PX01	王荣	财务部	87	88	87	91	87	90	530	88.333
PX02	周国涛	人事部	90	87		87	76	98	438	87.6
PX03	周淳	人事部	77	87	87	88	83	77	499	83.167
PX04	陈怡	财务部	49		87	87	100		323	80.75
PX05	周蓓	人事部	56	80	90		98	87	411	82.2
PX06	夏慧	人事部	67	87	97	98	91	67	507	84.5
PX07	张飞	销售部	87	49	86	90	89	87	488	81.333
PX08	韩燕	人事部	77	89	87	77	67	89	486	81
PX09	刘江波	销售部	49	70	87	89	94	97	486	81
PX10	王磊	销售部	72	87	81	81	87	76	484	80.667

3 选择命令

❶ 在"样式"面板中，单击"条件格式"下三角按钮，❷ 展开下拉菜单，选择"突出显示单元格规则"命令，❸ 再次展开子菜单，选择"文本包含"命令。

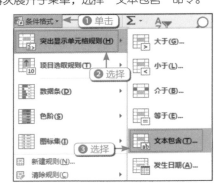

4 输入文本

❶ 弹出"文本中包含"对话框，在文本框中输入"人事部"，❷ 单击"确定"按钮。

技巧拓展

Excel 中的 "文本包含" 功能十分强大, 使用该功能除了可以将文本包含范围内的单元格标记出来外, 还可以将文本包含范围以外的单元格标记出来。在 "编辑格式规则" 对话框中, 单击 "包含" 右侧的下三角按钮, 展开下拉列表, 选择 "不包含" 选项即可。

5 显示 "人事部" 信息

突出显示选定单元格区域中的 "人事部" 信息。

6 选择单元格区域

在员工培训成绩表中, 单击鼠标左键并拖曳, 选择 D3:I12 单元格区域。

7 选择命令

❶ 在 "样式" 面板中, 单击 "条件格式" 下三角按钮, ❷ 展开下拉菜单, 选择 "突出显示单元格规则" 命令, ❸ 再次展开子菜单, 选择 "大于" 命令。

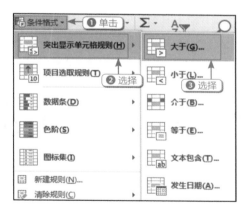

8 设置对话框

❶ 弹出 "大于" 对话框, 在文本框中输入 92, ❷ 在 "设置为" 下拉列表中选择 "绿填充色深绿色文本" 选项。

9 突出显示大于 92 的数据

单击 "确定" 按钮, 将员工培训成绩表中大于 92 的数据突出显示出来。

员工编号	姓名	所属部门	促销手段	营销策略	采购	沟通	顾客心理	市场开拓	总分	平均成绩	是否达标	考核等级
PX01	王荣	财务部	87	88	87	91	87	90	530	88.333	达标	AA级
PX02	周国涛	人事部	90	87		87	76	98	438	87.6	不达标	B级
PX03	周泽	人事部	77	87	87	88	83	77	499	83.167	达标	A级
PX04	陈怡	财务部	49		87	87	100		323	80.75	不达标	D级
PX05	周蓓	人事部	56	80	90		98	87	411	82.2	不达标	C级
PX06	夏慧	人事部	67	87	97	98	91	67	507	84.5	达标	A级
PX07	张飞	销售部	87	49		90	89		488	81.333	不达标	A级
PX08	韩熙	人事部	77	89		77	67	89	486	81	达标	A级
PX09	刘江波	销售部	49	70	97	89	94		486	81	不达标	A级
PX10	王磊	销售部	72	87	81	81	87	76	484	80.667	达标	B级

10 选择命令

❶ 再次选择相同的单元格区域，在"样式"面板中，单击"条件格式"下三角按钮，❷ 展开下拉菜单，选择"突出显示单元格规则"命令，❸ 再次展开子菜单，选择"介于"命令。

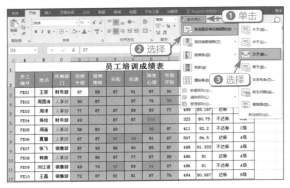

11 设置对话框

❶ 弹出"介于"对话框，在文本框中输入 70 和 88，❷ 在"设置为"下拉列表中选择"黄填充色深黄色文本"选项。

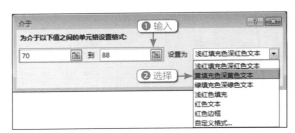

12 突出显示数据

单击"确定"按钮，将员工培训成绩表中介于 70 和 88 之间的数据突出显示出来。

技巧拓展

Excel 中的"突出显示单元格规则"命令十分强大，用户不仅可以将高于一定分数的数据筛选出来，还可以选择"小于"命令，将小于一定分数的数据全部筛选出来。

招式 113 为不同分段标注评价等级

视频同步文件：光盘 \ 视频教学 \ 第 4 章 \ 招式 113.mp4

在编辑员工培训成绩表时，需为成绩表添加评价等级，并将相应的分段等级单独标注出来。用户可以使用"条件格式"功能将不同分段的评价等级标注出来，具体操作步骤如下。

1 选择命令

❶ 在员工培训成绩表中，选择 M3:M12 单元格区域，在"样式"面板中，单击"条件格式"下三角按钮，❷ 展开下拉菜单，选择"新建规则"命令。

2 设置对话框

❶ 弹出"新建格式规则"对话框，在"选择规则类型"列表框中选择"只为包含以下内容的单元格设置格式"选项，❷ 在下面的下拉列表中选择"特定文本"选项，❸ 在文本框中输入"A 级"，❹ 单击"格式"按钮。

技巧拓展

在添加条件格式规则后，可以在"条件格式"下拉菜单中选择"清除规则"命令，将选择单元格区域或整个工作表中的条件格式进行清除操作。

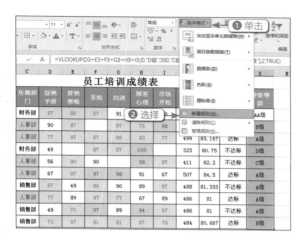

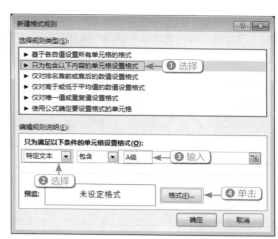

③ 选择颜色

❶ 弹出"设置单元格格式"对话框，选择合适的颜色，❷ 单击"确定"按钮。

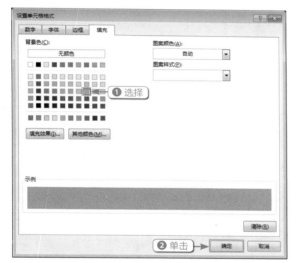

④ 标注评价等级

返回到"新建格式规则"对话框，单击"确定"按钮，标注出指定的评价等级。

员工编号	姓名	所属部门	促销手段	营销策略	采购	沟通	顾客心理	市场开拓	总分	平均成绩	是否达标	考核等级
PX01	王荣	财务部	87	88	87	91	87	90	530	88.333	达标	AA级
PX02	周国涛	人事部	90	87			76	98	438	87.6	不达标	B级
PX03	周泽	人事部	77	87	87	88	83	77	499	83.167	达标	A级
PX04	陈怡	财务部	49		87	87	100		323	80.75	不达标	D级
PX05	周薇	人事部	56	80	90		98	87	411	82.2	不达标	C级
PX06	夏慧	人事部	67	87	97	98	91	67	507	84.5	达标	A级
PX07	张飞	销售部	87	49	86	90	89		488	81.333	不达标	A级
PX08	韩燕	人事部	77	89	87	77	67	89	486	81	达标	A级
PX09	刘江波	销售部	49	70	97	89	94	87	486	81	不达标	A级
PX10	王磊	销售部	72	87	81	81	87	76	484	80.667	达标	B级

招式 114　生成每个科目不及格成绩

视频同步文件：光盘 \ 视频教学 \ 第 4 章 \ 招式 114.mp4

在编辑员工培训成绩表时，要统计出每个科目不及格的人数，由于数据太多，不容易统计。此时，可以使用"条件格式"功能快速统计出成绩表中每个科目不及格的单元格，具体操作步骤如下。

① 选择命令

❶ 在员工培训成绩表中，选择 D3:I12 单元格区域，在"样式"面板中，单击"条件格式"下三角按钮，❷ 展开下拉菜单，选择"新建规则"命令。

② 设置对话框

❶ 弹出"新建格式规则"对话框，在"选择规则类型"列表框中选择"只为包含以下内容的单元格设置格式"选项，❷ 在下面的下拉列表中选择"小于或等于"选项，❸ 在文本框中输入"=60"，❹ 单击"格式"按钮。

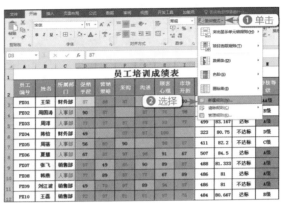

③ 选择颜色

❶ 弹出"设置单元格格式"对话框，选择"浅蓝"颜色，❷ 单击"确定"按钮。

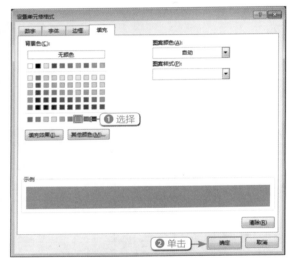

④ 选择图片

返回到"新建格式规则"对话框，单击"确定"按钮，标注出不及格成绩。

技巧拓展

"单元格值"下拉列表中包括多种条件格式，选择不同的条件格式，可以统计及格分数、大于一定数值的分数等。

招式 115 使用数据条统计总分成绩

视频同步文件：光盘 \ 视频教学 \ 第 4 章 \ 招式 115.mp4

在编辑员工培训成绩表时，需要通过一种数据条将总分的成绩全部显示出来。此时可以使用"数据条"功能来实现，数据条的长度代表单元格中的值的大小，默认状态下"数据条"条件格式会将选中的单元格区域中的最大值显示最长柱线，最小值显示最短柱线，具体操作步骤如下。

1 选择数据条

❶ 在员工培训成绩表中，选择 J3:J12 单元格区域，在"样式"面板中，单击"条件格式"下三角按钮，❷ 展开下拉菜单，选择"数据条"命令，❸ 再次展开下拉面板，选择"浅蓝色数据条"图标。

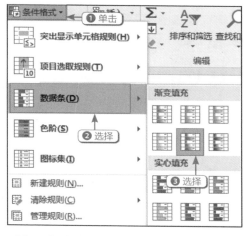

2 数据条统计总分

通过数据条显示出成绩总分的高低，得到最终效果。

员工编号	姓名	所属部门	促销手段	营销策略	采purchase	沟通	顾客心理	市场开拓	总分	平均成绩	是否达标	考核等级
PX01	王荣	财务部	87	88	87	91	87	90	530	88.333	达标	AA级
PX02	周国涛	人事部	90	87		87	76	98	438	87.6	不达标	B级
PX03	周淳	人事部	77	87	87	88	82	77	499	83.167	达标	A级
PX04	陈怡	财务部	49		87	87	100		323	80.75	不达标	D级
PX05	周蓓	人事部	56	80	90		98	87	411	82.2	不达标	C级
PX06	夏赫	人事部	67	87	97	98	91	67	507	84.5	达标	A级
PX07	张飞	销售部	87	49	86	90	89	87	488	81.333	达标	A级
PX08	韩焘	人事部	77	89	87	77	67	89	486	81	达标	A级
PX09	刘江波	销售部	49	70	97	89	94	87	486	81	不达标	A级
PX10	王磊	销售部	72	87	81	81	87	76	484	80.667	达标	B级

表标题：员工培训成绩表

技巧拓展

Excel 中的"数据条"条件格式功能十分强大，除了可以使用"渐变填充"的数据条外，还可以使用"实体填充"的数据条。

招式 116　使用条件格式做明显区分

视频同步文件：光盘\视频教学\第 4 章\招式 116.mp4

在处理员工培训成绩表时，还需要对员工的平均成绩做明显的区分。此时，可以使用"条件格式"下的"项目选取规则"功能将平均成绩明显区分出来，具体操作步骤如下。

1 选择命令

❶ 在员工培训成绩表中，选择 J3:J12 单元格区域，在"样式"面板中，单击"条件格式"下三角按钮，❷ 展开下拉菜单，选择"项目选取规则"命令，❸ 再次展开子菜单，选择"前 10 项"命令。

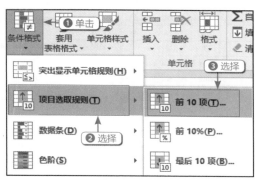

2 选择选项

❶ 弹出"前 10 项"对话框，修改数值为 4，❷ 单击"设置为"右侧的下三角按钮，❸ 展开下拉列表，选择"自定义格式"选项。

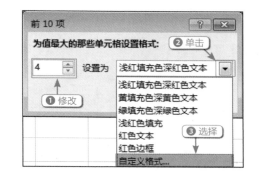

技巧拓展

"项目选取规则"下拉菜单中包含多种命令，选择"前10%"命令，可以将平均值高于10%的数据突出显示；选择"最后10项"命令，可以将低于平均值的最后10个数值筛选出来。

③ 选择颜色

❶ 弹出"设置单元格格式"对话框，选择"橙色"颜色，❷ 单击"确定"按钮。

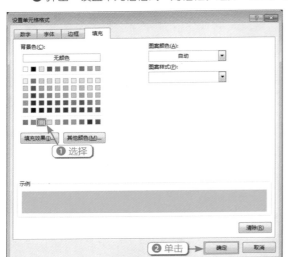

④ 标注高于平均值数据

返回到"前10项"对话框，单击"确定"按钮，即可标注出前4个高于平均值的数据。

招式 117　为缺考情况添加批注记录

视频同步文件：光盘 \ 视频教学 \ 第4章 \ 招式117.mp4

在编辑员工培训成绩表时，发现有些员工有缺考的情况，需要单独将其批注出来。此时可以使用"新建批注"功能快速为工作表添加批注记录，具体操作步骤如下。

① 单击按钮

❶ 在员工培训成绩表中选择 F4 单元格，❷ 在"审阅"选项卡的"批注"面板中，单击"新建批注"按钮。

② 新建批注

即可新建一个批注，并弹出一个批注文本框，在文本框中输入批注内容即可。

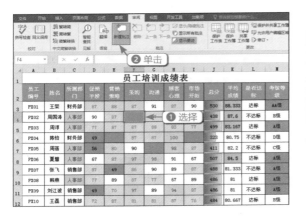

3 添加批注

❶ 使用同样的方法，选择其他的缺考单元格，添加批注，❷ 并在“批注”面板中，单击“显示所有批注”按钮。

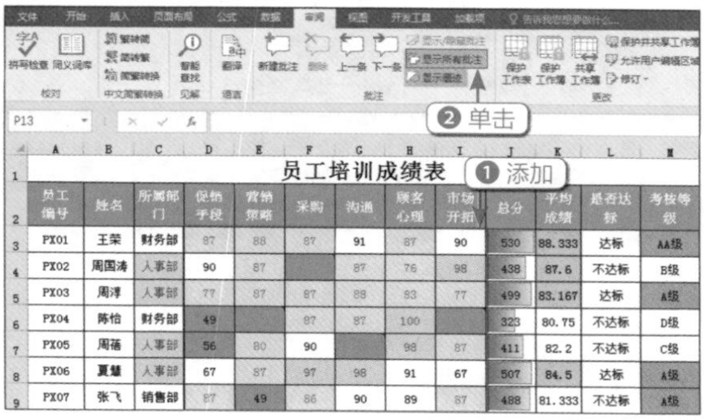

4 显示批注

即可在工作表中显示所有的批注内容，并再次将工作簿进行共享操作。

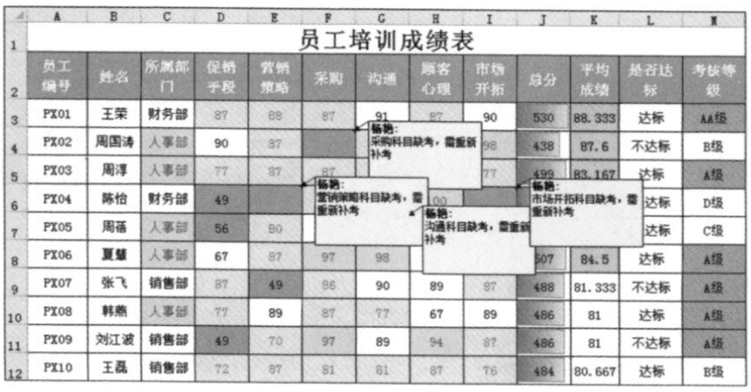

技巧拓展

在“批注”面板中，单击“编辑批注”按钮，可以对批注内容重新进行输入和修改；单击“删除”按钮，则可以删除批注内容。

拓展练习　制作人才综合素质评分表

人才综合素质评分表主要用来登记公司员工的综合素质评分成绩。在制作人才综合素质评分表时，其内容一定要填写完整，其基本内容包括职工姓名、各个项目的评分成绩以及总分成绩等。在完善人才综合素质评分表的制作时，会使用到条件格式及新建批注等操作。具体效果如下图所示。

人才综合素质测评评分表

职工姓名	组织管理能力				人际沟通能力			个人内在能力					总分
	统筹规划能力	判断决策能力	组织指挥能力	管理风格	沟通表达能力	影响力	沟通风格	生理素质	专业知识与技能	相关经验	心理素质	创新能力	
张丽君	9.8	9.5	9.5	9.8	7.8	9.5	7.6	7.8	8.7	7.8	8.7	8.4	104.9
吴华波	7.8	7.8	6.8	8.9	9.8	8.7	8.5	9.6	8.5	8.7	9.6	8.4	103.1
黄孝铭	8.8	8.8	8.8	7.8	9.8	8.5	7.8	7.8	9.6	8.5	8.5	8.3	103
丁锐	9.6	7.8	7.5	7.9	7.8	9.8	8.4	8.3	8.7	8.5	7.9	8.7	100.9
庄霞	6.8	7.8	7.8	[illegible]	[illegible]	[illegible]	8.8	8.7	8.7	8.7	7.8	8.7	100.8
黄鹂	8.9	7.8	5.8	[illegible]	[illegible]	[illegible]	8.2	8.5	8.5	7.9	8.7	7.9	100.1
侯娟娟	7.5	6.8	9.8	[illegible]	[illegible]	[illegible]	8.1	8.7	8.7	7.8	8.3	8.3	100.1
陈潇	8.5	[illegible]	[illegible]	[illegible]	[illegible]	[illegible]	8.7	8.7	9.6	7.8	7.8	8.7	99.7
杨浪	5.5	[illegible]	[illegible]	[illegible]	7.8	8.5	8.6	7.8	7.9	8.7	7.8	8.5	98.6
张点点	7.8	[illegible]	[illegible]	[illegible]	7.8	[illegible]	[illegible]	[illegible]	7.8	7.8	7.9	8.3	96.9
于青青	6.8	[illegible]	[illegible]	[illegible]	5.8	[illegible]	[illegible]	[illegible]	8.5	7.8	9.6	7.8	96.5
邓兰兰	5.8	[illegible]	[illegible]	[illegible]	7.8	[illegible]	[illegible]	[illegible]	7.8	8.5	7.9	8.4	94.7

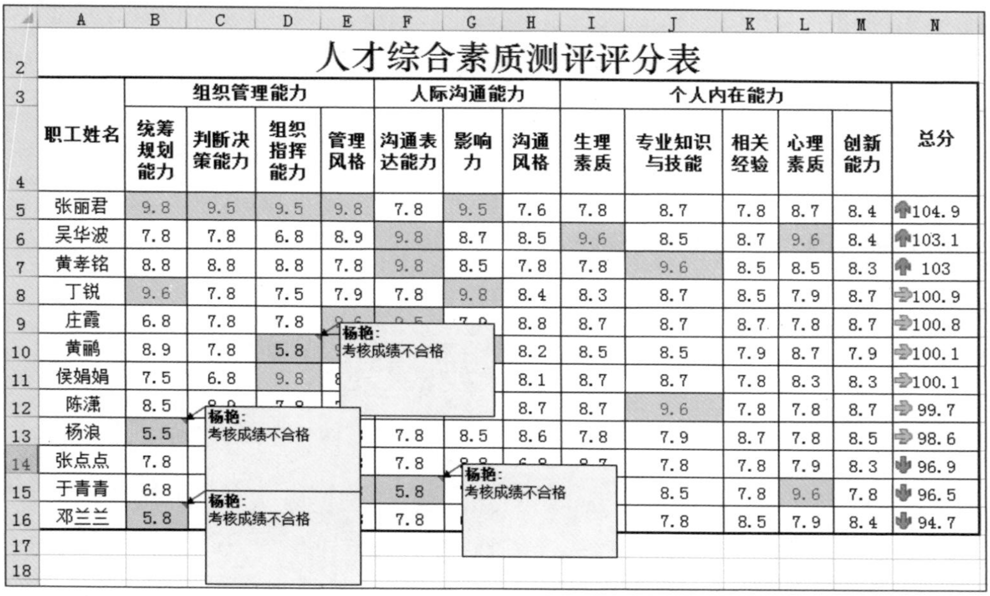

第 5 章

管理表格任务
——做财务手到擒来

本章提要

在日常办公应用中，通常需要对 Excel 工作表中的数据进行排序、筛选、汇总以及公式计算等操作。本章通过办公器材采购表、企业薪酬表、投资计划表 3 个实操案例来介绍 Excel 中数据的筛选、汇总、公式计算、数据透视表创建的基本使用方法。在每个小节的末尾，还设置了 1 个拓展练习，通过附带的光盘打开素材进行操作，制作出书中图示的效果。

技能概要

筛选数据 ········ 排序数据 ········ 汇总数据 ········ 使用公式 ········ 使用函数 ········ 创建图表

5.1 筛选、分类、汇总（案例：办公器材采购表）

办公器材采购表用来登记公司办公器材采购记录情况，其内容包括采购部门、采购产品、采购数量、采购单价以及采购总额。完成本例，需要在 Excel 2016 中进行数据筛选、排序物品采购价格、输入单元格小数点、满足多条件综合排序、添加货币符号、汇总采购情况以及求各部门的平均采购情况等操作。

招式 118　使用标题行进行筛选

视频同步文件：光盘 \ 视频教学 \ 第 5 章 \ 招式 118.mp4

在编辑办公器材采购表时，常常需要使用"筛选"功能来筛选数据，从而可以快速而又方便地查找和使用数据。使用"筛选"功能可以自动为选择的单元格区域开启筛选功能，并通过标题行进行各种筛选，具体操作步骤如下。

1 打开工作簿

打开随书配套光盘的"素材 \ 第 5 章 \ 办公器材采购表 .xlsx"工作簿。

	A	B	C	D	E
1	办公器材采购表				
2	采购部门	采购产品	采购数量	采购单价	采购总额
3	采购3部	打印纸	220	130	28600
4	采购1部	电脑办公桌	23	364	8372
5	采购2部	工作服	340	225	76500
6	采购1部	工作服	240	225	54000
7	采购1部	打印纸	140	130	18200
8	采购2部	电脑办公桌	29	364	10556
9	采购3部	电脑办公桌	17	364	6188
10	采购2部	工作服	245	225	55125
11	采购2部	打印纸	215	130	27950
12	采购1部	打印纸	195	130	25350
13	采购3部	电脑办公桌	35	364	12740
14	采购1部	电脑办公桌	38	364	13832
15	采购3部	工作服	465	225	104625
16	采购3部	打印纸	295	130	38350
17					
18		采购1部平均采购情况			
19		采购2部平均采购情况			
20		采购3部平均采购情况			

2 选择命令

选择"采购表"工作表标签，右击，弹出快捷菜单，选择"移动或复制"命令。

	A	B	C	D	E
1	办公器材采购表				
2	采购部门	采购产品	采购数量	采购单价	采购总额
3	采购3部	打印纸	220	130	28600
4	采购1部	电脑办公桌	23	364	8372
5	采购2部	工作服	340	225	76500
6	采购1部	工作服	240	225	54000
7	采购1部	打印纸	140	130	18200
8	采购2部	电脑办公桌	29	364	10556
9	采购3部	电脑办公桌	17	364	6188
10	采购2部	工作服	245	225	55125
11	采购2部	打印纸	215	130	27950
12	采购1部	打印纸	195	130	25350
13	采购3部	电	插入(I)...	364	12740
14	采购1部	电	删除(D)	364	13832
15	采购3部		重命名(R)	225	104625
16	采购3部		移动或复制(M)...	130	38350

3 设置复制参数

❶ 弹出"移动或复制工作表"对话框，在"下列选定工作表之前"列表框中，选择"(移至最后)"选项，❷ 勾选"建立副本"复选框，❸ 单击"确定"按钮。

4 复制并重命名工作表

复制一张工作表，并自动命名为"采购表（2）"，单击该工作表标签，右击，弹出快捷菜单，选择"重命名"命令，修改名称为"标题行筛选 1"。

5 单击按钮

❶ 在"标题行筛选 1"工作表中，选择 A2:E16 单元格区域，❷ 在"数据"选项卡的"排序和筛选"面板中，单击"筛选"按钮。

6 设置筛选条件

❶ 开启筛选功能，单击"采购部门"单元格右侧的下三角按钮，❷ 展开下拉面板，在下面的列表框中仅勾选"采购 3 部"复选框，❸ 单击"确定"按钮。

7 显示筛选结果

即可使用标题行筛选出"采购 3 部"的所有数据，并显示出筛选结果。

8 复制工作表

❶ 复制并重命名"采购表"工作表，❷ 单击"筛选"按钮，为单元格区域开启筛选功能。

9 选择命令

❶ 单击"采购产品"单元格右侧的下三角按钮，❷ 展开下拉面板，选择"文本筛选"命令，❸ 展开子菜单，选择"包含"命令。

10 设置筛选文本

❶ 弹出"自定义自动筛选方式"对话框,在文本框中输入"电脑",❷ 单击"确定"按钮。

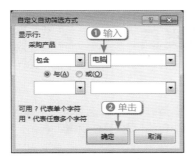

11 显示筛选结果

按标题行中的"文本筛选"功能筛选出包含"电脑"的数据,并显示筛选结果。

	A	B	C	D	E
1		办公器材采购表			
2	采购部门	采购产品	采购数量	采购单价	采购总额
4	采购1部	电脑办公桌	23	364	8372
8	采购2部	电脑办公桌	29	364	10556
9	采购3部	电脑办公桌	17	364	6188
13	采购3部	电脑办公桌	35	364	12740
14	采购1部	电脑办公桌	38	364	13832
17					
18		采购1部平均采购情况			
19		采购2部平均采购情况			
20		采购3部平均采购情况			

12 复制工作表

复制并重命名"采购表"工作表,单击"筛选"按钮,为单元格区域开启筛选功能。

	A	B	C	D	E
1		办公器材采购表			
2	采购部门	采购产品	采购数量	采购单价	采购总额
3	采购3部	打印纸	220	130	28600
4	采购1部	电脑办公桌	23	364	8372
5	采购2部	工作服	340	225	76500
6	采购1部	工作服	240	225	54000
7	采购1部	打印纸	140	130	18200
8	采购2部	电脑办公桌	29	364	10556
9	采购3部	电脑办公桌	17	364	6188
10	采购2部	工作服	245	225	55125
11	采购2部	打印纸	215	130	27950
12	采购1部	打印纸	195	130	25350
13	采购3部	电脑办公桌	35	364	12740
14	采购1部	电脑办公桌	38	364	13832
15	采购3部	工作服	465	225	104625
16	采购3部	打印纸	295	130	38350
17					
18		采购1部平均采购情况			
19		采购2部平均采购情况			
20		采购3部平均采购情况			

13 选择命令

❶ 单击"采购数量"单元格右侧的下三角按钮,❷ 展开下拉面板,选择"数字筛选"命令,❸ 展开子菜单,选择"大于或等于"命令。

14 设置筛选数据

❶ 弹出"自定义自动筛选方式"对话框，在文本框中输入 220，❷ 单击"确定"按钮。

15 显示筛选结果

即可按"数字筛选"功能筛选出包含"大于或等于 220"的数据，并显示筛选结果。

	A	B	C	D	E
1	办公器材采购表				
2	采购部门	采购产品	采购数量	采购单价	采购总额
3	采购3部	打印纸	220	130	28600
5	采购2部	工作服	340	225	76500
6	采购1部	工作服	240	225	54000
10	采购2部	工作服	245	225	55125
15	采购3部	工作服	465	225	104625
16	采购3部	打印纸	295	130	38350
17					
18		采购1部平均采购情况			
19		采购2部平均采购情况			
20		采购3部平均采购情况			

技巧拓展

在使用标题行进行筛选时，可以在"筛选"下拉面板中选择"按颜色筛选"命令，通过颜色进行标题行的筛选。

招式 119 筛选同时满足多条件类目

视频同步文件：光盘\视频教学\第5章\招式 119.mp4

在筛选办公器材采购表中的数据时，需要同时满足多个条件筛选数据。此时，可以使用"高级筛选"功能将筛选条件比较复杂的数据区域筛选，从而将筛选的结果进行复制输出，具体操作步骤如下。

1 新建工作表

❶ 在办公器材采购表的工作表标签上单击"新工作表"按钮，新建一张工作表，将其重名为"高级筛选"，❷ 并在新建的工作表中输入文本内容。

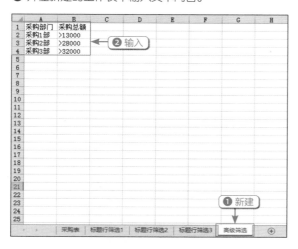

2 单击按钮

❶ 在"排序和筛选"面板中，单击"高级"按钮，弹出"高级筛选"对话框，选中"将筛选结果复制到其他位置"单选按钮，❷ 单击"列表区域"文本框右侧的引用按钮。

③ 选择列表区域

弹出"高级筛选 – 列表区域"对话框，在"采购表"工作表中，单击鼠标左键并拖曳，选择列表区域。

	A	B	C	D	E
1		办公器材采购表			
2	采购部门	采购产品	采购数量	采购单价	采购总额
3	采购3部	打印纸	220	130	28600
4	采购1部	电脑办公桌	23	364	8372
5	采购2部	工作服	340	225	76500
6	采购1部	工作服	240	225	54000
7	采购1部	打印纸	140	130	18200
8	采购2部	电脑办公桌			
9	采购2部	电脑办公桌			
10	采购2部	工作服	245	225	55125
11	采购2部	打印纸	215	130	27950
12	采购1部	打印纸	195	130	25350
13	采购3部	电脑办公桌	35	364	12740
14	采购1部	电脑办公桌	38	364	13832
15	采购3部	工作服	465	225	104625
16	采购3部	打印纸	295	130	38350

（高级筛选 – 列表区域：采购表!$A$2:$E$16）

④ 选择条件区域

按 Enter 键返回到"高级筛选"对话框，单击"条件区域"文本框右侧的引用按钮，弹出"高级筛选 – 条件区域"对话框，选择条件区域。

	A	B	C	D
1	采购部门	采购总额		
2	采购1部	>13000		
3	采购2部	>28000		
4	采购3部	>32000		

（高级筛选 – 条件区域：高级筛选!Criteria）

⑤ 设置高级筛选条件

❶ 按 Enter 键返回到"高级筛选"对话框，设置"复制到"的筛选条件，❷ 单击"确定"按钮。

⑥ 查看筛选结果

即可显示筛选采购各部门大于一定采购金额的数据，并查看筛选结果。

	A	B	C	D	E
1	采购部门	采购总额			
2	采购1部	>13000			
3	采购2部	>28000			
4	采购3部	>32000			
5	采购部门	采购产品	采购数量	采购单价	采购总额
6	采购2部	工作服	340	225	76500
7	采购1部	工作服	240	225	54000
8	采购1部	打印纸	140	130	18200
9	采购2部	工作服	245	225	55125
10	采购1部	打印纸	195	130	25350
11	采购1部	电脑办公桌	38	364	13832
12	采购3部	工作服	465	225	104625
13	采购3部	打印纸	295	130	38350

⑦ 单击按钮

❶ 在"高级筛选"工作表的合适单元格中，依次输入文本和数据内容，❷ 在"排序和筛选"面板中单击"高级"按钮。

⑧ 设置高级筛选条件

❶ 弹出 "高级筛选" 对话框，选中 "将筛选结果复制到其他位置" 单选按钮，❷ 依次设置 "列表区域" "条件区域" 和 "复制到" 的筛选条件，❸ 单击 "确定" 按钮。

⑨ 查看筛选结果

满足多条件筛选数据，并查看筛选结果。

	A	B	C	D	E
1	采购部门	采购总额			
2	采购1部	>13000			
3	采购2部	>28000			
4	采购3部	>32000			
5	采购部门	采购产品	采购数量	采购单价	采购总额
6	采购2部	工作服	340	225	76500
7	采购1部	工作服	240	225	54000
8	采购1部	打印纸	140	130	18200
9	采购2部	工作服	245	225	55125
10	采购1部	打印纸	195	130	25350
11	采购1部	电脑办公桌	38	364	13832
12	采购3部	工作服	465	225	104625
13	采购3部	打印纸	295	130	38350
14					
15	采购数量	采购单价	采购总额		
16	>=240	>=220	>=18000		
17	采购部门	采购产品	采购数量	采购单价	采购总额
18	采购2部	工作服	340	225	76500
19	采购1部	工作服	240	225	54000
20	采购2部	工作服	245	225	55125
21	采购3部	工作服	465	225	104625

技巧拓展

使用高级筛选首先必须建立筛选条件，在建立筛选条件的时候要注意以下几点：条件区域最好建立在数据表的上方或下方，而且与数据之间至少留一个空白行；条件区域必须具有列标签，如果是直接在数据字段上进行筛选，则列标签必须与数据字段一致；在列标签下面的行中输入所需要匹配的条件。

招式 120 按物品采购价格进行排序

视频同步文件：光盘 \ 视频教学 \ 第 5 章 \ 招式 120.mp4

在办公器材采购表中不仅需要筛选数据，还需要对数据按照物品的采购价格进行排序。使用 "排序" 功能可以对文本、数字以及日期和时间进行排序，具体操作步骤如下。

① 选择命令

❶ 在办公器材采购表中，任选 "采购单价" 列中的单元格，❷ 在 "编辑" 面板中，单击 "排序和筛选" 下三角按钮，❸ 展开下拉菜单，选择 "升序" 命令。

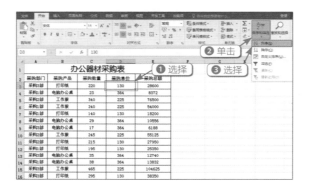

② 升序排序结果

将数据按照采购物品从低到高的价格进行排序，并查看排序数据的结果。

	A	B	C	D	E
1		办公器材采购表			
2	采购部门	采购产品	采购数量	采购单价	采购总额
3	采购3部	打印纸	220	130	28600
4	采购1部	打印纸	140	130	18200
5	采购2部	打印纸	215	130	27950
6	采购1部	打印纸	195	130	25350
7	采购3部	打印纸	295	130	38350
8	采购2部	工作服	340	225	76500
9	采购1部	工作服	240	225	54000
10	采购2部	工作服	245	225	55125
11	采购3部	工作服	465	225	104625
12	采购1部	电脑办公桌	23	364	8372
13	采购2部	电脑办公桌	29	364	10556
14	采购3部	电脑办公桌	17	364	6188
15	采购2部	电脑办公桌	35	364	12740
16	采购1部	电脑办公桌	38	364	13832
17					
18		采购1部平均采购情况			
19		采购2部平均采购情况			
20		采购3部平均采购情况			

③ 选择命令

❶ 任选"采购单价"列中的单元格,在"编辑"面板中,单击"排序和筛选"下三角按钮,❷ 展开下拉菜单,选择"降序"命令。

④ 降序排序结果

即可将数据按照采购物品从高到低的价格进行排序,并查看排序数据的结果。

	A	B	C	D	E
1			办公器材采购表		
2	采购部门	采购产品	采购数量	采购单价	采购总额
3	采购1部	电脑办公桌	23	364	8372
4	采购2部	电脑办公桌	29	364	10556
5	采购3部	电脑办公桌	17	364	6188
6	采购3部	电脑办公桌	35	364	12740
7	采购1部	电脑办公桌	38	364	13832
8	采购2部	工作服	340	225	76500
9	采购1部	工作服	240	225	54000
10	采购2部	工作服	245	225	55125
11	采购1部	工作服	465	225	104625
12	采购3部	打印纸	220	130	28600
13	采购1部	打印纸	140	130	18200
14	采购2部	打印纸	215	130	27950
15	采购1部	打印纸	195	130	25350
16	采购3部	打印纸	295	130	38350
17					
18		采购1部平均采购情况			
19		采购2部平均采购情况			
20		采购3部平均采购情况			

技巧拓展

在排序带数字的数据时,数字按从小的负数到最大的正数进行排序;在排序带日期的数据时,日期按照从最早的日期到最晚的日期进行排序;在排序带文本的数据时,文本按照字母 A~Z 的顺序进行排序。

招式 121　单元格小数点的输入技巧

视频同步文件:光盘 \ 视频教学 \ 第 5 章 \ 招式 121.mp4

在编辑办公器材采购表时,需要为所有带金额的数字数据添加小数点,以进行区分。此时可以使用"设置单元格格式"功能为数据快速添加小数点,具体操作步骤如下。

① 选择命令

在办公器材采购表中选择 D3:E16 单元格区域,右击,弹出快捷菜单,选择"设置单元格格式"命令。

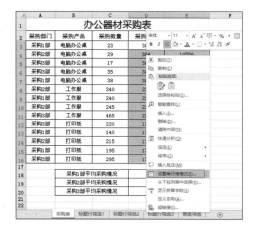

② 设置对话框

❶ 弹出"设置单元格格式"对话框,在左侧列表框中选择"数值"选项,❷ 在右侧列表框中,修改"小数位数"为 2,❸ 单击"确定"按钮。

③ 添加小数点

即可为选择的单元格区域内的数据添加小数点，并查看工作表效果。

技巧拓展

在为单元格中的数据添加小数点时，修改"小数位数"参数为1，则添加1个小数位数；修改"小数位数"参数为3，则添加3个小数位数。

	办公器材采购表			
采购部门	采购产品	采购数量	采购单价	采购总额
采购1部	电脑办公桌	23	364.00	8372.00
采购2部	电脑办公桌	29	364.00	10556.00
采购3部	电脑办公桌	17	364.00	6188.00
采购3部	电脑办公桌	35	364.00	12740.00
采购1部	电脑办公桌	38	364.00	13832.00
采购2部	工作服	340	225.00	76500.00
采购1部	工作服	240	225.00	54000.00
采购2部	工作服	245	225.00	55125.00
采购3部	工作服	465	225.00	104625.00
采购3部	打印纸	220	130.00	28600.00
采购1部	打印纸	140	130.00	18200.00
采购2部	打印纸	215	130.00	27950.00
采购1部	打印纸	195	130.00	25350.00
采购3部	打印纸	295	130.00	38350.00
	采购1部平均采购情况			
	采购2部平均采购情况			
	采购3部平均采购情况			

招式 122　同时满足多条件综合排序

视频同步文件：光盘 \ 视频教学 \ 第 5 章 \ 招式 122.mp4

在编辑办公器材采购表时，需要通过多个条件进行综合排序。此时可以使用"排序"功能为工作表添加多个关键字条件进行排序，具体操作步骤如下。

① 单击按钮

❶ 在办公器材采购表中选择合适的单元格区域，❷ 在"数据"选项卡的"排序和筛选"面板中，单击"排序"按钮。

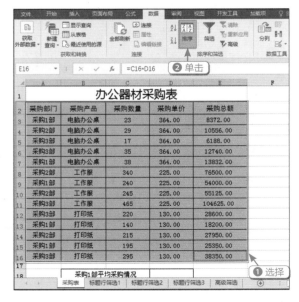

② 添加关键字条件

❶ 弹出"排序"对话框，单击"添加条件"按钮，❷ 依次在对话框中添加两个次要关键字条件。

③ 设置主要关键字条件

❶ 在主要关键字中，修改"列"为"采购部门"，❷ 单击"次序"右侧的下三角按钮，❸ 展开下拉列表，选择"自定义序列"选项。

4 添加序列

❶ 弹出"自定义序列"对话框,在"输入序列"文本框中输入文本,❷ 单击"添加"按钮,完成序列添加,
❸ 并单击"确定"按钮。

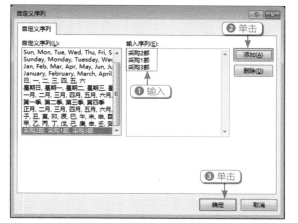

5 设置关键字条件

❶ 返回到"排序"对话框,完成"次序"的设置,
❷ 依次设置两个次要关键字条件的"列"分别为"采购产品"和"采购总额"。

6 多条件排序数据

单击"确定"按钮,同时满足多条件排序数据,并显示排序结果。

技巧拓展

在"排序"对话框中,单击"删除条件"按钮,可以删除多余的次要关键字条件;单击"复制条件"按钮,可以对次要关键字条件进行复制操作。

	A	B	C	D	E
1	办公器材采购表				
2	采购部门	采购产品	采购数量	采购单价	采购总额
3	采购2部	打印纸	215	130.00	27950.00
4	采购2部	电脑办公桌	29	364.00	10556.00
5	采购2部	工作服	245	225.00	55125.00
6	采购2部	工作服	340	225.00	76500.00
7	采购1部	打印纸	140	130.00	18200.00
8	采购1部	打印纸	195	130.00	25350.00
9	采购1部	电脑办公桌	23	364.00	8372.00
10	采购1部	电脑办公桌	38	364.00	13832.00
11	采购1部	工作服	240	225.00	54000.00
12	采购3部	打印纸	220	130.00	28600.00
13	采购3部	打印纸	295	130.00	38350.00
14	采购3部	电脑办公桌	17	364.00	6188.00
15	采购3部	电脑办公桌	35	364.00	12740.00
16	采购3部	工作服	465	225.00	104625.00
17					
18		采购1部平均采购情况			
19		采购2部平均采购情况			
20		采购3部平均采购情况			

招式 123　为数据自动添加货币符号

视频同步文件:光盘 \ 视频教学 \ 第 5 章 \ 招式 123.mp4

在编辑办公器材采购表的过程中,需要为带有人民币金额的数据添加货币符号。此时,可以使用"数字格式"下的"货币"功能进行自动添加,具体操作步骤如下。

1 选择命令

❶ 在办公器材采购表中选择 D3:E16 单元格区域,在"数字"面板中,单击"数字格式"下三角按钮,❷ 展开下拉列表框,选择"货币"命令。

2 添加货币符号

即可为选择的单元格区域内的数据自动添加货币符号,并查看工作表效果。

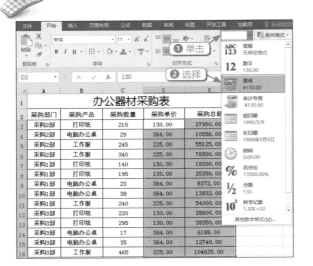

技巧拓展

在"数字格式"下拉列表框中，还可以选择"会计专用"命令，从而为数据添加会计专用的符号。

招式 124 对采购情况进行整体汇总

视频同步文件：光盘 \ 视频教学 \ 第 5 章 \ 招式 124.mp4

在完成办公器材采购表中的数据排序和筛选后，接下来还需要使用"分类汇总"功能对采购表中的采购情况进行整体汇总，具体操作步骤如下。

1 复制和重命名工作表

在办公器材采购表中，选择"采购表"工作表，对其进行复制和重命名操作。

2 单击按钮

❶ 选择合适的单元格区域，❷ 在"数据"选项卡的"分级显示"面板中，单击"分类汇总"按钮。

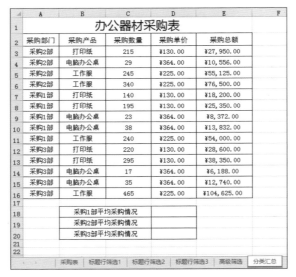

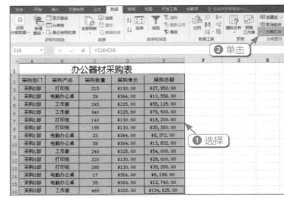

③ 设置分类汇总条件

❶ 弹出"分类汇总"对话框，在"分类字段"下拉列表中选择"采购部门"选项，❷ 在"选定汇总项"列表框中，只勾选"采购数量"和"采购单价"复选框，❸ 单击"确定"按钮。

④ 创建分类汇总

即可为选择的单元格区域创建分类汇总效果，并查看工作表。

1 2 3		A	B	C	D	E
	1			办公器材采购表		
	2	采购部门	采购产品	采购数量	采购单价	采购总额
	3	采购2部	打印纸	215	¥130.00	¥27,950.00
	4	采购2部	电脑办公桌	29	¥364.00	¥10,556.00
	5	采购2部	工作服	245	¥225.00	¥55,125.00
	6	采购2部	工作服	340	¥225.00	¥76,500.00
	7	采购2部 汇总		829	¥944.00	
	8	采购1部	打印纸	140	¥130.00	¥18,200.00
	9	采购1部	打印纸	195	¥130.00	¥25,350.00
	10	采购1部	电脑办公桌	23	¥364.00	¥8,372.00
	11	采购1部	电脑办公桌	38	¥364.00	¥13,832.00
	12	采购1部	工作服	240	¥225.00	¥54,000.00
	13	采购1部 汇总		636	¥1,213.00	
	14	采购3部	打印纸	220	¥130.00	¥28,600.00
	15	采购3部	打印纸	295	¥130.00	¥38,350.00
	16	采购3部	电脑办公桌	17	¥364.00	¥6,188.00
	17	采购3部	电脑办公桌	35	¥364.00	¥12,740.00
	18	采购3部	工作服	465	¥225.00	¥104,625.00
	19	采购3部 汇总		1032	¥1,213.00	
	20	总计		2497	¥3,370.00	

技巧拓展

在创建分类汇总时，在"分类汇总"对话框中，取消勾选"汇总结果显示在数据下方"复选框，既可将汇总结果在数据上方显示。

⑤ 单击按钮

❶ 选择合适的单元格区域，❷ 在"数据"选项卡的"分级显示"面板中，单击"分类汇总"按钮。

⑥ 设置分类汇总条件

❶ 弹出"分类汇总"对话框，在"分类字段"下拉列表中选择"采购产品"选项，❷ 在"选定汇总项"列表框中，只勾选"采购总额"复选框，❸ 取消勾选"替换当前分类汇总"复选框，❹ 单击"确定"按钮。

技巧拓展

在创建嵌套汇总时，可以修改汇总的分类字段，以得到不一样的嵌套汇总分类效果。在"分类汇总"对话框中，单击"汇总方式"右侧的下三角按钮，展开下拉列表，选择合适的选项即可。

7 创建嵌套分类汇总

为选择的单元格区域创建嵌套分类汇总效果，并查看工作表。

采购部门	采购产品	采购数量	采购单价	采购总额
			办公器材采购表	
采购2部	打印纸	215	¥130.00	¥27,950.00
	打印纸 汇总			¥27,950.00
采购2部	电脑办公桌	29	¥364.00	¥10,556.00
	电脑办公桌 汇总			¥10,556.00
采购2部	工作服	245	¥225.00	¥55,125.00
采购2部	工作服	340	¥225.00	¥76,500.00
	工作服 汇总			¥131,625.00
采购2部 汇总		829	¥944.00	
采购1部	打印纸	140	¥130.00	¥18,200.00
采购1部	打印纸	195	¥130.00	¥25,350.00
	打印纸 汇总			¥43,550.00
采购1部	电脑办公桌	23	¥364.00	¥8,372.00
采购1部	电脑办公桌	38	¥364.00	¥13,832.00
	电脑办公桌 汇总			¥22,204.00
采购1部	工作服	240	¥225.00	¥54,000.00
	工作服 汇总			¥54,000.00
采购1部 汇总		636	¥1,213.00	
采购3部	打印纸	220	¥130.00	¥28,600.00
采购3部	打印纸	295	¥130.00	¥38,350.00
	打印纸 汇总			¥66,950.00
采购3部	电脑办公桌	17	¥364.00	¥6,188.00
采购3部	电脑办公桌	35	¥364.00	¥12,740.00
	电脑办公桌 汇总			¥18,928.00
采购3部	工作服	465	¥225.00	¥104,625.00
	工作服 汇总			¥104,625.00
采购3部 汇总		1032	¥1,213.00	
	总计			¥480,388.00

招式 125 汇总的显示、隐藏和删除

视频同步文件：光盘\视频教学\第 5 章\招式 125.mp4

在完成办公器材采购表中的数据汇总后，可以对汇总的数据进行分级查看，也可以将汇总数据进行删除，具体操作步骤如下。

1 复制和重命名工作表

在办公器材采购表中选择"分类汇总"工作表标签，对其进行复制和重命名操作。

2 单击按钮

❶ 在"查看和删除汇总"工作表中，选择合适的单元格区域，❷ 在"分级显示"面板中，单击"隐藏明细数据"按钮。

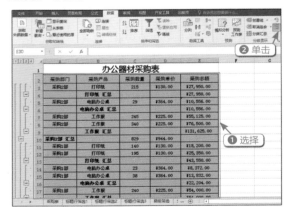

3 隐藏汇总数据

隐藏工作表中的汇总数据，并查看工作表效果。

4 单击按钮

❶ 再次选择合适的单元格区域，❷ 在"分级显示"面板中，单击"隐藏明细数据"按钮。

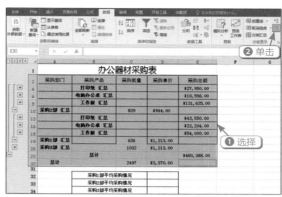

② 单击

① 选择

5 隐藏汇总数据

隐藏工作表中的汇总数据，并查看工作表效果。

6 单击按钮

❶ 选择合适单元格区域，❷ 在"分级显示"面板中，单击"显示明细数据"按钮。

② 单击

① 选择

7 显示汇总数据

显示工作表中的汇总数据，并查看工作表效果。

8 单击按钮

❶ 选择合适单元格区域，❷ 在"分级显示"面板中，单击"显示明细数据"按钮。

② 单击

① 选择

9 显示汇总数据

显示工作表中的汇总数据，并查看工作表效果。

10 单击按钮

❶ 选择合适单元格区域，❷ 在"分级显示"面板中，单击"分类汇总"按钮。

11 单击按钮

弹出"分类汇总"对话框，单击"全部删除"按钮。

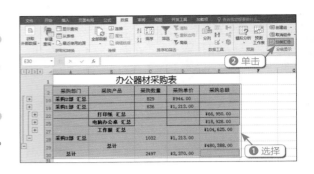

技巧拓展

在"分类汇总"对话框的"汇总方式"下拉列表中包括求和、计数、平均值、最大值、最小值等。选择不同的汇总方式，可以得到不同的数据汇总结果。

12 删除汇总数据

删除工作表中的分类汇总数据，并查看汇总数据。

	A	B	C	D	E
1			办公器材采购表		
2	采购部门	采购产品	采购数量	采购单价	采购总额
3	采购2部	打印纸	215	¥130.00	¥27,950.00
4	采购2部	电脑办公桌	29	¥364.00	¥10,556.00
5	采购2部	工作服	245	¥225.00	¥55,125.00
6	采购2部	工作服	340	¥225.00	¥76,500.00
7	采购1部	打印纸	140	¥130.00	¥18,200.00
8	采购1部	打印纸	195	¥130.00	¥25,350.00
9	采购1部	电脑办公桌	23	¥364.00	¥8,372.00
10	采购1部	电脑办公桌	38	¥364.00	¥13,832.00
11	采购1部	工作服	240	¥225.00	¥54,000.00
12	采购3部	打印纸	220	¥130.00	¥28,600.00
13	采购3部	打印纸	295	¥130.00	¥38,350.00
14	采购3部	电脑办公桌	17	¥364.00	¥6,188.00
15	采购3部	电脑办公桌	35	¥364.00	¥12,740.00
16	采购3部	工作服	465	¥225.00	¥104,625.00
17					
18		采购1部平均采购情况			
19		采购2部平均采购情况			
20		采购3部平均采购情况			

招式 126　求各部门的平均采购情况

视频同步文件：光盘 \ 视频教学 \ 第 5 章 \ 招式 126.mp4

在办公器材采购表中，用户不仅可以对采购表数据进行筛选、排序和汇总操作，还需要对每个部门的平均采购情况进行汇总，具体操作步骤如下。

1 单击按钮

❶ 在办公器材采购表的"采购表"工作表中，选择 D18 单元格，❷ 在"公式"选项卡的"函数库"面板中，单击"插入函数"按钮。

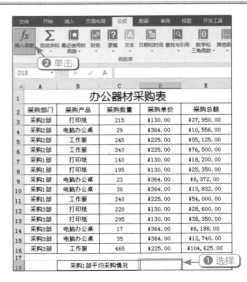

② 选择函数

❶ 弹出"插入函数"对话框，在"选择函数"列表框中选择函数，❷ 单击"确定"按钮。

③ 输入函数参数

❶ 弹出"函数参数"对话框，在 Number1 文本框中输入函数参数文本，❷ 单击"确定"按钮。

④ 查看计算结果

返回到工作表中，完成采购 1 部的平均数据计算，并在工作表中查看计算结果。

	A	B	C	D	E
				D18 ▾ fx =AVERAGE(E7:E11)	
4	采购2部	电脑办公桌	29	¥364.00	¥10,556.00
5	采购2部	工作服	245	¥225.00	¥55,125.00
6	采购2部	工作服	340	¥225.00	¥76,500.00
7	采购1部	打印纸	140	¥130.00	¥18,200.00
8	采购1部	打印纸	195	¥130.00	¥25,350.00
9	采购1部	电脑办公桌	23	¥364.00	¥8,372.00
10	采购1部	电脑办公桌	38	¥364.00	¥13,832.00
11	采购1部	工作服	240	¥225.00	¥54,000.00
12	采购3部	打印纸	220	¥130.00	¥28,600.00
13	采购3部	打印纸	295	¥130.00	¥38,350.00
14	采购3部	电脑办公桌	17	¥364.00	¥6,188.00
15	采购3部	电脑办公桌	35	¥364.00	¥12,740.00
16	采购3部	工作服	465	¥225.00	¥104,625.00
17					
18		采购1部平均采购情况		¥23,950.80	
19		采购2部平均采购情况			
20		采购3部平均采购情况			

⑤ 计算其他平均值

使用同样的方法，计算其他采购部门的平均数据。

	A	B	C	D	E
1			办公器材采购表		
2	采购部门	采购产品	采购数量	采购单价	采购总额
3	采购2部	电脑办公桌	215	¥130.00	¥27,950.00
4	采购2部	电脑办公桌	29	¥364.00	¥10,556.00
5	采购2部	工作服	245	¥225.00	¥55,125.00
6	采购2部	工作服	340	¥225.00	¥76,500.00
7	采购1部	打印纸	140	¥130.00	¥18,200.00
8	采购1部	打印纸	195	¥130.00	¥25,350.00
9	采购1部	电脑办公桌	23	¥364.00	¥8,372.00
10	采购1部	电脑办公桌	38	¥364.00	¥13,832.00
11	采购1部	工作服	240	¥225.00	¥54,000.00
12	采购3部	打印纸	220	¥130.00	¥28,600.00
13	采购3部	打印纸	295	¥130.00	¥38,350.00
14	采购3部	电脑办公桌	17	¥364.00	¥6,188.00
15	采购3部	电脑办公桌	35	¥364.00	¥12,740.00
16	采购3部	工作服	465	¥225.00	¥104,625.00
17					
18		采购1部平均采购情况		¥23,950.80	
19		采购2部平均采购情况		¥42,532.75	
20		采购3部平均采购情况		¥38,100.60	

技巧拓展

在"函数参数"对话框中，可以单击 Number1 文本框右侧的引用按钮，将再次弹出"函数参数"对话框，在该对话框中可以直接选择单元格区域进行函数参数输入。

招式 127　只打印表格中的特定区域

视频同步文件：光盘 \ 视频教学 \ 第 5 章 \ 招式 127.mp4

在完成办公器材采购表的制作后，需要将办公器材采购表打印出来。使用"设置打印区域"功能可以只打印采购表中的特定区域，具体操作步骤如下。

1 选择命令

❶ 在办公器材采购表中选择合适的单元格区域，❷ 在"页面布局"选项卡的"页面设置"面板中，单击"打印区域"下三角按钮，❸ 展开下拉菜单，选择"设置打印区域"命令。

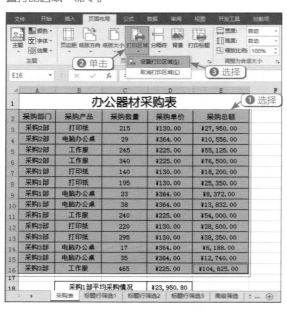

2 预览打印区域

❶ 设置工作表的特定打印区域，在"文件"选项卡下，选择"打印"命令，❷ 将进入"打印"界面，在右侧列表框中，预览设置的打印区域效果。

技巧拓展

在"打印区域"下拉菜单中，选择"取消打印区域"命令，则可以取消特定区域的打印操作。

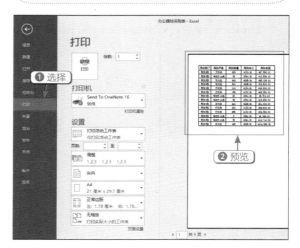

拓展练习 筛选和汇总房价统计表

房价统计表用来登记天津城市 8 月的二手房房价记录情况，其内容包含有房价区域、二手房价格、房子大小以及环比增长等参数。在进行房价统计表数据的筛选和汇总时，会使用到筛选工作簿、排序工作簿以及分类汇总工作簿等操作。具体效果如右图所示。

区域	二手房（元/每平方米）	80㎡	90㎡	环比增长（%）
	天津8月平均房价			
市内六区	40219	322	362	4.46
市内六区	25872	207	233	3.25
市内六区	23403	187	211	4.17
市内六区	19756	158	178	2.19
市内六区	19640	157	177	3.34
市内六区	17433	139	157	3.54
市内六区 汇总	146323			20.95
滨海新区	17321	139	156	1.5
滨海新区 汇总	17321			1.5
远郊区	8816	71	79	0.52
远郊区	8076	65	73	0.83
远郊区	8038	64	72	0.1
远郊区	10217	82	92	15.98
远郊区	7603	61	68	0.8
远郊区 汇总	42750			18.23
总计	206394			40.68

5.2 函数、公式、计算（案例：企业薪酬表）

企业薪酬表是最常见的工作表类型之一。企业薪酬表作为企业员工工资的发放凭证，是根据各类工资类型汇总而成，涉及众多函数的使用。在制作企业薪酬表的过程中，需要使用多种类型的函数，了解各种函数的用法和性质，对分析数据有很大帮助。完成本例，需要在 Excel 2016 中计算员工的工龄值、计算员工的各类工资、使用求和函数计算总工资以及计算员工的加班工资等操作。

招式 128 开启手动与自动计算公式

视频同步文件：光盘 \ 视频教学 \ 第 5 章 \ 招式 128.mp4

在企业薪酬表中需要开启计算公式功能才能计算各类工资、工龄值以及加班工资等。计算公式的方式有手动计算和自动计算两种，具体操作步骤如下。

1 打开工作簿

打开随书配套光盘的"素材\第5章\企业薪酬表.xlsx"工作簿。

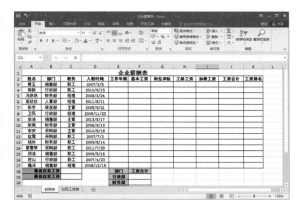

2 选择命令

在"文件"选项卡下，选择"选项"命令。

3 开启手动计算

❶ 弹出"Excel 选项"对话框，在左侧列表框中选择"公式"选项，❷ 在右侧列表框的"计算选项"选项组中，选中"手动重算"单选按钮，❸ 单击"确定"按钮，即可开启手动计算公式。

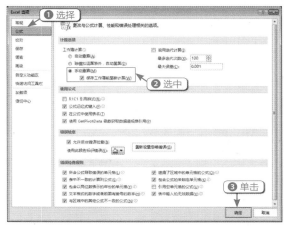

④ 开启自动计算

❶ 在 "Excel 选项" 对话框的左侧列表框中，选择 "公式" 选项，❷ 在右侧列表框的 "计算选项" 选项组中，选中 "自动重算" 单选按钮，❸ 单击 "确定" 按钮，即可开启自动计算公式。

技巧拓展

在 "计算选项" 选项组中，勾选 "启动迭代计算" 复选框，可以开启自动循环引用功能，以达到迭代的目的。

招式 129　快速计算员工的工龄值

视频同步文件：光盘 \ 视频教学 \ 第 5 章 \ 招式 129.mp4

在制作企业薪酬表时，需要为每个员工都计算工龄值。工龄是指职工以工资收入为生活资料的全部或主要来源的工作时间。在计算工龄值时，需要使用 FLOOR 函数来实现，具体操作步骤如下。

① 单击按钮

❶ 在企业薪酬表中，选择 E3 单元格，❷ 在 "公式" 选项卡的 "函数库" 面板中，单击 "插入函数" 按钮。

姓名	部门	职务	入职时间	工作年限	基本工资	岗位津贴
蔡玉	销售部	职工	2007/3/5			
陈新	行政部	职工	2010/9/15			
冯热热	财务部	经理	2008/3/24			
田欣欣	人事部	经理	2011/8/11			
张宇	研发部	主管	2005/9/21			
卫风	行政部	经理	2009/11/22			
李凌	销售部	主管	2013/5/17			
张燕	财务部	主管	2006/9/19			
李安	采购部	主管	2010/5/18			
赵雪	采购部	职工	2007/7/2			
钱玲	财务部	职工	2009/8/14			
蔡雪琴	采购部	职工	2011/7/29			
郑浩	销售部	职工	2009/5/16			
封山	行政部	职工	2007/4/23			
魏泽	销售部	经理	2008/12/18			

② 输入函数

❶ 弹出 "插入函数" 对话框，在 "搜索函数" 文本框中输入 FLOOR，❷ 单击 "转到" 按钮。

③ 选择函数

❶ 在列表框中显示出函数的搜索结果，并在 "选择函数" 列表框中选择函数，❷ 单击 "确定" 按钮。

④ 输入函数参数

❶ 弹出 "函数参数" 对话框，在各个文本框中依次输入函数参数，❷ 单击 "确定" 按钮。

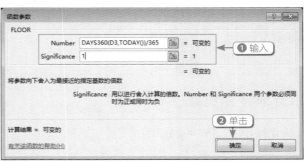

5 显示计算结果

返回到工作表中，将显示出计算结果。选择 E3 单元格，将鼠标指针移至单元格的右下角，鼠标指针呈黑色十字形状。

6 填充公式

按住鼠标左键并向下拖曳，至 E17 单元格后，释放鼠标左键，即可填充其他单元格中的公式，并显示计算结果。

技巧拓展

在计算员工的工龄时，还包括 DAY360 函数。DAYS360 函数的主要作用是根据一年 360 天的历法传回两个日期之间的日数，其函数的语法结构为：DAYS360(start_date,end_date,method)。其中，start_date 为起始日期，end_date 为结束日期，method 为一个逻辑值。

招式 130　快速计算员工的各类工资

视频同步文件：光盘 \ 视频教学 \ 第 5 章 \ 招式 130.mp4

在企业薪酬表中，还需要计算员工的基本工资、岗位津贴以及工龄工资。在计算员工的各类工资时，需要使用 IF 函数才能计算，具体操作步骤如下。

1 输入公式

在企业薪酬表中，选择 F3 单元格，输入公式。

2 计算基本工资

按 Enter 键，计算出基本工资，并显示计算结果。

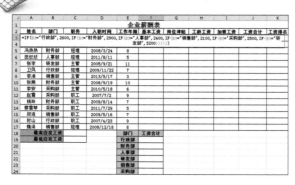

3 向下拖曳鼠标

选择 F3 单元格，将鼠标指针移至单元格的右下角，鼠标指针呈黑色十字形状，按住鼠标左键并向下拖曳。

4 填充基本工资

拖曳至 F17 单元格后，释放鼠标左键，即可填充其他单元格中的公式，并显示其基本工资的计算结果。

5 输入公式

选择 G3 单元格，输入公式"=IF(C3="经理",3200,IF(C3="主管",2600,IF(C3="职工",2200,)))"。

6 计算岗位津贴工资

按 Enter 键，计算出员工的岗位津贴工资，并显示计算结果。

	A	B	C	D	E	F	G	H
1						企业薪酬表		
2	姓名	部门	职务	入职时间	工作年限	基本工资	岗位津贴	工龄工资
3	蔡玉	销售部	职工	2007/3/5	9	¥2,100.00	¥2,200.00	
4	陈新	行政部	职工	2010/9/15	6	¥2,600.00		
5	冯热热	财务部	经理	2008/3/24	8	¥2,900.00		
6	田欣欣	人事部	经理	2011/8/11	5	¥2,400.00		
7	张宇	研发部	主管	2005/9/21	11	¥3,200.00		
8	卫风	行政部	经理	2009/11/22	7	¥2,600.00		
9	李凌	销售部	主管	2013/5/17	3	¥2,600.00		
10	张燕	财务部	主管	2006/9/19	10	¥2,900.00		
11	李安	采购部	主管	2010/5/18	6	¥2,500.00		
12	赵雪	采购部	职工	2007/7/2	9	¥2,500.00		
13	钱玲	财务部	职工	2009/8/14	7	¥2,900.00		
14	蔡雪琴	采购部	职工	2011/7/29	5	¥2,500.00		
15	郑浩	销售部	职工	2009/5/16	7	¥2,100.00		
16	封山	行政部	职工	2007/4/23	6	¥2,600.00		
17	魏泽	销售部	经理	2008/12/18	8	¥2,100.00		
18	最高应发工资						部门	工资合计
19	最低应发工资						行政部	
20							财务部	
21							人事部	
22							研发部	

7 向下拖曳鼠标

选择 G3 单元格，将鼠标指针移至单元格的右下角，鼠标指针呈黑色十字形状，按住鼠标左键并向下拖曳。

8 填充岗位津贴

拖曳至 G17 单元格后，释放鼠标左键，即可填充其他单元格中的公式，并显示其他单元格中岗位津贴的计算结果。

⑨ 输入公式

选择 H3 单元格，输入公式"=IF(E3<=5,E3*150,IF(E3>5,E3*200))"。

⑩ 计算工龄工资

按 Enter 键，即可计算出员工的工龄工资，并显示计算结果。

⑪ 向下拖曳鼠标

选择 H3 单元格，将鼠标指针移至单元格的右下角，鼠标指针呈黑色十字形状，按住鼠标左键并向下拖曳。

⑫ 填充工龄工资

拖曳至 H17 单元格后，释放鼠标左键，即可填充其他单元格中的公式，并显示其工龄工资的计算结果。

技巧拓展

　　IF 函数的功能十分强大，使用该函数除了计算员工的各类工资外，还可以进行最佳投资方案的选择。例如，❶ 在工作表中选择合适的单元格，输入公式，❷ 按 Enter 键，即可计算出期值。

❶ 输入　　　　　　❷ 计算

招式 131　快速计算员工的加班工资

视频同步文件：光盘 \ 视频教学 \ 第 5 章 \ 招式 131.mp4

　　在计算企业薪酬表时，还需要计算出加班工资。加班工资是指劳动者按照用人单位生产和工作的需要在规定工作时间之外继续生产劳动或者工作所获得的劳动报酬。在计算加班工资时，需要使用 HOUR 函数进行计算，具体操作步骤如下。

1 输入公式

　　在企业薪酬表中，切换至"加班工资表"工作表，选择 D3 单元格，输入公式。

2 计算加班工资

　　按 Enter 键，即可计算出员工的加班工资，并显示计算结果。

3 向下拖曳鼠标

　　选择 D3 单元格，将鼠标指针移至单元格的右下角，鼠标指针呈黑色十字形状，按住鼠标左键并向下拖曳。

④ 填充加班工资

拖曳至 D17 单元格后，释放鼠标左键，即可填充其他单元格中的公式，并显示其加班工资的计算结果。

技巧拓展

HOUR 函数，用于返回时间值中的小时数，返回的值范围是 0~23。其语法结构为：HOUR(serial_number)，其中，serial_number 的参数说明表示要提取小时数的时间。

	A	B	C	D
1		加班工资表		
2	姓名	上班时间	下班时间	工资
3	蔡玉	8:00:00	17:00:00	160
4	陈新	8:00:00	16:00:00	140
5	冯热热	8:30:00	17:00:00	130
6	田欣欣	7:50:00	18:20:00	180
7	张宇	8:00:00	17:00:00	160
8	卫风	9:00:00	17:00:00	130
9	李凌	8:00:00	17:00:00	160
10	张燕	8:00:00	16:30:00	140
11	李安	8:00:00	17:00:00	160
12	赵雪	8:00:00	17:00:00	160
13	钱玲	8:00:00	13:00:00	80
14	蔡雪琴	9:00:00	17:00:00	130
15	郑浩	10:00:00	18:00:00	130
16	封山	9:30:00	19:30:00	170
17	魏泽	12:00:00	17:00:00	70

招式 132　引用同工作簿中的工作表数据

视频同步文件：光盘 \ 视频教学 \ 第 5 章 \ 招式 132.mp4

在企业薪酬表中计算好员工的加班工资后，需要将加班工资的数据引用到同工作簿的其他工作表中。使用公式不仅可以引用同一张工作表单元格上的数据进行计算，而且还可以引用同一工作簿不同工作表上的数据进行计算，具体操作步骤如下。

① 输入公式符号

在企业薪酬表中切换至"薪酬表"工作表，选择 I3 单元格，输入公式符号"="。

② 引用单元格

切换至"加班工资表"，选择 D3 单元格，该单元格将显示虚线框。

③ 引用加班工资

按 Enter 键，返回到"薪酬表"工作表中，显示出加班工资的引用结果。

4 引用工作表数据

使用同样的方法，引用工作簿中的其他工作表数据。

技巧拓展

在引用其他工作表中的数据时，用户不仅可以引用同工作簿中的工作表数据，还可以引用不同工作簿中的工作表数据。使用不同工作簿数据源引用的格式为：【工作簿名称】工作表名！数据源地址。

招式 133　使用求和函数计算总工资

视频同步文件：光盘 \ 视频教学 \ 第 5 章 \ 招式 133.mp4

在计算企业薪酬表中的工资时，不仅计算各类工资，还需要计算所有工资的总和数值。使用 SUM 函数可以计算总工资。使用该函数计算返回某一单元格区域中数字、逻辑值及数字的文本表达式之和，具体操作步骤如下。

1 输入公式

在企业薪酬表中，选择 J3 单元格，输入公式"=SUM(F3:I3)"。

2 计算总工资

按 Enter 键，即可计算出员工的总工资，并显示计算结果。

3 向下拖曳鼠标

选择 J3 单元格，将鼠标指针移至单元格的右下角，鼠标指针呈黑色十字形状，按住鼠标左键并向下拖曳。

技巧拓展

SUM 函数的功能十分强大，其语法结构为：SUM(number1,number2, ...)。在使用 SUM 函数时需要使用 1~254 个需要求和的参数。

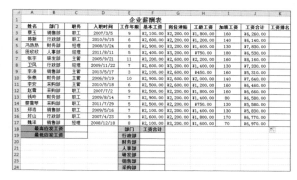

4 填充总工资

拖曳至 J17 单元格后，释放鼠标左键，填充其他单元格中的公式，并显示其总工资的计算结果。

招式 134 快速计算各部门的总工资

视频同步文件：光盘 \ 视频教学 \ 第 5 章 \ 招式 134.mp4

在企业薪酬表中不仅需要对每个员工的总工资进行计算，还需要对每个部门的总工资进行计算。使用 SUMIF 函数可以对报表范围中符合指定条件的值求和，具体操作步骤如下。

1 输入公式

在企业薪酬表中，选择 F19 单元格，输入公式"=SUMIF(B3:B17,E19,J3:J17)"。

2 显示计算结果

按 Enter 键，即可计算出行政部的总工资，并显示计算结果。

3 向下拖曳鼠标

选择 F19 单元格，将鼠标指针移至单元格的右下角，鼠标指针呈黑色十字形状，按住鼠标左键并向下拖曳。

4 填充总工资

拖曳至 F24 单元格后，释放鼠标左键，即可填充其他单元格中的公式，并显示其总工资的计算结果。

技巧拓展

SUMIF 函数的用法是根据指定条件对若干单元格、区域或引用求和，其语法结构是 SUMIF(range，criteria，sum_range)。其中 Range 为条件区域，用于条件判断的单元格区域；Criteria 是求和条件，由数字、逻辑表达式等组成的判定条件；Sum_range 为实际求和区域，需要求和的单元格、区域或引用。

招式 135　计算最高和最低应发工资

视频同步文件：光盘 \ 视频教学 \ 第 5 章 \ 招式 135.mp4

在企业薪酬表中还需要计算出员工的最高应发工资和最低应发工资。使用 MAX 和 MIN 函数可以计算出工资中的最大值和最小值，具体操作步骤如下。

1 输入公式

在企业薪酬表中，选择 C18 单元格，输入公式"=MAX(J3:J17)"。

2 计算最高工资

按 Enter 键，即可计算出员工的最高应发工资，并显示计算结果。

3 输入公式

在企业薪酬表中，选择 C19 单元格，输入公式"=MIN(J3:J17)"。

4 计算最低工资

按 Enter 键，即可计算出员工的最低应发工资，并显示计算结果。

技巧拓展

在使用 MAX 函数时，可以将参数指定为数字、空白单元格、逻辑值或数字的文本表达式。如果参数为错误值或不能转换成数字的文本，将产生错误。如果参数为数组或引用，则只有数组或引用中的数字将被计算。数组或引用中的空白单元格、逻辑值或文本将被忽略。如果逻辑值和文本不能忽略，使用 MAX 函数来代替。

招式 136　对员工的工资金额排名次

视频同步文件：光盘＼视频教学＼第 5 章＼招式 136.mp4

在企业薪酬表中完成各类工资进行计算后，还需要对各员工的工资进行名次排序。RANK 函数是排名函数，使用该函数可以计算出员工的工资金额排名，具体操作步骤如下。

1 输入公式

在企业薪酬表中，选择 K3 单元格，输入公式"=RANK(J3,$J$3:$J$17,0)"。

入职时间	工作年限	基本工资	岗位津贴	工龄工资	加薪工资	工资合计	工资排名
		企业薪酬表					
2007/3/5	9	¥2,100.00	¥2,200.00	¥1,800.00	160	¥	=RANK(J3,$J$3:$J$17,0)
2010/9/15	6	¥2,600.00	¥2,200.00	¥1,200.00	140	¥6,140.00	
2008/3/24	8	¥2,900.00	¥3,200.00	¥1,600.00	130	¥7,830.00	
2011/8/11	5	¥2,400.00	¥3,200.00	¥750.00	180	¥6,530.00	
2005/9/21	11	¥3,200.00	¥2,600.00	¥2,200.00	160	¥8,160.00	
2009/11/22	7	¥2,600.00	¥3,200.00	¥1,400.00	130	¥7,330.00	
2013/5/17	3	¥2,100.00	¥2,600.00	¥450.00	160	¥5,310.00	
2006/9/19	10	¥2,900.00	¥2,600.00	¥2,000.00	140	¥7,640.00	
2010/5/18	6	¥2,500.00	¥2,600.00	¥1,200.00	160	¥6,460.00	
2007/7/2	9	¥2,500.00	¥2,200.00	¥1,800.00	160	¥6,660.00	
2009/8/14	7	¥2,900.00	¥2,200.00	¥1,400.00	80	¥6,580.00	
2011/7/29	5	¥2,500.00	¥2,200.00	¥750.00	130	¥5,580.00	
2009/5/16	7	¥2,100.00	¥2,200.00	¥1,400.00	130	¥5,830.00	
2007/4/23	9	¥2,600.00	¥2,200.00	¥1,800.00	170	¥6,770.00	
2008/12/18	8	¥2,100.00	¥3,200.00	¥1,600.00	70	¥6,970.00	
部门	工资合计						
行政部	¥20,240.00						
财务部	¥22,050.00						
人事部	¥6,530.00						
研发部	¥8,160.00						
销售部	¥18,110.00						
采购部	¥18,700.00						

2 显示计算结果

按 Enter 键，即可计算出员工的工资金额排名，并显示计算结果。

入职时间	工作年限	基本工资	岗位津贴	工龄工资	加薪工资	工资合计	工资排名
		企业薪酬表					
2007/3/5	9	¥2,100.00	¥2,200.00	¥1,800.00	160	¥6,260.00	11
2010/9/15	6	¥2,600.00	¥2,200.00	¥1,200.00	140	¥6,140.00	
2008/3/24	8	¥2,900.00	¥3,200.00	¥1,600.00	130	¥7,830.00	
2011/8/11	5	¥2,400.00	¥3,200.00	¥750.00	180	¥6,530.00	
2005/9/21	11	¥3,200.00	¥2,600.00	¥2,200.00	160	¥8,160.00	
2009/11/22	7	¥2,600.00	¥3,200.00	¥1,400.00	130	¥7,330.00	
2013/5/17	3	¥2,100.00	¥2,600.00	¥450.00	160	¥5,310.00	
2006/9/19	10	¥2,900.00	¥2,600.00	¥2,000.00	140	¥7,640.00	
2010/5/18	6	¥2,500.00	¥2,600.00	¥1,200.00	160	¥6,460.00	
2007/7/2	9	¥2,500.00	¥2,200.00	¥1,800.00	160	¥6,660.00	
2009/8/14	7	¥2,900.00	¥2,200.00	¥1,400.00	80	¥6,580.00	
2011/7/29	5	¥2,500.00	¥2,200.00	¥750.00	130	¥5,580.00	
2009/5/16	7	¥2,100.00	¥2,200.00	¥1,400.00	130	¥5,830.00	
2007/4/23	9	¥2,600.00	¥2,200.00	¥1,800.00	170	¥6,770.00	
2008/12/18	8	¥2,100.00	¥3,200.00	¥1,600.00	70	¥6,970.00	
部门	工资合计						
行政部	¥20,240.00						
财务部	¥22,050.00						
人事部	¥6,530.00						
研发部	¥8,160.00						
销售部	¥18,110.00						
采购部	¥18,700.00						

3 向下拖曳鼠标

选择 K3 单元格，将鼠标指针移至单元格的右下角，鼠标指针呈黑色十字形状，按住鼠标左键并向下拖曳。

入职时间	工作年限	基本工资	岗位津贴	工龄工资	加薪工资	工资合计	工资排名
		企业薪酬表					
2007/3/5	9	¥2,100.00	¥2,200.00	¥1,800.00	160	¥6,260.00	11
2010/9/15	6	¥2,600.00	¥2,200.00	¥1,200.00	140	¥6,140.00	
2008/3/24	8	¥2,900.00	¥3,200.00	¥1,600.00	130	¥7,830.00	
2011/8/11	5	¥2,400.00	¥3,200.00	¥750.00	180	¥6,530.00	
2005/9/21	11	¥3,200.00	¥2,600.00	¥2,200.00	160	¥8,160.00	
2009/11/22	7	¥2,600.00	¥3,200.00	¥1,400.00	130	¥7,330.00	
2013/5/17	3	¥2,100.00	¥2,600.00	¥450.00	160	¥5,310.00	
2006/9/19	10	¥2,900.00	¥2,600.00	¥2,000.00	140	¥7,640.00	
2010/5/18	6	¥2,500.00	¥2,600.00	¥1,200.00	160	¥6,460.00	
2007/7/2	9	¥2,500.00	¥2,200.00	¥1,800.00	160	¥6,660.00	
2009/8/14	7	¥2,900.00	¥2,200.00	¥1,400.00	80	¥6,580.00	
2011/7/29	5	¥2,500.00	¥2,200.00	¥750.00	130	¥5,580.00	
2009/5/16	7	¥2,100.00	¥2,200.00	¥1,400.00	130	¥5,830.00	
2007/4/23	9	¥2,600.00	¥2,200.00	¥1,800.00	170	¥6,770.00	
2008/12/18		¥2,100.00	¥3,200.00	¥1,600.00	70	¥6,970.00	
部门	工资合计						
行政部	¥20,240.00						
财务部	¥22,050.00						
人事部	¥6,530.00						
研发部	¥8,160.00						
销售部	¥18,110.00						
采购部	¥18,700.00						

4 计算工资排名

拖曳至 K17 单元格后，释放鼠标左键，即可填充其他单元格中的公式，并显示其工资排名计算结果。

入职时间	工作年限	基本工资	岗位津贴	工龄工资	加薪工资	工资合计	工资排名
		企业薪酬表					
2007/3/5	9	¥2,100.00	¥2,200.00	¥1,800.00	160	¥6,260.00	11
2010/9/15	6	¥2,600.00	¥2,200.00	¥1,200.00	140	¥6,140.00	12
2008/3/24	8	¥2,900.00	¥3,200.00	¥1,600.00	130	¥7,830.00	2
2011/8/11	5	¥2,400.00	¥3,200.00	¥750.00	180	¥6,530.00	9
2005/9/21	11	¥3,200.00	¥2,600.00	¥2,200.00	160	¥8,160.00	1
2009/11/22	7	¥2,600.00	¥3,200.00	¥1,400.00	130	¥7,330.00	4
2013/5/17	3	¥2,100.00	¥2,600.00	¥450.00	160	¥5,310.00	15
2006/9/19	10	¥2,900.00	¥2,600.00	¥2,000.00	140	¥7,640.00	3
2010/5/18	6	¥2,500.00	¥2,600.00	¥1,200.00	160	¥6,460.00	10
2007/7/2	9	¥2,500.00	¥2,200.00	¥1,800.00	160	¥6,660.00	7
2009/8/14	7	¥2,900.00	¥2,200.00	¥1,400.00	80	¥6,580.00	8
2011/7/29	5	¥2,500.00	¥2,200.00	¥750.00	130	¥5,580.00	14
2009/5/16	7	¥2,100.00	¥2,200.00	¥1,400.00	130	¥5,830.00	13
2007/4/23	9	¥2,600.00	¥2,200.00	¥1,800.00	170	¥6,770.00	6
2008/12/18	8	¥2,100.00	¥3,200.00	¥1,600.00	70	¥6,970.00	5
部门	工资合计						
行政部	¥20,240.00						
财务部	¥22,050.00						
人事部	¥6,530.00						
研发部	¥8,160.00						
销售部	¥18,110.00						
采购部	¥18,700.00						

技巧拓展

RANK 函数最常用的是求某一个数值在某一区域内的排名，RANK 函数语法结构为：rank(number,ref,[order])，其中，number 为需要求排名的那个数值或者单元格名称（单元格内必须为数字），ref 为排名的参照数值区域，order 为 0 和 1，默认不用输入，得到的就是从大到小的排名，若是想求倒数第几，order 的值使用 1。

招式 137 生成并打印员工的工资条

视频同步文件：光盘 \ 视频教学 \ 第 5 章 \ 招式 137.mp4

在完成企业薪酬表后，还需要将薪酬表的每个员工的工资条进行生成并打印出来。但是每个员工工资条的制作是一项烦琐且费时间的工作，此时可以使用 VLOOKUP 函数批量制作出员工工资条，再使用"打印"功能将工资条打印出来，具体操作步骤如下。

1 选择命令

在企业薪酬表的"薪酬表"工作表中，选择 A 列，右击，弹出快捷菜单，选择"插入"命令。

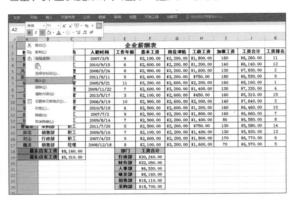

2 添加列

新插入一列对象，并在新插入的列中输入文本内容和工号数据，然后对工作表中的单元格进行合并和边框添加操作。

技巧拓展

在添加列对象时，用户不仅可以使用快捷菜单进行列对象添加，还可以在"开始"选项卡的"单元格"面板中，单击"插入"下三角按钮，展开下拉菜单，选择"插入工作表列"命令即可。

3 新建工作表

新建一个名称为"员工工资条"工作表，在工作表中复制和删除内容。

4 输入公式

选择 A3 单元格，输入 1，选择 B3 单元格，输入公式"=VLOOKUP(A3, 薪酬表 !\$A\$3:\$K\$17,2))"。

5 显示计算结果

按 Enter 键，返回到工作表中，显示出公式的计算结果。

	A	B	C	D	E	F	G
1						企业薪酬表	
2	员工工号	姓名	部门	职务	入职时间	工作年限	基本工资
3	1	蔡玉					

6 计算其他项目

按照上述方法，引用"薪酬表"工作表中的数据，计算出其他项目。

	A	B	C	D	E	F	G	H	I	J	K
1						企业薪酬表					
2	员工工号	姓名	部门	职务	入职时间	工作年限	基本工资	岗位津贴	工龄工资	加班工资	工资合计
3	1	蔡玉	销售部	职工	2007/3/5	9	¥2,100.00	¥2,200.00	¥1,800.00	160	¥6,260.00

7 填充公式

选择合适的单元格区域，将鼠标放置在单元格的右下角处，此时鼠标指针呈黑色十字形状，按住鼠标左键并向下拖曳，至合适的单元格后，释放鼠标左键，则自动填充其他单元格中的公式，得到结果。

8 选择命令

❶ 在"文件"选项卡下，选择"打印"命令，❷ 将进入"打印"界面，在右侧列表框中，单击"打印活动工作表"右侧的下三角按钮，❸ 展开下拉菜单，选择"打印整个工作簿"命令。

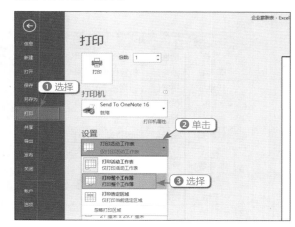

9 打印工资条

❶ 选择"打印"选项，❷ 并修改"份数"参数为 5，❸ 单击"打印"按钮，即可打印工资条。

技巧拓展

VLOOKUP 函数是 Excel 中的一个纵向查找函数，它与 LOOKUP 函数和 HLOOKUP 函数属于一类函数，在工作中都有广泛的应用。VLOOKUP 函数是按列查找，最终返回该列所需查询列序所对应的值；与之对应的 HLOOKUP 函数是按行查找的。

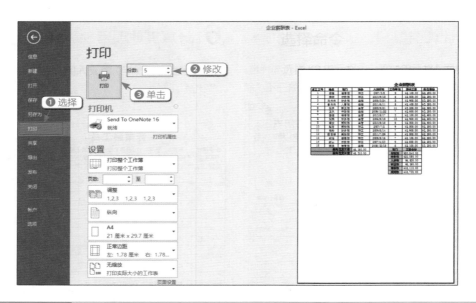

拓展练习　用函数计算面试成绩表

班级信息登记表用来登记每个班级的各类成绩情况，其内容包括姓名、应聘部门、应聘岗位、性别、面试成绩、笔试成绩、上机操作成绩以及总成绩等。在完成面试成绩表的制作时，会使用各种函数计算总成绩、判断是否录用以及计算出平均成绩值等操作。具体效果如下图所示。

	A	B	C	D	E	F	G	H	I
1					面试成绩表				
2	姓名	应聘部门	应聘岗位	性别	面试成绩	笔试成绩	上机操作成绩	总成绩	是否录用
3	艾佳	销售部	经理	男	91	87	100	278	录用
4	李海峰	销售部	销售代表	男	89	92	87	268	录用
5	钱堆堆	销售部	销售代表	男	81	90	93	264	录用
6	汪恒	销售部	销售代表	男	79	84	94	257	录用
7	陈小利	后勤部	主管	男	83	79	99	261	录用
8	欧阳明	后勤部	送货员	男	92	95	91	278	录用
9	高燕	行政部	主管	女	87	96	83	266	不录用
10	李有煜	行政部	文员	女	83	89	88	260	录用
11	周鹏	技术部	主管	女	83	91	95	269	录用
12	谢怡	技术部	技术员	男	74	84	94	252	录用
13									
14							面试成绩排后三的平均成绩	256.3333333	

5.3 透视、图表、打印（案例：投资计划表）

投资计划表主要用来登记每项投资领域中的本金、回报期限等投资金额进行计划的表格。在制作投资计划表时，内容一定要填写完整，其基本内容包括项目编号、所设领域、本金（万元）、年利率、回报期限（年）、月回收额（元）以及到期回收额（万元）等。完成本例，需要在 Excel 2016 中如何创建合适数据透视表、修改透视表的数据布局字段、设置透视表的汇总和显示、使用切片器进行数据分析等操作。

招式 138　如何创建合适数据透视表

视频同步文件：光盘 \ 视频教学 \ 第 5 章 \ 招式 138.mp4

在完成投资计划表的制作后，需要将投资计划表转换为数据透视表。数据透视表是一种交互式的表，可以进行求和、计数等计算。使用数据透视表可以动态改变表格的版面布置，以便按照不同方式分析数据。使用"数据透视表"功能可以快速创建数据透视表，具体操作步骤如下。

1 单击按钮

❶ 打开随书配套光盘的"素材 \ 第 5 章 \ 投资计划表 .xlsx"工作簿，❷ 在"插入"选项卡的"表格"面板中，单击"数据透视表"按钮。

2 单击按钮

弹出"创建数据透视表"对话框，单击"选择一个表或区域"下方的"表 / 区域"文本框右侧的引用按钮。

3 选择单元格区域

弹出"创建数据透视表"对话框，在工作表中按住鼠标左键并拖曳，选择合适的单元格区域。

4 选中单选按钮

❶ 按 Enter 键，返回到"创建数据透视表"对话框，选中"新工作表"单选按钮，❷ 单击"确定"按钮。

技巧拓展

在创建数据透视表时，除了可以在新工作表中创建数据透视表外，还可以在现有的工作表中直接创建数据透视表。在"创建数据透视表"对话框中，选中"现有工作表"单选按钮，并选择需要创建数据透视表的单元格位置，单击"确定"按钮即可。

5 创建数据透视表

即可创建一个数据透视表，并在新创建的工作表中查看数据透视表效果。

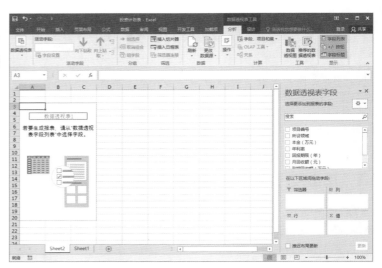

招式 139 修改透视表数据布局字段

视频同步文件：光盘 \ 视频教学 \ 第 5 章 \ 招式 139.mp4

在完成投资计划表的数据透视表创建后，数据透视表中没有添加字段，需要在"数据透视表字段"窗格中勾选字段复选框，完成字段的添加与设置，具体操作步骤如下。

1 选择命令

在投资计划表的"数据透视表字段"窗格中，选择"所设领域"字段，右击，弹出快捷菜单，选择"添加到列标签"命令。

2 添加字段

将选择的"所设领域"字段添加至数据透视表的列标签上。

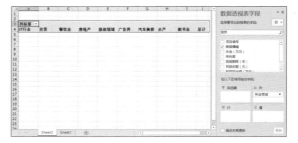

3 添加其他字段

❶ 在"数据透视表字段"窗格中，依次勾选相应的复选框，❷ 即可为数据透视表添加其他的字段。

④ 选择命令

❶ 在 "数据透视表字段" 窗格的 "列" 列表框中，单击 "所设领域" 下三角按钮，❷ 展开下拉菜单，选择 "移动到行标签" 命令。

⑤ 移动字段位置

即可移动字段的位置，并查看数据透视表效果。

技巧拓展

在为数据透视表添加字段后，如果想取消字段的添加，则可以在 "数据透视表字段" 窗格的列表框中取消勾选字段复选框即可。

招式 140 设置透视表的汇总和显示

视频同步文件：光盘 \ 视频教学 \ 第 5 章 \ 招式 140.mp4

在为投资计划的数据透视表添加字段后，字段的汇总方式是以求和的方式默认显示的，此时可以根据实际的工作需要，将汇总方式修改为其他的方式，也可以根据需要，设置值的显示方式，具体操作步骤如下。

① 选择命令

❶ 在投资计划表的数据透视表中，在 "数据透视表字段" 窗格的 "列" 列表框中，单击 "求和项：本金" 下三角按钮，❷ 展开下拉菜单，选择 "值字段设置" 命令。

② 选择汇总方式

❶ 弹出 "值字段设置" 对话框，在 "计算类型" 列表框中选择 "平均值" 选项，❷ 单击 "确定" 按钮。

③ 更改汇总方式

更改"求和项：本金"数值的汇总方式为"平均值"，并查看数据透视表效果。

④ 选择命令

❶ 在"数据透视表字段"窗格的"列"列表框中，单击"求和项：月回收额"下三角按钮，❷ 展开下拉菜单，选择"值字段设置"命令。

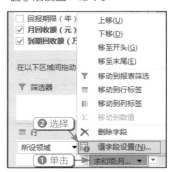

⑤ 选择值显示方式

❶ 弹出"值字段设置"对话框，切换至"值显示方式"选项卡，❷ 在"值显示方式"下拉列表中，选择"总计的百分比"选项，❸ 单击"确定"按钮。

⑥ 更改值显示方式

即可更改"求和项：月回收额"数值的值显示方式为"总计的百分比"，并查看数据透视表效果。

技巧拓展

在"值显示方式"选项卡的"值显示方式"下拉列表中，包括无计算、总计的百分比、列汇总的百分比、行汇总的百分比、百分比以及父行汇总的百分比等多种值显示方式，用户可以根据实际的工作需要选择不同的值显示方式进行更改即可。

招式 141 数据的隐藏、显示与排序

视频同步文件：光盘\视频教学\第5章\招式141.mp4

在编辑投资计划的数据透视表时，还需要对数据透视表中的数据进行显示、隐藏以及排序等，具体操作步骤如下。

1 取消勾选复选框

❶ 在投资计划的数据透视表中，单击"行标签"右侧的下三角按钮，❷ 展开下拉面板，依次取消勾选"餐饮业""房地产"和"广告界"复选框，❸ 单击"确定"按钮。

2 隐藏数据

隐藏数据透视表中的相应数据，并查看工作表效果。

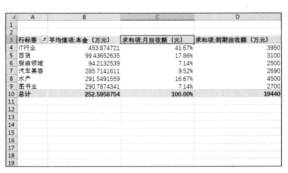

3 勾选复选框

❶ 单击"行标签"右侧的下三角按钮，❷ 展开下拉面板，依次勾选"餐饮业"和"房地产"复选框，❸ 单击"确定"按钮。

4 显示数据

即可显示数据透视表中的相应数据，并查看工作表效果。

技巧拓展

在编辑数据透视表中的数据时，用户不仅可以对数据进行隐藏、显示和排序操作，还可以对数据进行更新操作。对数据透视表中的数据进行更改后，使用"数据"面板中的"全部更新"命令进行数据透视表的数据更新。

5 单击按钮

❶ 任选 B 列中的任意单元格，❷ 在"数据"选项卡的"排序和筛选"面板中，单击"升序"按钮。

6 升序排序数据

即可升序排序数据透视表中的相应数据，并查看工作表效果。

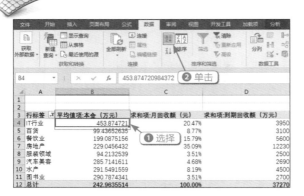

7 单击按钮

❶ 任选 D 列中的任意单元格，❷ 在"排序和筛选"面板中，单击"降序"按钮。

8 降序排序数据

即可降序排序数据透视表中的相应数据，并查看工作表效果。

招式 142　透视图的自动生成与编辑

视频同步文件：光盘 \ 视频教学 \ 第 5 章 \ 招式 142.mp4

在投资计划表中，用户不仅需要创建数据透视表，还需要创建数据透视图。使用"数据透视图"功能可以快速自动生成数据透视图，具体操作步骤如下。

1 单击按钮

在投资计划的数据透视表中，单击"分析"选项卡的"工具"面板中的"数据透视图"按钮。

② 选择图表

❶ 弹出"插入图表"对话框，在左侧列表框中选择"柱形图"选项，❷ 在右侧列表框中选择"堆积柱形图"图标，❸ 单击"确定"按钮。

③ 创建数据透视图

即可创建好数据透视图，并调整数据透视图的大小和位置。

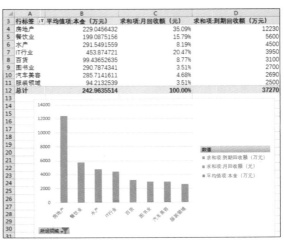

④ 更改数据透视图样式

❶ 选择数据透视图，在"设计"选项卡的"图表样式"面板中，单击"其他"按钮，展开列表框，选择"样式8"，❷ 即可更改数据透视图的样式。

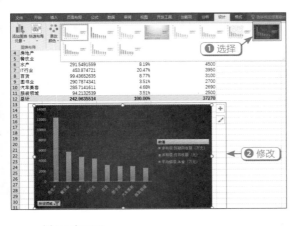

⑤ 选择样式效果

在"格式"选项卡的"形状样式"面板中，单击"其他"按钮，展开下拉列表框，选择"强烈效果 – 蓝色，强调颜色 5"样式效果。

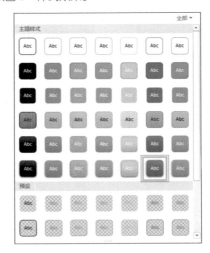

技巧拓展

在 Excel 2016 中创建数据透视图时，除了可以直接通过已有的数据透视表创建数据透视图外，还可以通过工作表一次性创建数据透视表和数据透视图。在"插入"选项卡的"图表"面板中，单击"数据透视图"下三角按钮，展开下拉菜单，选择"数据透视图"命令，弹出"创建数据透视图"对话框，再根据提示进行创建。

6 更改数据透视图形状样式

更改数据透视图的形状样式效果，并查看数据透视
图效果。

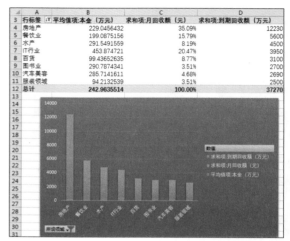

招式 143 选中单元格区域插入图表

视频同步文件：光盘 \ 视频教学 \ 第 5 章 \ 招式 143.mp4

在制作投资计划表时，用户不仅需要创建数据透视表和透视图，还需要创建图表，以便更好地分析数据，
具体操作步骤如下。

1 选择单元格区域

❶ 在投资计划表中，切换至 Sheet1 工作表，
❷ 按住 Ctrl 键，并按住鼠标左键拖曳，选择合适的
单元格区域。

2 选择图表类型

❶ 在"插入"选项卡的"图表"面板中，单击"插
入折线图或面积图"下三角按钮，❷ 展开下拉面板，选
择"带数据标记的折线图"图标。

3 创建折线图表

❶ 创建出带数据标记的折线图图表，❷ 并修改图
表标题为"投资计划回收额图表"。

4 选择形状样式

在"格式"选项卡的"形状样式"面板中，单击"其
他"按钮，展开下拉列表框，选择"中等效果 – 绿色，
强调颜色 6"样式效果。

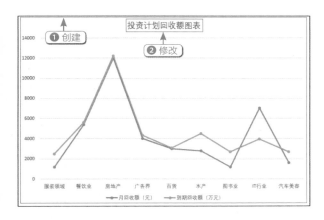

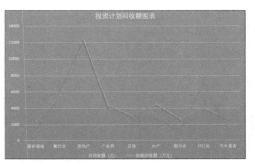

⑤ 更改图表形状样式

即可更改折线图图表的形状样式，并查看图表效果。

技巧拓展

　　"图表"的功能十分强大，使用"图表"功能可以创建柱形图、折线图、面积图、条形图、曲面图、圆环图、气泡图、直方图、饼图以及瀑布图等。选择不同的图表类型，可以得到不同的图表效果。例如，使用"直方图"命令，创建直方图；使用"三维饼图"命令，创建三维饼图等。

⑥ 更改图表颜色

　　❶ 选择图表，在"图表样式"面板中单击"更改颜色"下三角按钮，❷ 展开下拉列表框，选择"颜色3"，❸ 即可更改图表的颜色。

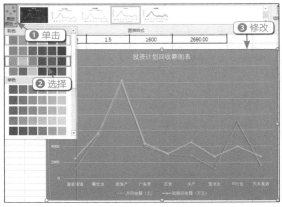

招式 144　为数据图添加标签与曲线

视频同步文件：光盘 \ 视频教学 \ 第 5 章 \ 招式 144.mp4

　　在完成投资计划表中的图表创建后，还需要为图表添加标签、曲线等元素，以便更好地展示图表中的数据，具体操作步骤如下。

① 选择命令

　　❶ 在投资计划表中选择图表，单击"图表布局"面板中的"添加图表元素"下三角按钮，❷ 展开下拉菜单，选择"数据标签"命令，❸ 展开子菜单，选择"上方"命令。

② 添加数据标签

　　为图表添加数据标签，并依次调整图表中的各数据标签的位置。

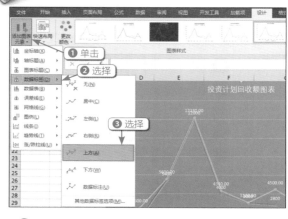

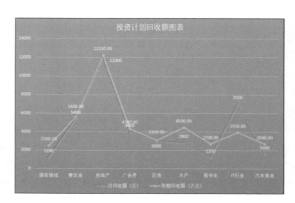

③ 选择命令

❶ 选择图表对象，在"图表布局"面板中单击"添加图表元素"下三角按钮，❷ 展开下拉菜单，选择"趋势线"命令，❸ 再次展开子菜单，选择"线性"命令。

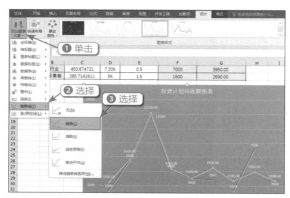

④ 选择选项

❶ 弹出"添加趋势线"对话框，在"添加基于系列的趋势线"列表框中选择"月回收额（元）"选项，❷ 单击"确定"按钮。

⑤ 添加线性

即可为图表添加线性对象，将线性对象的线条粗细更改为"4.5 磅"，并查看图表效果。

技巧拓展

在为图表添加数据标签时，可以选择"数据标注"命令，为图表添加数据标注效果；选择"无""居中""左侧""右侧""上方"和"下方"命令，可以在为图表数据标签时，调整图表标签的位置。

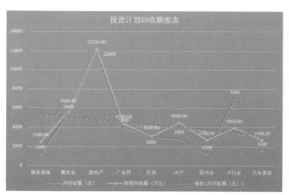

招式 145 ｜ 自定义组合图表描述数据

视频同步文件：光盘 \ 视频教学 \ 第 5 章 \ 招式 145.mp4

在投资计划表中，用户不仅可以为图表添加折线图，还可以使用"更改图表类型"功能对图表进行自定义组合，具体操作步骤如下。

1 单击按钮

❶ 在投资计划表中选择图表，❷ 在"设计"选项卡的"类型"面板中，单击"更改图表类型"按钮。

2 设置组合图表

❶ 弹出"更改图表类型"对话框，在左侧列表框中选择"组合"选项，❷ 在右侧的"月回收额"下拉列表中选择"簇状条形图"选项，❸ 单击"确定"按钮。

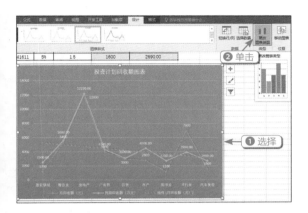

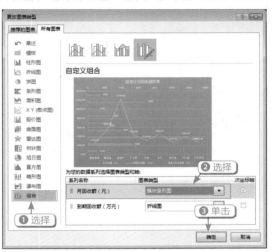

3 组合图表

即可自定义组合图表，并查看组合图表效果。

技巧拓展

在创建组合图表效果时，用户不仅可以使用自定义功能组合图表，还可以在"图表"面板中，单击"插入组合图"下三角按钮，展开下拉列表框，选择程序自带的组合图表进行创建即可。

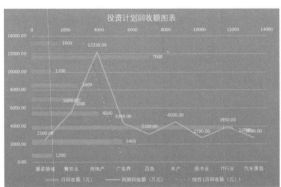

招式 146　使用切片器进行数据分析

视频同步文件：光盘 \ 视频教学 \ 第 5 章 \ 招式 146.mp4

在编辑投资计划表时，还需要使用切片器对投资计划表进行数据分析。使用"插入切片器"功能可以创建切片器，具体操作步骤如下。

1 单击按钮

❶ 在投资计划表中，切换至 Sheet2 工作表，任选一个单元格，❷ 在"筛选"面板中单击"插入切片器"按钮。

2 勾选复选框

❶ 弹出"插入切片器"对话框，勾选所需的各个复选框，❷ 单击"确定"按钮。

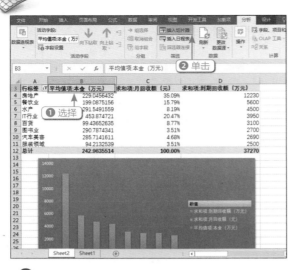

③ 插入切片器

插入切片器，并调整各个切片器的位置。

④ 选择切片器样式

单击"切片器样式"面板中的"其他"按钮，展开下拉列表框，选择"切片器深色样式 4"样式。

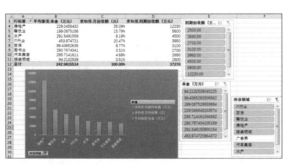

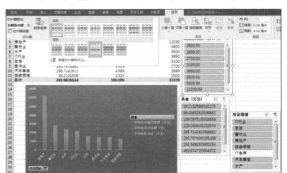

⑤ 更改切片器样式

更改切片器的样式，并查看更改样式后的切片器效果。

⑥ 更改其他切片器样式

使用同样的方法，更改其他切片器的样式效果。

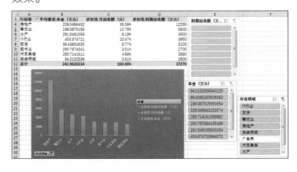

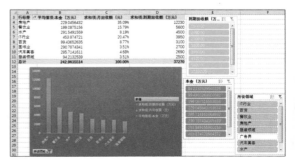

⑦ 查看切片器

在"所设领域"切片器中，选择"服装领域"选项，则可以查看选择选项所对应的各项数据和数据透视图。

行标签	平均值项:本金（万元）	求和项:月回收额（元）	求和项:到期回收额（万元）
房地产	229.0456432	36.36%	12230
餐饮业	199.0875156	16.36%	5600
水产	291.5491559	8.48%	4500
IT行业	453.874721	21.21%	3950
百货	99.43652635	9.09%	3100
图书业	290.7874341	3.64%	2700
汽车美容	285.7141611	4.85%	2690
总计	264.2135939	100.00%	34770

技巧拓展

在应用切片器样式时，如果对自带的切片器样式不满意，则可以使用"新建切片器样式"功能重新创建切片器样式。在"设计"选项卡中，单击"数据透视表样式"面板中的"其他"按钮▼，展开下拉列表框，选择"新建切片器样式"命令，弹出"新建切片器样式"对话框，在该对话框中修改名称、切片器元素、元素格式等参数，单击"确定"按钮，即可重新创建切片器样式。

招式 147　在打印中显示与隐藏图表

视频同步文件：光盘\视频教学\第 5 章\招式 147.mp4

在完成投资计划表的制作后，用户可以将该工作表中的所有数据进行打印操作，以方便其他人使用。在打印工作簿时，可以对工作表进行打印或取消打印，具体操作步骤如下。

1 打印时显示图表

❶ 在投资计划表的"文件"选项卡下，选择"打印"命令，❷ 进入"打印"界面，单击"打印"按钮，即可在打印时显示图表进行打印。

2 选择命令

在 Sheet1 工作表中选择图表对象，右击，弹出快捷菜单，选择"设置图表区域格式"命令。

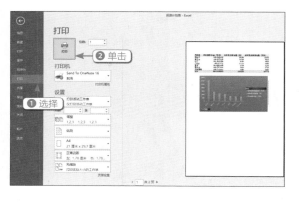

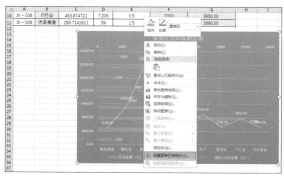

技巧拓展

在打印时隐藏了图表，如果想再次打印图表，则可以直接选择图表对象，再使用"打印"命令进行打印即可。

③ 取消勾选复选框

打开"设置图表区格式"窗格，在"属性"选项组中，取消勾选"打印对象"复选框。

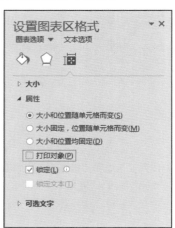

④ 打印时隐藏图表

❶ 在"文件"选项卡下，选择"打印"命令，❷ 进入"打印"界面，单击"打印"按钮，即可在打印时隐藏图表进行打印。

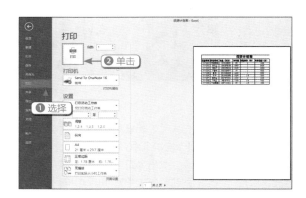

拓展练习　制作车间成本分析表

车间成本分析表主要用来记录车间制作物品所花费的各项成本。在制作车间成本分析表时，内容一定要填写完整，其基本内容包括项目、直接材料、人工工资、制造费用以及成本合计等。在完善车间成本分析表的制作时，会使用到数据透视表的创建、修改数据透视表的字段布局、创建图表以及插入切片器等操作。具体效果如下图所示。

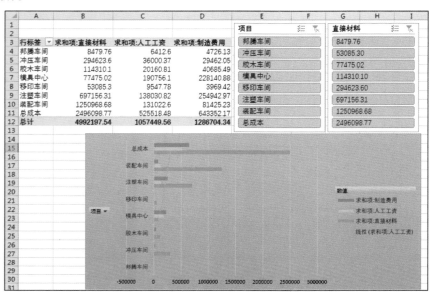

第6章

表格高阶应用
——真正学会用表格

本章提要

在日常办公应用中，Excel提供了强大的数据分析和办公自动化功能，通过这些功能可以帮助用户快速制作出人事、财务等表格。本章通过产销预算分析表、问卷调查系统、项目成本费用表3个实操案例来介绍Excel中数据的随机生成、单变量求解数据、抽样工具的使用、创建宏、定义控件并直接打开事件的基本使用方法。在每个小节的末尾，还设置了1个拓展练习，通过附带的光盘打开素材进行操作，制作出书中图示的效果。

技能概要

随机抽样 —— 模拟运算 —— 抽样排位 —— 定义控件 —— 利用代码 —— 打印表格

6.1 分析工具不得不学（案例：产销预算分析表）

产销预算分析表用来登记公司产品销售情况的预算分析表格，其内容包括产品名称和各月的销售记录。完成本例，需要在 Excel 2016 中进行使用随机抽样而生成随机数、使用单变量求解解析数据、使用校验工具校验平均差、妙用抽样工具直接随机抽以及对完成后的抽样进行审核等操作。

招式 148 为随机抽样而生成随机数

视频同步文件：光盘 \ 视频教学 \ 第 6 章 \ 招式 148.mp4

在制作产销预算分析表时，需要使用"随机抽样"功能对分析表进行随机抽样，从而生成随机数，具体操作步骤如下。

1 单击按钮

❶ 打开随书配套光盘的"素材 \ 第 6 章 \ 产销预算分析表 .xlsx"工作簿，❷ 在"数据"选项卡的"分析"面板中，单击"数据分析"按钮。

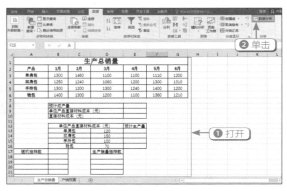

3 设置随机数参数

❶ 弹出"随机数发生器"对话框，修改"变量个数"和"随机数个数"参数分别为 2 和 4，❷ 在"分布"下拉列表中选择"均匀"选项，❸ 单击"输出区域"文本框右侧的引用按钮。

2 选择选项

❶ 弹出"数据分析"对话框，在"分析工具"列表框中选择"随机数发生器"选项，❷ 单击"确定"按钮。

④ 选择单元格区域

弹出"随机数发生器"对话框，在工作表中，按住鼠标左键并拖曳，选择合适的单元格区域。

	A	B	C	D	E	F	G
2	产品	1月	2月	3月	4月	5月	6月
3	单肩包	1300	1460	1100	1100	1110	1200
4	双肩包	1250	1240	1060	1200	1300	1310
5	手拎包	1300	1200	1300	1240	1400	1200
6	钱包	1400	1300	1200	1100	1360	1210
7							
8		预计成产量					
9		单位产品直接材料成本 (元)					
10		直接材料成本 (元)					
11							
12		单位产品直接材料成本 (元)			预计生产量		
13		单肩包		120			
14		双肩包		150			
15		手拎包		100			
16		钱包		70			
17	随机抽样数			生产销量抽样数			
18							
19							
20							
21							
22		随机数发生器					
23		$A$18:$B$21					

⑤ 生成随机数

按 Enter 键，返回到"随机数发生器"对话框，单击"确定"按钮，即可为随机抽样而生成随机数，并为生成的随机数添加边框效果。

	A	B	C	D	E	F	G
1	生产总销量						
2	产品	1月	2月	3月	4月	5月	6月
3	单肩包	1300	1460	1100	1100	1110	1200
4	双肩包	1250	1240	1060	1200	1300	1310
5	手拎包	1300	1200	1300	1240	1400	1200
6	钱包	1400	1300	1200	1100	1360	1210
7							
8		预计成产量					
9		单位产品直接材料成本 (元)					
10		直接材料成本 (元)					
11							
12		单位产品直接材料成本 (元)			预计生产量		
13		单肩包		120			
14		双肩包		150			
15		手拎包		100			
16		钱包		70			
17	随机抽样数			生产销量抽样数			
18	0.740501114	0.106143					
19	0.293465987	0.79989					
20	0.811304056	0.477706					
21	0.998992889	0.505997					

技巧拓展

在为随机抽样而生成随机数时，"随机数发生器"对话框中的"分布"下拉列表中包括均匀、正态、柏努利、二项式、泊松、模式和离散等方式，根据实际的工作需要，选择不同的方式，可以得到不同的随机数效果。

招式 149　使用单变量求解解析数据

视频同步文件：光盘 \ 视频教学 \ 第 6 章 \ 招式 149.mp4

在分析产销预算分析表中的数据时，需要通过调节变量的数值，按照给定的公式求出目标值。使用"单变量求解"功能可以快速解析数据，具体操作步骤如下。

① 引用单元格

❶ 在产销预算分析表中，选择 E10 单元格，输入公式符号"="，❷ 在 E8 单元格上单击鼠标左键，完成单元格的引用。

	A	B	C	D	E	F	G
1	生产总销量						
2	产品	1月	2月	3月	4月	5月	6月
3	单肩包	1300	1460	1100	1100	1110	1200
4	双肩包	1250	1240	1060	1200	1300	1310
5	手拎包	1300	1200	1300	1240	1400	1200
6	钱包	1400	1300	1200	1100	1360	1210
7							
8		预计成产量				← ❷引用	
9		单位产品直接材料成本 (元)					
10		直接材料成本 (元)			=E8		
11							
12		单位产品直接材料成本 (元)			预计生产量	← ❶输入	
13		单肩包		120			
14		双肩包		150			
15		手拎包		100			
16		钱包		70			
17	随机抽样数			生产销量抽样数			
18	0.740501114	0.106143					
19	0.293465987	0.79989					
20	0.811304056	0.477706					
21	0.998992889	0.505997					

② 引用单元格

❶ 输入公式符号"*"，❷ 在 E9 单元格上单击鼠标左键，完成单元格的引用。

	A	B	C	D	E	F	G
1	生产总销量						
2	产品	1月	2月	3月	4月	5月	6月
3	单肩包	1300	1460	1100	1100	1110	1200
4	双肩包	1250	1240	1060	1200	1300	1310
5	手拎包	1300	1200	1300	1240	1400	1200
6	钱包	1400	1300	1200	1100	1360	1210
7							
8		预计成产量				← ❷引用	
9		单位产品直接材料成本 (元)					
10		直接材料成本 (元)			=E8*E9		
11							
12		单位产品直接材料成本 (元)			预计生产量	← ❶输入	
13		单肩包		120			
14		双肩包		150			
15		手拎包		100			
16		钱包		70			
17	随机抽样数			生产销量抽样数			
18	0.740501114	0.106143					
19	0.293465987	0.79989					
20	0.811304056	0.477706					
21	0.998992889	0.505997					

③ 显示计算结果

按 Enter 键，即可使用公式计算数据，并显示计算结果。

A	B	C	D	E	F	G
			生产总销量			
1						
产品	1月	2月	3月	4月	5月	6月
单肩包	1300	1460	1100	1100	1110	1200
双肩包	1250	1240	1060	1200	1300	1310
手持包	1300	1200	1300	1240	1400	1200
钱包	1400	1300	1200	1100	1360	1210
		预计成产量				
		单位产品直接材料成本（元）				
		直接材料成本（元）		0		
		单位产品直接材料成本（元）		预计生产量		
		单肩包	120			
		双肩包	150			
		手持包	100			
		钱包	70			
随机抽样数			生产销量抽样数			
0.740501114	0.106143					
0.293465987	0.79989					
0.811304056	0.477706					
0.998992889	0.505997					

④ 计算直接材料成本

在 E8 单元格中输入 6 月单肩包的产量为 1200，在 E9 单元格中输入单肩包的单位产品直接材料成本 120，即可得到单肩包的直接材料成本。

A	B	C	D	E	F	G
			生产总销量			
1						
产品	1月	2月	3月	4月	5月	6月
单肩包	1300	1460	1100	1100	1110	1200
双肩包	1250	1240	1060	1200	1300	1310
手持包	1300	1200	1300	1240	1400	1200
钱包	1400	1300	1200	1100	1360	1210
		预计成产量		1200		
		单位产品直接材料成本（元）		120		
		直接材料成本（元）		144000		
		单位产品直接材料成本（元）		预计生产量		
		单肩包	120			
		双肩包	150			
		手持包	100			
		钱包	70			
随机抽样数			生产销量抽样数			
0.740501114	0.106143					
0.293465987	0.79989					
0.811304056	0.477706					
0.998992889	0.505997					

⑤ 选择命令

❶ 选择 E12 单元格，❷ 在"数据"选项卡的"预测"面板中，单击"模拟分析"下三角按钮，❸ 展开下拉菜单，选择"单变量求解"命令。

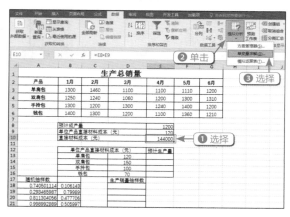

⑥ 设置单变量求解参数

❶ 弹出"单变量求解"对话框，在"目标值"文本框中输入 320000，❷ 单击"可变单元格"文本框右侧的引用按钮。

⑦ 设置可变单元格

❶ 在工作表中选择 E8 单元格作为可变单元格，❷ 单击"确定"按钮。

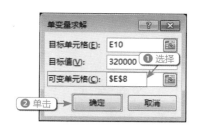

⑧ 显示求解结果

弹出"单变量求解状态"对话框，即可开始进行单变量求解，稍后将显示求解结果，并单击"确定"按钮。

第 6 章

⑨ 查看求解结果

返回到工作表中，完成数据的单变量求解操作，并查看求解结果。

	A	B	C	D	E	F	G
1				生产总销量			
2	产品	1月	2月	3月	4月	5月	6月
3	单肩包	1300	1460	1100	1100	1110	1200
4	双肩包	1250	1240	1060	1200	1300	1310
5	手持包	1300	1200	1300	1240	1400	1200
6	钱包	1400	1300	1200	1100	1360	1210
7							
8		预计成产量			2666.6667		
9		单位产品直接材料成本（元）			120		
10		直接材料成本（元）			320000		
11							
12		单位产品直接材料成本（元）			预计生产量		
13		单肩包			120		
14		双肩包			150		
15		手持包			100		
16		钱包			70		
17	随机抽样数				生产销量抽样数		
18	0.740501114	0.106143					
19	0.293465987	0.79989					
20	0.811304056	0.477706					
21	0.998992889	0.505997					

招式 150　单变量数据的模拟运算法

视频同步文件：光盘 \ 视频教学 \ 第 6 章 \ 招式 150.mp4

在产销预算分析表中，还需要使用模拟运算表模拟出数据。单变量模拟运算表是指公式中有一个变量值，可以查看一个变量对一个或多个公式的影响，具体操作步骤如下。

① 输入公式

在产销预测分析表中选择 E13 单元格，输入公式"=INT(320000/E9)"。

	A	B	C	D	E	F	G
1				生产总销量			
2	产品	1月	2月	3月	4月	5月	6月
3	单肩包	1300	1460	1100	1100	1110	1200
4	双肩包	1250	1240	1060	1200	1300	1310
5	手持包	1300	1200	1300	1240	1400	1200
6	钱包	1400	1300	1200	1100	1360	1210
7							
8		预计成产量			2666.6667		
9		单位产品直接材料成本（元）			120		
10		直接材料成本（元）			320000		
11							
12		单位产品直接材料成本（元）			预计生产量		
13		单肩包			=INT(320000/E9)		
14		双肩包			150		
15		手持包			100		
16		钱包			70		
17	随机抽样数				生产销量抽样数		
18	0.740501114	0.106143					
19	0.293465987	0.79989					
20	0.811304056	0.477706					
21	0.998992889	0.505997					

② 显示计算结果

按 Enter 键，即可使用公式计算数据，并显示计算结果。

	A	B	C	D	E	F	G
1				生产总销量			
2	产品	1月	2月	3月	4月	5月	6月
3	单肩包	1300	1460	1100	1100	1110	1200
4	双肩包	1250	1240	1060	1200	1300	1310
5	手持包	1300	1200	1300	1240	1400	1200
6	钱包	1400	1300	1200	1100	1360	1210
7							
8		预计成产量			2666.6667		
9		单位产品直接材料成本（元）			120		
10		直接材料成本（元）			320000		
11							
12		单位产品直接材料成本（元）			预计生产量		
13		单肩包			120	2666	
14		双肩包			150		
15		手持包			100		
16		钱包			70		
17	随机抽样数				生产销量抽样数		
18	0.740501114	0.106143					
19	0.293465987	0.79989					
20	0.811304056	0.477706					
21	0.998992889	0.505997					

③ 选择命令

❶ 选择 D13:E16 单元格区域，❷ 在"数据"选项卡的"预测"面板中，单击"模拟分析"下三角按钮，❸ 展开下拉菜单，选择"模拟运算表"命令。

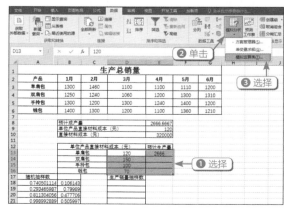

④ 引用单元格

❶ 弹出"模拟运算表"对话框，在"输入引用列的单元格"文本框中引用 E9 单元格，❷ 单击"确定"按钮。

技巧拓展

在使用模拟运算表进行金额求解时，除了可以使用单变量求解外，还可以使用双变量求解。在"模拟运算表"对话框的"输入引用行的单元格"和"输入引用列的单元格"文本框中输入变量值，单击"确定"按钮即可。

⑤ 查看模拟运算结果

返回到工作表中，完成数据的单变量模拟运算操作，并查看模拟运算结果。

	A	B	C	D	E	F	G
1				生产总销量			
2	产品	1月	2月	3月	4月	5月	6月
3	单肩包	1300	1460	1100	1100	1110	1200
4	双肩包	1250	1240	1060	1200	1300	1310
5	手拎包	1300	1200	1300	1240	1400	1200
6	钱包	1400	1300	1200	1100	1360	1210
7							
8			预计成产量		2666.6667		
9			单位产品直接材料成本（元）		120		
10			直接材料成本（元）		320000		
11							
12			单位产品直接材料成本（元）		预计生产量		
13			单肩包	120	2666		
14			双肩包	150	2133		
15			手拎包	100	3200		
16			钱包	70	4571		
17		随机抽样数			生产销量抽样数		
18		0.740501114	0.106143				
19		0.293465987	0.79989				
20		0.811304056	0.477706				
21		0.998992889	0.505997				

招式 151 采用方差分析获取稳定值

视频同步文件：光盘 \ 视频教学 \ 第 6 章 \ 招式 151.mp4

在产销预算分析表中，用户不仅需要对数据进行求解和模拟计算，还需要使用"方差分析"功能获取数据的稳定值，具体操作步骤如下。

① 单击按钮

在产销预算分析表中的"数据"选项卡下，单击"分析"面板中的"数据分析"按钮。

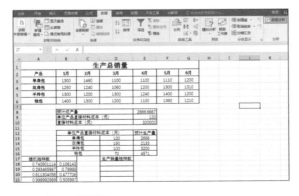

② 选择选项

❶ 弹出"数据分析"对话框，在"分析工具"列表框中选择"方差分析：单因素方差分析"选项，❷ 单击"确定"按钮。

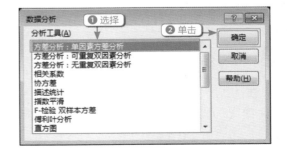

技巧拓展

在"数据分析"对话框的"分析工具"列表框中，包含"方差分析：单因素方差分析""方差分析：可重复双因素分析"和"方差分析：无重复双因素分析"3 种分析方式，选择不同的分析方式选项，可以得到不同的方差分析数据结果。

③ 单击按钮

弹出"方差分析：单因素方差分析"对话框，单击"输入区域"文本框右侧的引用按钮。

④ 选择单元格区域

弹出"方差分析：单因素方差分析"对话框，在工作表中选择 B3:G6 单元格区域。

	A	B	C	D	E	F	G
1	生产总销量						
2	产品	1月	2月	3月	4月	5月	6月
3	单肩包	1300	1460	1100	1100	1110	1200
4	双肩包	1250	1240	1060	1240	1300	1310
5	手持包	1300	1200	1300	1240	1400	1200
6	钱包	1400	1300	1200	1100	1360	1210
7							
8			预计成产量		2666.6667		
9			单位产品直接材料成本（元）		120		
10			直接材料成本（元）		320000		
11							
12			单位				
13			单				
14			双				
15			手持包		100	3200	
16			钱包		70	4571	
17		随机抽样数			生产销量抽样数		
18	0.740501114	0.106143					
19	0.293465987	0.79989					
20	0.811304056	0.477706					
21	0.998992889	0.505997					

⑤ 设置方差分析参数

❶ 返回到"方差分析：单因素方差分析"对话框，选中"输出区域"单选按钮，并引用I1单元格，❷ 单击"确定"按钮。

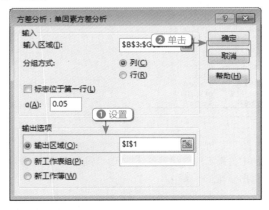

⑥ 查看分析数据

采用方差分析获取稳定值数据，并查看工作表中的分析数据结果。

方差分析：单因素方差分析

SUMMARY

组	观测数	求和	平均	方差
列 1	4	5250	1312.5	3958.333
列 2	4	5200	1300	13066.67
列 3	4	4660	1165	11566.67
列 4	4	4640	1160	5066.667
列 5	4	5170	1292.5	16491.67
列 6	4	4920	1230	2866.667

方差分析

差异源	SS	df	MS	F	P-value	F crit
组间	94683.33	5	18936.67	2.1431	0.106709	2.772853
组内	159050	18	8836.111			
总计	253733.3	23				

招式 152　使用检验工具校验平均差

视频同步文件：光盘 \ 视频教学 \ 第 6 章 \ 招式 152.mp4

在产销预算分析表中，需要使用检验工具对数据的平均差进行校验。检验工具用于检验两个总体平均值之间不存在差异的空值假设，而不是双方或双方的其他假设。因此，使用检验工具校验 1 月和 2 月之间的平均差，具体操作步骤如下。

① 单击按钮

在产销预算分析表中的"数据"选项卡下，单击"分析"面板中的"数据分析"按钮。

② 选择选项

❶ 弹出"数据分析"对话框，在"分析工具"列表框中选择"t－检验：平均值的成对二样本分析"选项，❷ 单击"确定"按钮。

③ 设置检验参数

❶ 弹出"t–检验：平均值的成对二样本分析"对话框，在"输入"选项组中选择变量区域，❷ 选中"输出区域"单选按钮，并引用输出区域，❸ 单击"确定"按钮。

④ 校验平均差

即可采用检验工具校验 1 月和 2 月的平均差数据，并查看工作表中的分析数据结果。

方差分析						
差异源	SS	df	MS	F	P-value	F crit
组间	94683.33	5	18936.67	2.1431	0.106709	2.772853
组内	159050	18	8836.111			
总计	253733.3	23				

t-检验：成对双样本均值分析		
	变量 1	变量 2
平均	1312.5	1300
方差	3958.333	13066.667
观测值	4	4
泊松相关系数	0.139047	
假设平均差	0	
df	3	
t Stat	0.203954	
P(T<=t) 单尾	0.425721	
t 单尾临界	2.353363	
P(T<=t) 双尾	0.851441	
t 双尾临界	3.182446	

技巧拓展

在"t–检验：平均值的成对二样本分析"对话框中，选中"新工作表组"单选按钮，可以将数据输出到新工作表组中；选中"新工作簿"单选按钮，则可以将数据输出到新工作簿中。

招式 153　妙用抽样工具直接随机抽取

视频同步文件：光盘 \ 视频教学 \ 第 6 章 \ 招式 153.mp4

在产销预算分析表中，还需要使用抽样工具进行数据抽取。抽样分析工具以数据源区域为总体，从而为其创建一个样本。当总体太大而不能进行处理或者绘制时，可以选用具有代表性的样本。如果确认数据源区域中的数据是周期性的，还可以对一个周期中特定时间段中的数值进行采样，也可以采用随机抽样，满足用户保证抽样的代表性的需求，具体操作步骤如下。

① 单击按钮

在产销预算分析表中的"数据"选项卡下，单击"分析"面板中的"数据分析"按钮。

② 选择选项

❶ 弹出"数据分析"对话框，在"分析工具"列表框中选择"抽样"选项，❷ 单击"确定"按钮。

3 设置抽样参数

❶ 弹出"抽样"对话框，在"输入区域"文本框中引用输入区域，❷ 选中"随机"单选按钮，并修改"样本数"为 4，❸ 选中"输出区域"单选按钮，并引用输出区域，❹ 单击"确定"按钮。

4 查看随机抽取数据

即可采用抽样工具随机抽取数据，并查看工作表中的分析数据结果。

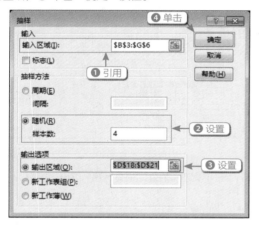

技巧拓展

在"抽样"对话框中选中"周期"单选按钮，可以通过周期的时间间隔来随机抽取数据；选中"随机"单选按钮，可以通过样本数的数量来随机抽取数据。

招式 154　单元格的审核与跟踪技巧

视频同步文件：光盘 \ 视频教学 \ 第 6 章 \ 招式 154.mp4

在产销预算分析表中包含公式对象，因此可以对单元格中的公式进行审核，以检查公式是否正确；还需要对公式中的引用单元格进行跟踪，具体操作步骤如下。

1 选择命令

❶ 在产销预算分析表中，单击"公式审核"面板中的"错误检查"下三角按钮，❷ 展开下拉菜单，选择"错误检查"命令。

2 单击按钮

弹出提示框，显示公式错误已检查完成信息，单击"确定"按钮。

③ 单击按钮

❶ 选择 E10 单元格，❷ 在"公式审核"面板中，单击"追踪引用单元格"按钮。

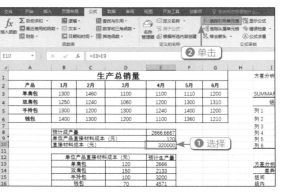

④ 追踪引用单元格

追踪引用单元格，并显示追踪引用线。

技巧拓展

在跟踪公式中的单元格时，用户不仅可以追踪引用单元格，还可以选择带公式的单元格，单击"追踪从属单元格"按钮，可以追踪公式中的从属单元格。

招式 155 对完成后的抽样进行排位

视频同步文件：光盘 \ 视频教学 \ 第 6 章 \ 招式 155.mp4

在产销预算分析表中，还需要对抽样后的数据进行排位。使用"排位与百分比排位"功能可以对完成后的随机数据进行排位，具体操作步骤如下。

① 单击按钮

在产销预算分析表中的"数据"选项卡下，单击"分析"面板中的"数据分析"按钮。

② 选择选项

❶ 弹出"数据分析"对话框，在"分析工具"列表框中选择"排位与百分比排位"选项，❷ 单击"确定"按钮。

③ 设置排位参数

❶ 弹出"排位与百分比排位"对话框，在"输入区域"文本框中引用输入区域，❷ 选中"输出区域"单选按钮，并引用输出区域，❸ 单击"确定"按钮。

④ 排位抽样数据

对随机抽样的数据进行排位，并查看工作表中的分析数据结果。

技巧拓展

在"排位与百分比排位"对话框中提供了分组方式，选中"列"单选按钮，则将抽样数据进行列排位；选中"行"单选按钮，则将抽样数据进行行排位。

	A	B	C	D	E	F	G	H
1				生产总销量				
2	产品	1月	2月	3月	4月	5月	6月	
3	单肩包	1300	1460	1100	1100	1110	1200	
4	双肩包	1250	1240	1060	1200	1300	1310	
5	手持包	1300	1200	1300	1240	1400	1200	
6	钱包	1400	1300	1200	1100	1360	1210	
7								
8		预计总产量			2666.6667			
9		单位产品直接材料成本（元）			120			
10		直接材料成本（元）			320000			
11								
12		单位产品直接材料成本（元）			预计生产量			
13		单肩包		120	2666			
14		双肩包		150	2133			
15		手持包		100	3200			
16		钱包		70	4571			
17	随机抽样数据			生产销量抽样数据	点	列1	排位	百分比
18	0.740501114	0.106143		1360	1	1360	1	66.60%
19	0.293465987	0.79989		1210	3	1360	1	66.60%
20	0.811304056	0.477706		1360	2	1210	3	33.30%
21	0.998992889	0.505997		1100	4	1100	4	0.00%

招式 156　为数据创建方案进行分析

视频同步文件：光盘 \ 视频教学 \ 第6章 \ 招式156.mp4

在产销预算分析表中还需要为各种产销预算数据创建方案进行分析。使用方案可以对各种情况进行假设，并能为许多变量存储不同组合的数据，具体操作步骤如下。

① 输入公式

❶ 在产销预算分析表中，切换至"产销预算"工作表，❷ 选择K8单元格，输入公式"=H8*J8+H9*J9+H10*J10+H11*J11"。

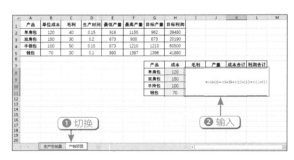

② 显示计算结果

按 Enter 键，返回到工作表中，将显示计算结果。

③ 输入公式

选择 L8 单元格，输入公式"=I8*J8+I9*J9+J10*I10 +I11*J11"。

④ 显示计算结果

按 Enter 键，返回到工作表中，将显示计算结果。

⑤ 选择命令

❶ 切换至"数据"选项卡，在"预测"面板中单击"模拟分析"下三角按钮，❷ 展开下拉菜单，选择"方案管理器"命令。

⑥ 单击按钮

弹出"方案管理器"对话框，单击"添加"按钮。

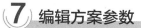

7 编辑方案参数

❶ 弹出"编辑方案"对话框，在"方案名"文本框中输入名称"最低利润"，❷ 在"可变单元格"文本框中引用 J8:J11 单元格区域，❸ 单击"确定"按钮。

8 输入变量数值

❶ 弹出"方案变量值"对话框，在各变量值文本框中依次输入数值，❷ 单击"确定"按钮。

9 添加第一个方案

❶ 返回到"方案管理器"对话框，完成第一个方案的添加，❷ 单击"添加"按钮。

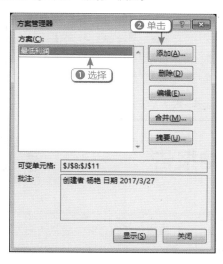

10 编辑方案参数

❶ 弹出"添加方案"对话框，在"方案名"文本框中输入名称"最高利润"，❷ 在"可变单元格"文本框中引用 J8:J11 单元格区域，❸ 单击"确定"按钮。

11 输入变量数值

❶ 弹出"方案变量值"对话框，在各变量值文本框中依次输入数值，❷ 单击"确定"按钮。

12 添加第二个方案

❶ 返回到"方案管理器"对话框，完成第二个方案的添加，❷ 单击"添加"按钮。

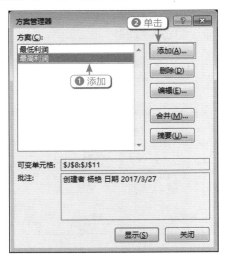

14 输入变量数值

❶ 弹出"方案变量值"对话框，在各变量值文本框中依次输入数值，❷ 并单击"确定"按钮，完成第三个方案的添加。

技巧拓展

在完成方案的创建后，在"方案管理器"对话框中，单击"删除"按钮，即可删除方案；单击"编辑"按钮，即可编辑方案。

13 编辑方案参数

❶ 弹出"添加方案"对话框，在"方案名"文本框中输入名称"目标利润"，❷ 在"可变单元格"文本框中引用 J8:J11 单元格区域，❸ 单击"确定"按钮。

招式 157 显示与生成方案总结报告

视频同步文件：光盘 \ 视频教学 \ 第 6 章 \ 招式 157.mp4

在产销预算分析表中创建好方案后，需要对方案进行显示操作，并将创建好的方案生成总结报告，具体操作步骤如下。

1 选择命令

❶ 在产销预算分析表中，切换至"数据"选项卡，在"预测"面板中单击"模拟分析"下三角按钮，❷ 展开下拉菜单，选择"方案管理器"命令。

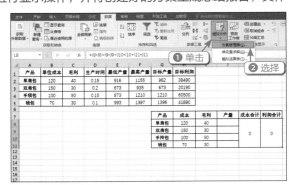

2 选择方案

❶ 弹出"方案管理器"对话框，在"方案"列表框中选择"最低利润"方案，❷ 单击"显示"按钮。

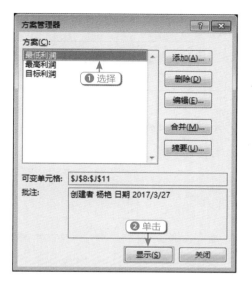

3 显示方案结果

显示方案结果，并在工作表中查看方案结果。

	A	B	C	D	E	F	G	H	I	J	K	L
1	产品	单位成本	毛利	生产时间	最低产量	最高产量	目标产量	目标利润				
2	单肩包	120	40	0.15	916	1155	962	38480				
3	双肩包	150	30	0.2	673	935	673	20190				
4	手提包	100	50	0.15	873	1210	1210	60500				
5	钱包	70	30	0.1	993	1397	1396	41880				
6												
7							产品	成本	毛利	产量	成本合计	利润合计
8							单肩包	120	40	916		
9							双肩包	150	30	673	367680	130270
10							手提包	100	50	873		
11							钱包	70	30	993		
12												
13												
14												

4 显示方案结果

在"方案管理器"对话框的"方案"列表框中，选择"最高利润"方案，单击"显示"按钮，即可显示方案结果。

	A	B	C	D	E	F	G	H	I	J	K	L
1	产品	单位成本	毛利	生产时间	最低产量	最高产量	目标产量	目标利润				
2	单肩包	120	40	0.15	916	1155	962	38480				
3	双肩包	150	30	0.2	673	935	673	20190				
4	手提包	100	50	0.15	873	1210	1210	60500				
5	钱包	70	30	0.1	993	1397	1396	41880				
6												
7							产品	成本	毛利	产量	成本合计	利润合计
8							单肩包	120	40	115		
9							双肩包	150	30	935	372840	135060
10							手提包	100	50	1210		
11							钱包	70	30	1397		

5 显示方案结果

在"方案管理器"对话框的"方案"列表框中，选择"目标利润"方案，单击"显示"按钮，即可显示方案结果。

G	H	I	J	K	L
目标产量	目标利润				
962	38480				
673	20190				
1210	60500				
1396	41880				
产品	成本	毛利	产量	成本合计	利润合计
单肩包	120	40	962		
双肩包	150	30	673	435110	161050
手提包	100	50	1210		
钱包	70	30	1396		

6 单击按钮

在"方案管理器"对话框单击"摘要"按钮。

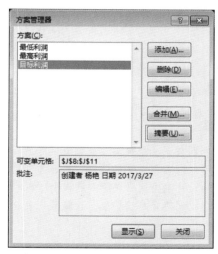

7 引用单元格

❶ 弹出"方案摘要"对话框，在"结果单元格"文本框中引用单元格，❷ 单击"确定"按钮。

8 生成方案总结报告

即可新建一个工作表，并在新建的工作表中生成方案总结报告。

方案摘要
报表类型
◉ 方案摘要(S)
◯ 方案数据透视表(P)
结果单元格(R):
=$K$8 , $K$8   ❶ 引用
❷ 单击   确定   取消

方案摘要		当前值	最低利润	最高利润	目标利润
可变单元格:					
	$J$8	962	916	115	962
	$J$9	673	673	935	673
	$J$10	1210	873	1210	1210
	$J$11	1396	993	1397	1396
结果单元格:					
	$K$8	435110	367680	372840	435110
	$K$8	435110	367680	372840	435110

注释: "当前值"这一列表示的是在
建立方案汇总时, 可变单元格的值。
每组方案的可变单元格均以灰色底纹突出显示。

技巧拓展

在"方案摘要"对话框中的"报表类型"选项组中,选中"方案数据透视表"单选按钮,则可以将方案总结报告生成为数据透视表的类型。

拓展练习 为实验数据抽样分析

实验数据表是用来记录制作最大气泡法测定表面张力时所得到的数据汇总。在进行实验数据抽样分析时,会使用到为随机抽样而生成随机数、使用抽样工具随机抽样数据、对完成后的抽样数据进行排位等操作。具体效果如右图所示。

最大气泡法测定表面张力实验数据

$c/(mol \cdot dm^{-3})$	$\Delta p/$ (kPa)	表面张力 c	吸附量 $\Gamma \times 10^6$ $(mol \cdot m^{-2})$	$\frac{c}{\Gamma} \times 10^2$
0	0.650	0.07319	0	–
0.02	0.602	0.06779	1.9024	1.0513
0.05	0.558	0.06283	3.3221	1.5051
0.10	0.491	0.05529	4.4222	2.2613
0.15	0.449	0.05044	4.971	3.0175
0.20	0.417	0.04695	5.2998	3.7737
0.25	0.396	0.04459	5.5188	4.53
0.30	0.379	0.04268	5.6751	5.2863
0.35	0.353	0.03975	5.7924	6.0424

随机抽取数				抽样数	点	列1	排位	百分比	点	列2	排位	百分比
0.86715293	0.908414	0.821955		0.558	1	0.650	1	100.00%	1	0.073	1	100.00%
0.46305734	0.4134953	0.3838008		0.65	2	0.602	2	87.50%	2	0.068	2	87.50%
0.17923521	0.6597491	0.1603748		0.04695	3	0.558	3	75.00%	3	0.063	3	75.00%
0.70458083	0.8159124	0.103122		0.03975	4	0.491	4	62.50%	4	0.055	4	62.50%
0.31879635	0.117008	0.854854		0.65	5	0.449	5	50.00%	5	0.050	5	50.00%
0.3391522	0.0072329	0.4966887		0.417	6	0.417	6	37.50%	6	0.047	6	37.50%
				0.602	7	0.396	7	25.00%	7	0.045	7	25.00%
				0.558	8	0.379	8	12.50%	8	0.043	8	12.50%
				0.417	9	0.353	9	0.00%	9	0.040	9	0.00%

6.2 ▶ 表格宏的启用探秘（案例：问卷调查系统）

问卷调查系统是聚集各类调查问卷的一种网络系统,是一款功能强大的辅助调查工具。使用问卷调查系统可以做客户满意度调查、产品类别调查、访客来源调查以及客户回访等。使用问卷调查系统可以很方便地设计各类问卷题型:是非题、单选题、多选题、填空题等。在 Excel 2016 中制作问卷调查系统,需要开启或创建含有宏的表格、设置宏安全性、进入 VBA 编程界面、通过功能创建窗体、在窗体中创建控件等操作。

招式 158 创建并保存含有宏的表格

视频同步文件:光盘\视频教学\第 6 章\招式 158.mp4

在制作问卷调查系统之前,首先需要创建带有宏的表格。凡是涉及宏的 Excel 则必须保存为扩展名为 .xlsm 的形式,具体操作步骤如下。

1 选择图标

❶在 Excel 界面中的"文件"选项卡下，选择"新建"命令，❷进入"新建"界面，选择"空白工作簿"图标。

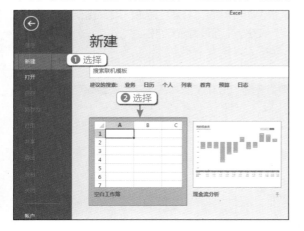

2 选择命令

❶即可新建一个工作簿。单击"文件"选项卡，进入"文件"界面，选择"另存为"命令，❷进入"另存为"界面，选择"浏览"命令。

3 保存宏表格

❶弹出"另存为"对话框，设置好保存路径，❷修改"文件名"为"问卷调查系统"，❸修改"保存类型"为"Excel 启用宏的工作簿"，❹单击"保存"按钮，即可保存宏表格。

技巧拓展

在"保存类型"下拉列表中，选择"Excel 启用宏的模板"选项，即可将工作簿保存为带有宏的模板。

招式 159　表格中的宏安全性设置

视频同步文件：光盘 \ 视频教学 \ 第 6 章 \ 招式 159.mp4

在完成问卷调查系统的工作簿创建后，需要对工作簿中的宏安全性进行设置，以防止黑客利用宏进行病毒的传播。为了预防计算机遭受宏病毒的侵害，Excel 中提供了可以对宏的安全性进行设置的功能，具体操作步骤如下。

1 选择命令

在问卷调查系统中的"文件"选项卡下，选择"选项"命令。

② 单击按钮

❶ 弹出 "Excel 选项" 对话框，在左侧列表框中选择 "信任中心" 选项，❷ 在右侧列表框中单击 "信任中心设置" 按钮。

③ 设置宏安全性

❶ 弹出 "信任中心" 对话框，在左侧列表框中选择 "宏设置" 选项，❷ 在右侧的 "宏设置" 选项组中，选中 "禁用所有宏，并发出通知" 单选按钮，❸ 单击 "确定" 按钮，即可设置宏安全性。

技巧拓展

在 "宏设置" 选项组中，选中 "禁用所有宏，并且不通知" 单选按钮，即可禁用所有宏对象，且不发生通知。

招式 160 快速进入 VBA 编程界面

视频同步文件：光盘 \ 视频教学 \ 第 6 章 \ 招式 160.mp4

在制作问卷调查系统时，需要进入 VBA 编程界面，才能进行窗体的创建以及在窗体界面中添加控件等，具体操作步骤如下。

① 单击按钮

在问卷调查系统中，切换至 "开发工具" 选项卡，在 "代码" 面板中，单击 Visual Basic 按钮。

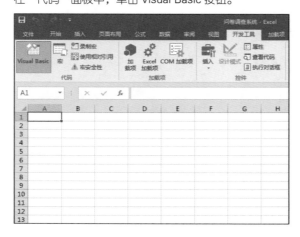

② 进入编程界面

即可进入 VBA 编程界面，并查看编程界面。

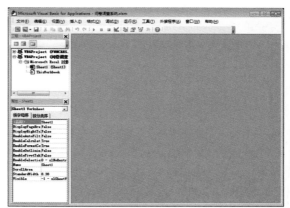

技巧拓展

进入 VBA 编程界面后，单击右上角的"关闭"按钮，可以直接关闭 VBA 编程界面；单击"最大化"按钮，即可将 VBA 编程界面进行最大化操作；单击"最小化"按钮，即可将 VBA 编程界面进行最小化操作。

招式 161　通过功能进行窗体的创建

视频同步文件：光盘 \ 视频教学 \ 第 6 章 \ 招式 161.mp4

进入 VBA 编程界面后，需要在 VBA 编程界面中创建窗体才能进行其他操作。使用"窗体"功能可以创建窗体，具体操作步骤如下。

1 选择命令

❶ 在菜单栏中选择"插入"命令，在展开的菜单中，❷ 选择"用户窗体"命令。

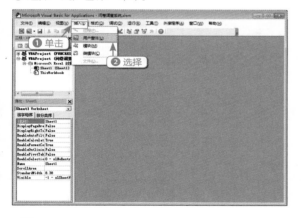

2 创建窗体界面

即可创建窗体界面，并在窗体上按住鼠标左键并拖曳，调整窗体的大小。

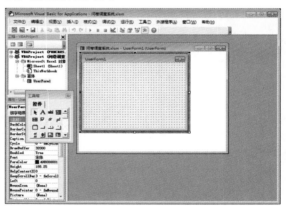

3 修改参数值

在属性窗口中，修改 Caption 参数值为"登录界面"。

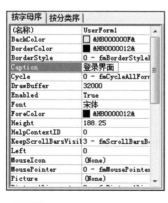

4 创建窗体界面

即可更改窗体界面的名称，并查看窗体界面效果。

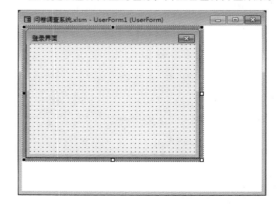

技巧拓展

在创建窗体界面时，单击"插入用户窗体"下三角按钮，展开下拉菜单，选择"用户窗体"命令也可以进行创建。

招式 162 直接在窗体界面中添加控件

视频同步文件：光盘 \ 视频教学 \ 第 6 章 \ 招式 162.mp4

在问卷调查系统中完成窗体界面的创建后，需要在窗体界面中添加各种控件，以完善窗体界面，具体操作步骤如下。

1 单击控件

在问卷调查系统的 VBA 编程界面中，单击工具箱中的"标签"控件。

2 创建标签控件

在窗体界面上按住鼠标左键并拖曳，即可创建标签控件。

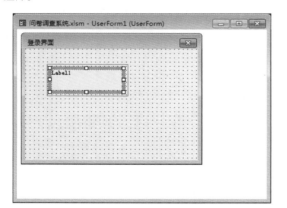

3 设置属性参数

❶ 在属性窗口中设置 Caption 属性值为"用户名："，❷ 在属性窗口的 Font 文本框中，单击 按钮。

4 设置字体参数

❶ 弹出"字体"对话框，在"大小"下拉列表框中选择"三号"选项，❷ 单击"确定"按钮。

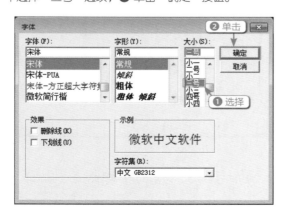

5 调整标签控件

即可设置字体的大小，并在窗体界面中调整标签的大小和位置。

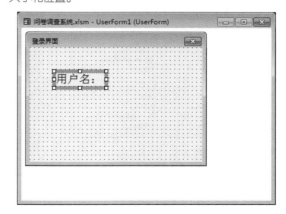

⑥ 复制标签控件

在窗体界面中选择标签进行复制，设置其 Caption 属性值为"密码："，并调整标签的大小。

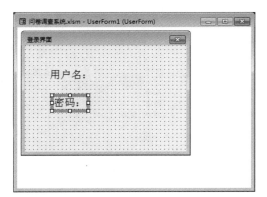

⑦ 单击控件

在 VBA 编程界面的工具箱中单击"文本框"控件。

⑧ 创建文本框控件

在窗体界面上，按住鼠标左键并拖曳，即可创建文本框控件。

⑨ 复制文本框控件

选择文本框控件，对其进行复制操作，并调整复制后的文本框控件位置。

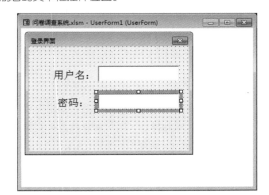

⑩ 单击控件

在 VBA 编程界面的工具箱中单击"命令按钮"控件。

⑪ 创建命令按钮控件

在窗体界面中，按住鼠标左键并拖曳，即可创建命令按钮控件。

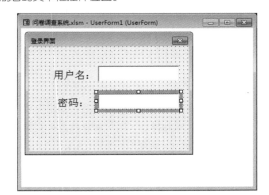

12 设置属性参数值

❶ 在属性窗口中,设置其 Caption 属性值为"确定",
❷ 在 Font 文本框中,单击 ... 按钮。

13 设置字体参数

❶ 弹出"字体"对话框,在"大小"下拉列表框
中选择"小二"选项,❷ 单击"确定"按钮。

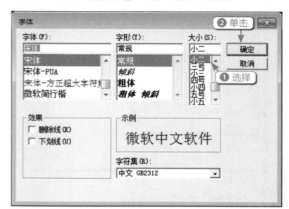

14 调整命令按钮

即可设置字体的大小,并在窗体界面中,调整命令
按钮的大小和位置。

技巧拓展

在窗体界面中创建好各类控件后,如果需要对
多余的控件进行删除操作,则可以直接选择需要删
除的控件,按 Delete 键删除即可。

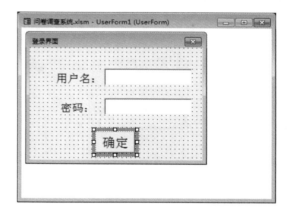

招式 163 定义控件并直接打开事件

视频同步文件:光盘 \ 视频教学 \ 第 6 章 \ 招式 163.mp4

在创建好窗体界面并添加控件后,接下来需要使用代码功能对控件进行自定义操作,并直接打开已定义
好的事件,具体操作步骤如下。

1 选择命令

在窗体界面上右击,弹出快捷菜单,选择"查看代
码"命令。

② 输入代码

即可打开代码编辑窗口，并输入代码即可。

③ 选择选项

在 VBA 编程界面左侧列表框中选择 ThisWorkbook 选项。

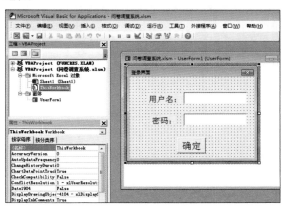

④ 输入代码

双击鼠标左键，打开代码编辑窗口，输入相应的代码。

⑤ 选择命令

❶ 在"文件"选项卡下，选择"打开"命令，❷ 进入"打开"界面，选择"浏览"命令。

⑥ 选择工作簿

❶ 弹出"打开"对话框，选择需要打开的工作簿，❷ 单击"打开"按钮。

技巧拓展

在弹出"打开"对话框时，还可以按 Ctrl + O 快捷键，快速打开即可。

7 单击按钮

即可打开工作簿，并显示内容禁用信息，单击"启用内容"按钮。

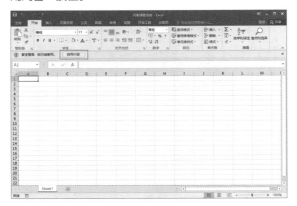

8 登录用户界面

❶ 弹出"登录界面"对话框，在"用户名"和"密码"文本框中输入用户名和密码，❷ 单击"确定"按钮即可。

技巧拓展

在设置窗体界面的代码时，将管理者的用户名分别设置为 M 和 U，而管理者密码为 m 和 u，因此在输入用户名和密码时，一定要输入正确，否则将无法打开带有宏的工作簿。

招式 164　用表单控件创建表单数据

视频同步文件：光盘 \ 视频教学 \ 第 6 章 \ 招式 164.mp4

在完成窗体界面的创建后，还需要通过表单控件创建出问卷调查系统表中的数据。表单控件主要包括按钮、列表框、标签等具有特殊用途的功能项，具体操作步骤如下。

1 创建表头

❶ 在问卷调查系统表中，修改工作表名称为"调查表填写"，❷ 创建调查表的表头，并设置相关格式。

2 单击控件

❶ 切换至"开发工具"选项卡，在"控件"面板中，单击"插入"下三角按钮，❷ 展开下拉面板，单击"分组框"控件。

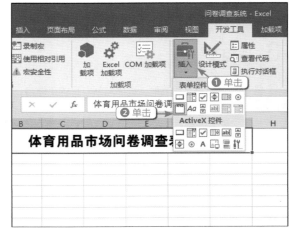

③ 绘制分组框

❶ 在工作表中，按住鼠标左键并拖曳，绘制一个分组框，修改其显示文字为"您的性别？"，❷ 并取消勾选"网格线"复选框，隐藏网格线。

④ 单击控件

❶ 切换至"开发工具"选项卡，在"控件"面板中，单击"插入"下三角按钮，❷ 展开下拉面板，单击"选项按钮"控件。

⑤ 添加选项按钮

在分组框中，单击鼠标，插入"男""女"两个选项按钮。

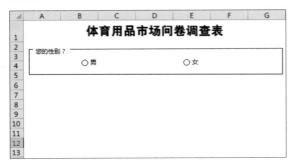

⑥ 完善问卷表

使用同样的方法，依次在工作表中创建分组框和选项按钮，完善问卷表。

技巧拓展

在"插入"下拉面板中包括多种控件按钮，用户不仅可以在"表单控件"选项组中单击各种控件按钮，创建分组框、选项按钮、滚动条以及标签等表单控件，还可以在"ActiveX 控件"选项组中单击各种控件按钮，创建 ActiveX 控件。

招式 165 快速设置表单控件的格式

视频同步文件：光盘 \ 视频教学 \ 第 6 章 \ 招式 165.mp4

在完成问卷调查表的表单数据创建后，还需要使用"设置控件格式"功能为每个表单控件快速设置格式，具体操作步骤如下。

第1章 第2章 第3章 第4章 第5章 第6章 第7章 第8章

1 选择命令

右击第 1 个分组框中的选项按钮控件，弹出快捷菜单，选择"设置控件格式"命令。

2 设置参数

❶ 弹出"设置对象格式"对话框，选中"未选择"单选按钮，❷ 在"单元格链接"文本框中引用 I1 单元格，❸ 单击"确定"按钮。

3 设置控件格式

即可设置选项按钮控件的格式，并在设置的单元格中显示数据。

4 设置其他控件格式

使用同样的方法，设置其他分组框中选项按钮控件的链接单元格，分别为 I2、I3、I4、I5、I6, 并在单元格中显示内容。

技巧拓展

指定选项按钮控件关联单元格时，需要特别注意的是：只需要对每个分组框中任何一个选项按钮进行关联单元格操作即可。

招式 166　利用代码统计并写入数据

视频同步文件：光盘 \ 视频教学 \ 第 6 章 \ 招式 166.mp4

在问卷调查系统表中，还需要为各种表单控件添加代码，从而写入并统计出各种数据，具体操作步骤如下。

1 输入公式

在问卷调查系统表中，选择 J1 单元格，输入公式 "=IF(I1=1,"男",IF(I1=2,"女"))"。

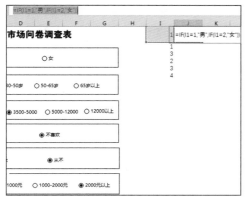

2 显示计算结果

按 Enter 键，即可计算公式的结果，并查看计算结果。

3 显示计算结果

使用同样的方法，使用 IF 函数依次在其他的单元格中输入公式，计算结果。

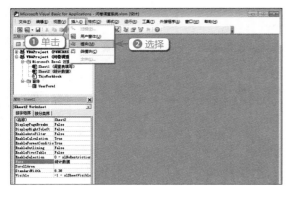

4 新建工作表

新建一个工作表，并将其重命名为"统计数据"。

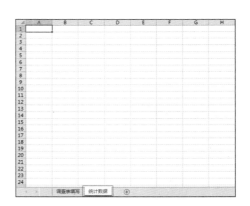

5 选择命令

❶ 单击 Visual Basic 按钮，进入 VBA 操作界面，单击"插入"命令，❷ 展开菜单，选择"模块"命令。

6 输入代码

添加模块，并打开代码编辑窗口，输入代码。

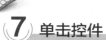

⑦ 单击控件

❶ 关闭 VBA 操作界面，切换至"调查表填写"工作表，在"控件"面板中，单击"插入"下三角按钮，❷ 展开下拉面板，单击"按钮"控件。

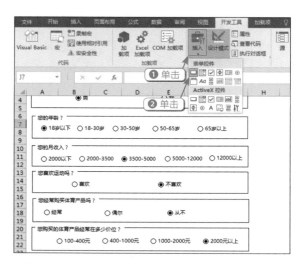

⑧ 输入代码

❶ 在最后一个分组框的下方，按住鼠标左键并拖曳，绘制一个按钮控件，并自动弹出"指定宏"对话框，选择合适的选项，❷ 单击"确定"按钮。

⑨ 修改控件名称

返回到工作表中，并修改控件名称为"提交"。

⑩ 提交数据

在工作表中依次选中合适的选项按钮，单击"提交"按钮，切换至"统计数据"工作表，查看提交的数据即可。

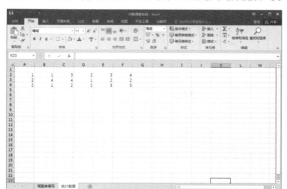

技巧拓展

在"指定宏"对话框中，单击"编辑"按钮，则可以打开 VBA 编程界面，对宏的代码等数据进行编辑操作。

招式 167　处理宏被禁用或无法使用

视频同步文件：光盘 \ 视频教学 \ 第 6 章 \ 招式 167.mp4

在完成问卷调查系统的制作后，处于安全方面的考虑，Excel 中禁用了所有的宏运行。因此，在禁用或无法使用宏时，则需要将宏运行，具体操作步骤如下。

1 单击按钮

在问卷调查系统表中的"开发工具"选项卡下，单击"代码"面板中的"宏安全性"按钮。

2 选中单选按钮

❶ 弹出"信任中心"对话框，直接选中"启用所有宏（不推荐；可能会运行有潜在危险的代码）"单选按钮，❷ 单击"确定"按钮，即可解决宏被禁用或无法使用的情况。

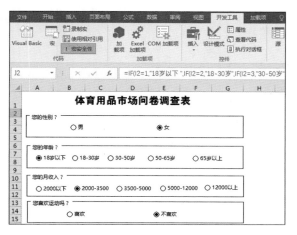

技巧拓展

在"信任中心"对话框中，选中"禁用所有宏，并且不通知""禁用所有宏，并发出通知"以及"禁用无数字签署的所有宏"单选按钮，则可以再次将工作簿中的宏对象禁用。

拓展练习　使用宏完成重复动作

宏本身具有很高的可重复性，因此对实际工作中重复率很高的工作有着非常高的使用价值。但由于宏只能影响到其所在的工作簿，而当在多个类似工作簿需要同样的操作过程时，则变得非常不方便，这时可以将重复使用于多个类似工作簿中的宏功能设计制作成为加载宏。

在设计加载宏时，需要使用"录制宏"按钮，弹出"录制新宏"对话框，如右图所示，在对话框中根据提示进行操作，设置好宏的名称、快捷键以及宏内容，当宏录制完成后，则需要停止宏录制，并将宏文件设置为"Excel 加载宏"的保存类型，完成加载宏的保存操作。

在完成加载宏的录制和保存操作后，由于 Excel 的加载宏是一个特殊的 Excel 文件，因此需要经过添加才能将一个加载宏加载到当前的 Excel 文件中，然后才可以使用。在"Excel 选项"对话框中，选择左侧列表框中的"加载项"选项，并单击其右侧列表框中的"转到"按钮，如左下图所示；将弹出"加载宏"对话框，如右下图所示。单击"浏览"按钮，即可根据提示一步步进行操作，将保存好的加载宏添加进去，再进行加载宏的使用即可完成重复的动作。

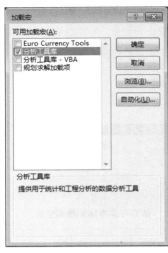

第 6 章

6.3 小拓展也可堪大用（案例：项目成本费用表）

项目成本费用表主要登记公司项目每年花费的成本数据，其内容主要包括各项成本费用项目、工作项目年份等。完成本例，需要在 Excel 2016 中进行制作斜线表头、开启开发工具选项卡、显示以及隐藏滚动条、一次性打印多工作簿、保证工作表打印在纸中心等操作。

招式 168 如何制作斜线表头

视频同步文件：光盘 \ 视频教学 \ 第 6 章 \ 招式 168.mp4

在制作项目成本费用表时，需要为工作表中的某一个单元格添加斜线表头，以便区分各个项目，具体操作步骤如下。

1 选择单元格

打开随书配套光盘的"素材 \ 第 6 章 \ 项目成本费用表 .xlsx"工作簿，在打开的工作簿中，选择 B2 单元格。

2 选择命令

❶ 在"字体"面板中，单击"边框"下三角按钮，❷ 展开下拉菜单，选择"其他边框"命令。

3 选择斜线边框

❶ 弹出"设置单元格格式"对话框，在"边框"选项组中，单击相应的按钮，添加边框，❷ 单击"确定"按钮。

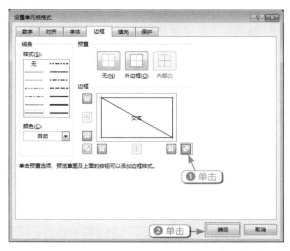

4 添加斜线表头

即可为所选择的单元格添加斜线表头，并查看工作表效果。

技巧拓展

在添加斜线表头时，单击▨按钮，即可绘制左下角点与右上角点的连接斜线边框。

招式 169　如何启用开发工具选项卡

视频同步文件：光盘 \ 视频教学 \ 第 6 章 \ 招式 169.mp4

在进行表格制作时，常常会用到"开发工具"选项卡。在默认情况下，Excel 中的"开发工具"选项卡是隐藏的，如果用户需要开启"开发工具"选项卡，具体操作步骤如下。

1 选择命令

在项目成本费用表的"文件"选项卡下，选择"选项"命令。

② 勾选复选框

❶ 弹出"Excel 选项"对话框，在左侧列表框中选择"自定义功能区"选项，❷ 在右侧列表框中勾选"开发工具"复选框，❸ 单击"确定"按钮即可。

技巧拓展

如果需要隐藏"开发工具"选项卡，则可以在"Excel 选项"对话框中取消勾选"开发工具"复选框，单击"确定"按钮即可。

招式 170　解决折线图表中断裂问题

视频同步文件：光盘 \ 视频教学 \ 第 6 章 \ 招式 170.mp4

在日常工作中，需要通过折线图表来直观展现数据随时间变化的趋势。但是，当某个时间段内数据为空值或零值时，就会使得图表中的折线出现断裂的情况，影响数据信息的展现。因此，需要使用"选择数据"功能解决折线图表中断裂问题，具体操作步骤如下。

① 单击按钮

❶ 在项目成本费用表中，选择图表对象，❷ 在"设计"选项卡的"数据"面板中，单击"选择数据"按钮。

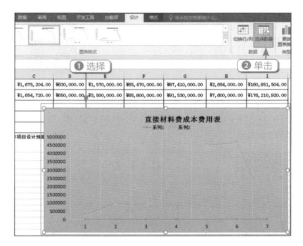

② 单击按钮

弹出"选择数据源"对话框，单击"隐藏的单元格和空单元格"按钮。

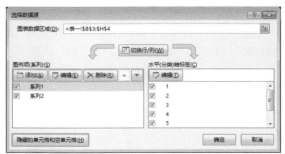

③ 选中单选按钮

❶ 弹出"隐藏和空单元格设置"对话框，选中"用直线连接数据点"单选按钮，❷ 单击"确定"按钮。

④ 恢复图表断裂

返回到"选择数据源"对话框，单击"确定"按钮，即可恢复折线图表中的断裂。

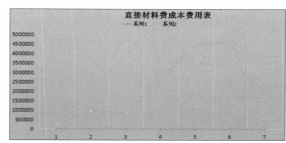

技巧拓展

在"隐藏和空单元格设置"对话框中,点选"空距"单选按钮,则折线图表中的空值显示为空白;点选"零值"单选按钮,则折线图表中的空值直接显示为零值。

招式 171　监视单元格公式及其结果

视频同步文件:光盘 \ 视频教学 \ 第 6 章 \ 招式 171.mp4

在编辑项目成本费用表时,需要对单元格公式及其结果进行监视操作。使用"监视窗口"功能可以监视公式,具体操作步骤如下。

1 单击按钮

在项目成本费用表中,单击"公式审核"面板中的"监视窗口"按钮。

2 单击按钮

弹出"监视窗口"对话框,单击"添加监视"按钮。

3 单击按钮

❶ 弹出"添加监视点"对话框,选择合适的单元格区域,❷ 单击"添加"按钮。

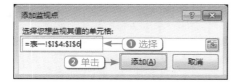

4 添加监视点

即可添加公式的监视点,并显示公式的监视结果。

技巧拓展

在完成公式的监视后，还可以在"监视窗口"对话框中选择合适的监视点，单击"删除监视"按钮，即可删除公式的监视点。

招式 172 巧妙设置图表的打印质量

视频同步文件：光盘 \ 视频教学 \ 第 6 章 \ 招式 172.mp4

在打印项目成本费用表时，需要对图表的打印质量进行设置，具体操作步骤如下。

1 单击按钮

❶ 在项目成本费用表中选择图表对象，❷ 在"页面设置"面板中单击"页面设置"按钮。

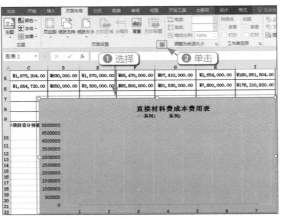

技巧拓展

在"页面设置"对话框中，勾选"草稿品质"复选框，可将图表按草稿品质打印；勾选"按黑白方式"复选框，可将图表按黑白方式打印。

2 设置图表打印质量

❶ 弹出"页面设置"对话框，切换至"图表"选项卡，❷ 勾选"草稿品质"和"按黑白方式"复选框，❸ 单击"确定"按钮，即可设置图表的打印质量。

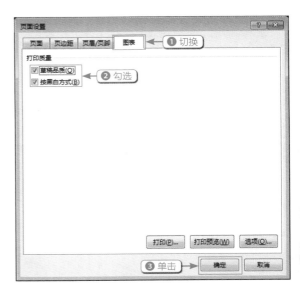

招式 173 快速设置默认工作表数目

视频同步文件：光盘 \ 视频教学 \ 第 6 章 \ 招式 173.mp4

在制作项目成本费用表时，由于制作所需要的工作表太多，需要时不时地添加或者删除，这样特别增加工作量。因此，可以直接在启动 Excel 时，根据工作需要，更改默认的工作表数目，具体操作步骤如下。

1 选择命令

在项目成本费用表中的"文件"选项卡下，选择"选项"命令。

2 设置参数

❶ 弹出"Excel 选项"对话框，在左侧列表框中选择"常规"选项，❷ 在右侧列表框中修改"包含的工作表数"参数为 3，❸ 单击"确定"按钮即可。

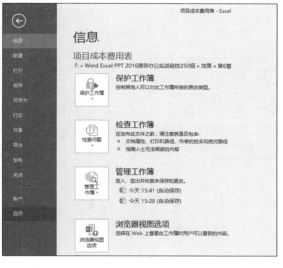

技巧拓展

　　在设置默认的工作表数目时，用户不仅可以设置 3 个工作表数目，还可以设置 1~255 个工作表数目，只需在"包含的工作表数"右侧的数值框中输入范围内的数值即可。

招式 174　如何显示以及隐藏滚动条

视频同步文件：光盘 \ 视频教学 \ 第 6 章 \ 招式 174.mp4

　　在制作项目成本费用表时，有时为了更好地查看和预览数据，需要将滚动条进行显示或者隐藏，具体操作步骤如下。

1 选择命令

　　在项目成本费用表中的"文件"选项卡下，选择"选项"命令。

2 取消勾选复选框

　　❶ 弹出"Excel 选项"对话框，在左侧列表框中选择"高级"选项，❷ 在右侧列表框中取消勾选"显示水平滚动条"和"显示垂直滚动条"复选框，❸ 单击"确定"按钮。

技巧拓展

在"Excel 选项"对话框中，取消勾选"显示工作表标签"复选框，即可隐藏工作表中的标签。

③ 隐藏滚动条

即可隐藏工作表中的水平滚动条和垂直滚动条。

④ 勾选复选框

❶再次选择"选项"命令，弹出"Excel 选项"对话框，在左侧列表框中选择"高级"选项，❷在右侧列表框中勾选"显示水平滚动条"复选框，❸单击"确定"按钮。

⑤ 显示水平滚动条

即可显示工作表中的水平滚动条。

招式 175　在 Excel 中建立垂直标题

视频同步文件：光盘\视频教学\第 6 章\招式 175.mp4

在制作项目成本费用表时，常常需要将标题垂直放置。此时，可以使用"设置单元格格式"功能来实现，具体操作步骤如下。

① 选择命令

在项目成本费用表中选择 A1 单元格，右击，弹出快捷菜单，选择"设置单元格格式"命令。

② 设置参数

❶ 弹出"设置单元格格式"对话框,切换至"对齐"选项卡,❷ 修改参数为 90 度,❸ 单击"确定"按钮。

技巧拓展

在"设置单元格格式"对话框中的"对齐"选项卡下,可以根据需要修改"方向"参数,从而调整单元格文本的各个角度。

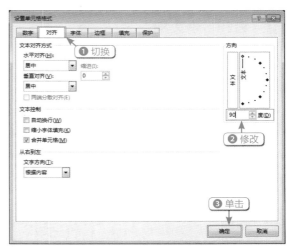

③ 建立垂直标题

在 Excel 中建立垂直标题,并查看工作表效果。

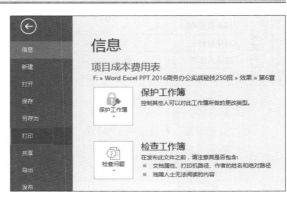

	工作项目名称:				年　月　日					单 位:元
年份 成本费用项目		2016	2017	2018	2019	2020	2021	2022	合计	
直接材料费		¥257,600.00	¥952,010.00	¥875,210.00		¥4,500,000.00	¥4,630,000.00	¥563,010.00	¥11,777,830.00	
直接人工费		¥1,542,300.00	¥1,675,204.00	¥630,000.00	¥1,570,000.00	¥65,470,000.00	¥87,410,000.00	¥2,654,000.00	¥160,951,504.00	
其他直接费		¥5,476,200.00	¥1,654,720.00	¥650,000.00	¥3,500,000.00	¥65,800,000.00	¥91,530,000.00	¥7,600,000.00	¥176,210,920.00	
其中:										
间接费用										
合计										

招式 176　如何一次性打印多份表格

视频同步文件:光盘 \ 视频教学 \ 第 6 章 \ 招式 176.mp4

在完成项目成本费用表的制作后,需要将工作表一次性打印多份。此时可以在工作表中修改"份数"参数,即可打印多份表格,具体操作步骤如下。

① 选择命令

在项目成本费用表中的"文件"选项卡下,选择"打印"命令。

② 打印多份表格

❶ 进入"打印"界面，修改"份数"参数为5，❷ 单击"打印"按钮，即可打印5份表格。

技巧拓展

在"打印"界面中，单击"打印机"右侧的下三角按钮，展开下拉列表，可以从中选择合适的打印机类型。

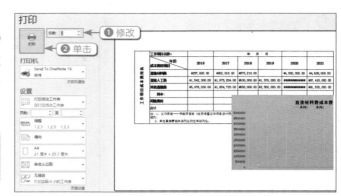

招式 177　保证工作表打印在纸张中心

视频同步文件：光盘＼视频教学＼第6章＼招式177.mp4

在打印项目成本费用表时，需要对工作表的打印位置进行设置，以保持打印的工作表内容在纸张的中心位置，具体操作步骤如下。

① 单击按钮

在项目成本费用表的"页面布局"选项卡下，单击"页面设置"面板中的"页面设置"按钮。

② 居中打印工作表

❶ 弹出"页面设置"对话框，在"居中方式"选项组中，勾选"水平"和"垂直"复选框，❷ 单击"打印"按钮，即可居中打印工作表。

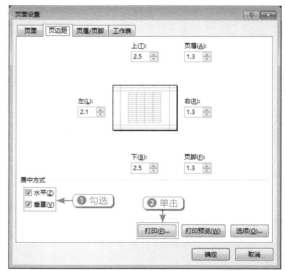

技巧拓展

在"页面设置"对话框的"页边距"选项卡中，用户不仅可以设置工作表的打印位置，还可以分别修改"上""下""左""右""页眉"和"页脚"参数，调整页面的边距。

拓展练习 寻找表格默认储存位置

在 Excel 中，默认的存储路径都是在 Excel 的安装文件夹中。要想查找表格的默认存储位置，则可以在 "Excel 选项" 对话框的左侧列表框中选择 "保存" 选项，在右侧列表框中查看 "默认本地文件位置" 文本框中的路径，再根据路径在 "我的电脑" 窗口中依次进行查找即可。"Excel 选项" 对话框如下图所示。

第7章

简单的幻灯片
——让图文都动起来

本章提要

　　PowerPoint 是目前最专业的演示文稿制作软件之一，使用该软件可以制作图文并茂、表现力和感染力极强的演示文稿，并可以将演示文稿通过计算机屏幕、幻灯片或投影仪进行发布。本章通过会议流程、职业规划培训、财务运行报告 3 个实操案例来介绍 PowerPoint 中演示文稿的启动与退出、新建演示文稿、增加或删除单个幻灯片的使用方法。在每个小节的末尾，还设置了 1 个拓展练习，通过附带的光盘打开素材进行操作，制作出书中图示的效果。

技能概要

新建文稿 …… 插入图片 …… 保存文稿 …… 替换字体 …… 设置背景 …… 制作图表

7.1 学习幻灯片的玩法（案例：会议流程）

　　会议流程是为了使会议顺利召开所做的内容和程序。会议流程的内容包括会前准备、会议进行以及会后工作。不过，根据不同的公司和会议内容，所制定的会议流程演示文稿也会各有不同。完成本例，需要在 PowerPoint 2016 中进行快速启动与退出演示文稿、创建幻灯片以及背景选择、演示文稿打开与修改权限、搞定文本框的输入与美化、单个幻灯片的增加和删除、插入图片与形状辅助演示等操作。

招式 178　快速启动与退出演示文稿

视频同步文件：光盘 \ 视频教学 \ 第 7 章 \ 招式 178.mp4

　　在制作会议流程类的演示文稿之前，首先需要对演示文稿程序的启动与退出方法有非常深刻的认识和掌握。启动与退出演示文稿的方法有多种，具体操作步骤如下。

① 双击程序图标

　　在系统的计算机桌面上，双击 PowerPoint 2016 程序图标即可。

② 从任务栏启动

　　当将 PowerPoint 2016 程序锁定到任务栏后，可以直接在任务栏中单击 PowerPoint 2016 程序图标即可。

③ 选择命令

　　❶ 在系统桌面的左下角，单击"开始"按钮，❷ 弹出"开始"菜单，选择"所有程序"中的 PowerPoint 2016 命令。

④ 启动程序

　　启动 PowerPoint 2016 程序，并显示 PowerPoint 2016 程序的启动界面。

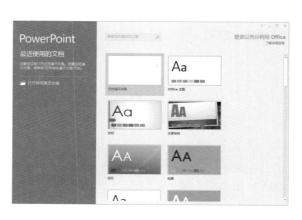

5 单击按钮退出

在 PowerPoint 2016 程序界面的右上角，单击"关闭"按钮，即可退出 PowerPoint 2016 程序。

6 选择命令退出

在 PowerPoint 2016 程序界面上右击，弹出快捷菜单，选择"关闭"命令，即可退出 PowerPoint 2016 程序。

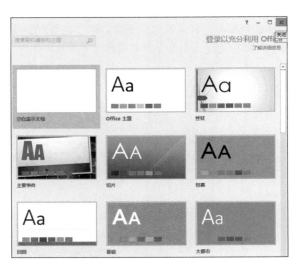

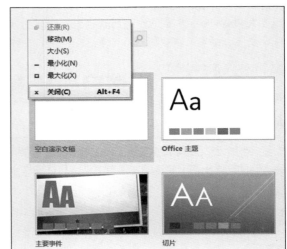

技巧拓展

在启动 PowerPoint 2016 时，可以将 PowerPoint 2016 程序移动至"开始"菜单中的"程序"列表中，将 PowerPoint 2016 程序设置为开机自动启动。

招式 179 创建幻灯片以及背景选择

视频同步文件：光盘 \ 视频教学 \ 第 7 章 \ 招式 179.mp4

在完成 PowerPoint 程序的启动后，需要在启动的程序中创建新演示文稿，才能进行操作。在"新建"界面中，选择"空白演示文稿"图标或者其他带模板的演示文稿图标，即可创建演示文稿，具体操作步骤如下。

1 选择命令

❶ 在 PowerPoint 程序界面的"文件"选项卡下，选择"新建"命令，❷ 进入"新建"界面，选择"空白演示文稿"图标。

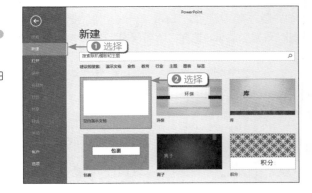

技巧拓展

在新建演示文稿时，用户不仅可以新建空白的演示文稿，还可以在"新建"界面中选择"环保""库""包裹"以及"离子"等主题图标，从而直接创建不同的主题演示文稿。

第 7 章

② 创建空白演示文稿

❶ 即可创建一个空白的演示文稿，并自动命名为"演示文稿 1"，❷ 切换至"设计"选项卡，在"自定义"面板中，单击"设置背景格式"按钮。

③ 选择背景颜色

❶ 打开"设置背景格式"窗格，选中"渐变填充"单选按钮，❷ 单击"预设渐变"下三角按钮，❸ 展开下拉面板，选择"浅色渐变 – 个性色 1"颜色。

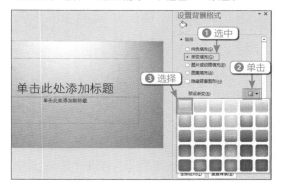

④ 设置背景颜色

单击"全部应用"按钮，为所有幻灯片应用相同的背景，并关闭"设置背景格式"窗格，完成背景颜色的选择操作，查看背景效果。

技巧拓展

在为演示文稿的背景选择填充颜色时，选中"纯色填充"单选按钮，即可使用纯色背景；选中"图片或纹理填充"单选按钮，即可使用图片或者纹理图案填充背景；选中"图案填充"单选按钮，即可使用图案效果填充背景；勾选"隐藏背景图形"复选框，即可隐藏背景中的图片。

招式 180　自动保存演示文稿的设置

视频同步文件：光盘 \ 视频教学 \ 第 7 章 \ 招式 180.mp4

在制作会议流程类的演示文稿时，为了防止突然断电或者计算机出现故障，造成演示文稿还没有来得及保存就丢失。因此，可以为演示文稿设置自动保存功能，具体操作步骤如下。

① 选择命令

在 PowerPoint 程序界面的"文件"选项卡下，选择"选项"命令。

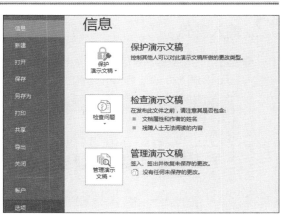

② 设置自动保存

❶ 弹出"PowerPoint 选项"对话框，在左侧列表框中选择"保存"选项，❷ 在右侧的"保存演示文稿"选项组中勾选"保存自动恢复信息时间间隔"复选框，并修改其参数为 5 分钟，❸ 单击"确定"按钮。

技巧拓展

在"PowerPoint 选项"对话框中不仅可以设置演示文稿的自动保存时间，还可以在"保存演示文稿"选项组中，单击"将文件保存为此格式"右侧的下三角按钮，在展开的下拉列表中选择"PowerPoint 演示文稿""启用宏的 PowerPoint 演示文稿"或"PowerPoint97-2003 演示文稿"等选项，将演示文稿保存为不同的默认格式。

招式 181　演示文稿打开与修改权限

视频同步文件：光盘 \ 视频教学 \ 第 7 章 \ 招式 181.mp4

在完成会议流程类演示文稿的制作后，为了防止其他用户随意打开演示文稿，为演示文稿添加密码，以便修改演示文稿的打开与修改权限，具体操作步骤如下。

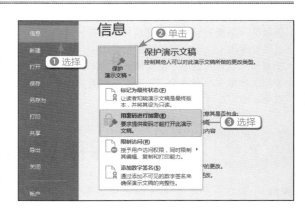

① 选择命令

❶ 在 PowerPoint 程序界面的"文件"选项卡下选择"信息"命令，❷ 进入"信息"界面，单击"保护演示文稿"下三角按钮，❸ 展开下拉菜单，选择"用密码进行加密"命令。

② 输入密码

❶ 弹出"加密文档"对话框，在"密码"文本框中输入密码，例如 123456，❷ 单击"确定"按钮。

③ 确认密码

❶ 弹出"确认密码"对话框，在"重新输入密码"文本框中重新输入密码，❷ 单击"确定"按钮。

④ 加密演示文稿

加密演示文稿，并显示演示文稿的加密信息。

技巧拓展

演示文稿的保护功能十分强大，用户除了可以设置密码外，还可以将演示文稿标记为最终版本来提醒其他用户，此演示文稿已是最终版本，无须再进行编辑。单击"保护演示文稿"下三角按钮，展开下拉菜单，选择"标记为最终状态"命令，再根据提示进行操作，将演示文稿保存为最终版本。

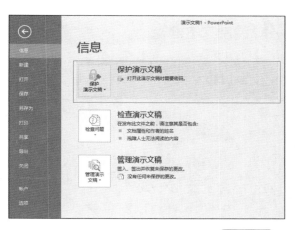

招式 182　搞定文本框的输入与美化

视频同步文件：光盘 \ 视频教学 \ 第 7 章 \ 招式 182.mp4

在制作会议流程类的演示文稿时，幻灯片中只带有占位符文本，如果还需要其他的文本，则可以添加文本框文本。使用"文本框"功能可以在幻灯片中添加文本框，通过文本框可以在幻灯片中的任意位置灵活地插入文本内容，具体操作步骤如下。

① 输入标题文本

在演示文稿的标题占位符中，单击鼠标，输入文本"会议流程"。

② 输入副标题文本

在演示文稿的副标题占位符中，单击鼠标，输入副标题文本。

③ 选择命令

❶ 切换至"插入"选项卡，在"文本"面板中，单击"文本框"下三角按钮，❷ 展开下拉菜单，选择"横排文本框"命令。

技巧拓展

在添加文本框时，在"文本框"下拉菜单中选择"竖排文本框"命令，即可创建垂直的文本框。

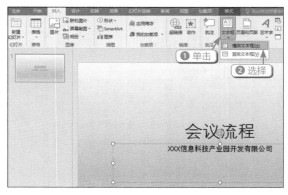

Word/Excel/PPT 2016 办公应用实战秘技 250 招

4 绘制文本框

在幻灯片中按住鼠标左键并拖曳，绘制一个文本框，并在文本框中输入文本。

6 修改文本字号

❶ 在"字体"面板中，单击"字号"下三角按钮，❷ 展开下拉列表，选择 80 选项，❸ 即可修改文本的字号大小。

技巧拓展

在"字体"面板中，单击"加粗"按钮，即可加粗文本；单击"倾斜"按钮，即可倾斜文本；单击"下划线"按钮，即可为文本添加下划线效果。

7 修改文本字体颜色

❶ 在"字体"面板中，单击"字体颜色"下三角按钮，❷ 展开下拉面板，选择"黄色"颜色，❸ 即可修改文本的字体颜色。

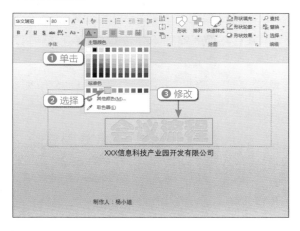

5 修改文本字体

❶ 选择标题占位符文本，在"字体"面板中，单击"字体"下三角按钮，❷ 展开下拉列表框，选择"华文琥珀"字体，❸ 即可修改文本的字体。

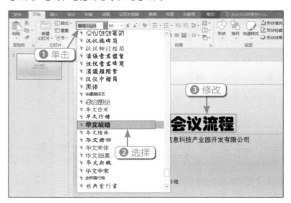

8 修改副标题文本

❶ 选择副标题占位符文本，在"字体"面板中，修改"字体"为"方正黑体简体"，❷ 修改"字号"为 32，❸ 修改"字体颜色"为"紫色"，❹ 即可修改副标题占位符文本。

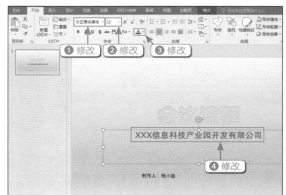

第7章

9 修改文本框文本

❶ 选择文本框文本，在"字体"面板中，修改"字体"为"华文楷体"，❷ 修改"字号"为 24，❸ 修改"字体颜色"为"深红"，❹ 即可修改文本框文本。

10 调整文本框

在幻灯片中依次调整各占位符和文本框的大小及位置。

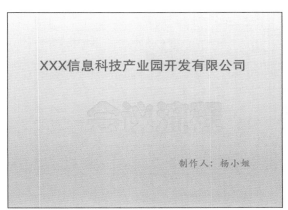

招式 183　单个幻灯片的增加、删除

视频同步文件：光盘\视频教学\第 7 章\招式 183.mp4

在制作会议流程类的演示文稿时，一张幻灯片根本不能满足要求；因此，时常需要使用"新建幻灯片"功能为演示文稿添加多个幻灯片，也可以将多余的幻灯片进行删除，具体操作步骤如下。

1 选择图标

❶ 在演示文稿的"幻灯片"面板中，单击"新建幻灯片"下三角按钮，❷ 展开下拉面板，选择"仅标题"图标。

2 新建幻灯片

即可新建一张带标题的幻灯片，并查看新创建的幻灯片。

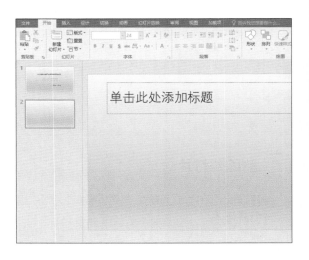

③ 选择图标

❶ 在"幻灯片"面板中，单击"新建幻灯片"下三角按钮，❷ 展开下拉面板，选择"空白"图标。

④ 新建空白幻灯片

即可新建一张空白的幻灯片，并查看新创建的幻灯片。

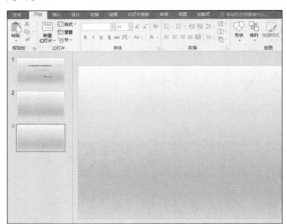

技巧拓展

在"新建幻灯片"下拉面板中提供"标题幻灯片""标题与内容""节标题""两栏内容""比较""仅标题""空白""内容与标题""图片与标题""标题和竖排文字"以及"竖排标题与文本"11 种幻灯片版式，在新建幻灯片时可以根据实际工作需要，选择版式进行创建。

⑤ 添加幻灯片

使用同样的方法，在幻灯片中依次添加其他的幻灯片。

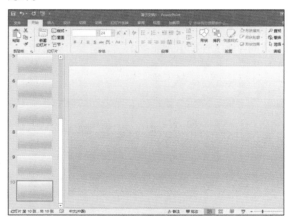

⑥ 选择命令

选择第 5 张幻灯片，右击，弹出快捷菜单，选择"删除幻灯片"命令。

⑦ 删除幻灯片

将第 5 张幻灯片进行删除。然后将第 6 张幻灯片也进行删除操作。

⑧ 修改幻灯片

选择第 2 张幻灯片，修改标题文本为"会前筹备"，并在幻灯片中添加文本框文本，并修改各文本的字体、字号以及颜色等效果。

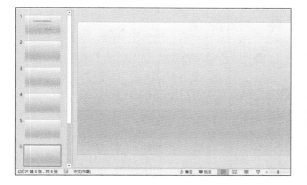

⑨ 修改幻灯片

依次选择其他的幻灯片，添加文本框文本，并修改各文本的字体、字号以及颜色等效果。

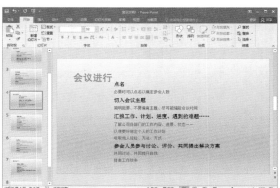

技巧拓展

在新建幻灯片时，用户可以在演示文稿的"幻灯片"窗格中选择一张幻灯片，右击，弹出快捷菜单，选择"新建幻灯片"命令，即可在指定的位置插入幻灯片。

招式 184　插入图片与形状辅助演示文稿

视频同步文件：光盘\视频教学\第 7 章\招式 184.mp4

在制作会议流程类的演示文稿时，用户不仅需要在幻灯片中添加文字对象，还需要为幻灯片添加图片和形状，以便更好地辅助演示文稿。使用"图像"面板中的"图片"和"形状"功能，可以快速插入图片和形状，具体操作步骤如下。

① 单击按钮

❶ 在演示文稿中的"幻灯片"窗格的第 1 张幻灯片上单击鼠标左键，选取第 1 张幻灯片，❷ 在"插入"选项卡的"图像"面板中，单击"图片"按钮。

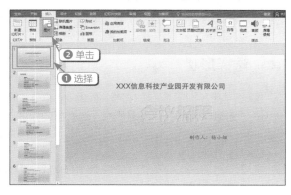

② 选择图片

❶ 弹出"插入图片"对话框，在合适的文件夹中选择"图片 1"图片，❷ 单击"插入"按钮。

③ 调整图片大小

❶ 将选择的图片插入到幻灯片中，并在"格式"选项卡的"大小"面板中，修改"形状高度"为 19.05 厘米，❷ 调整图片大小。

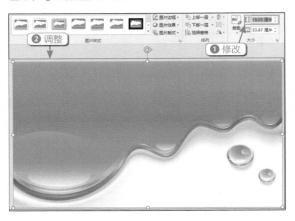

④ 选择命令

❶ 选择新插入的图片，在"排列"面板中，单击"下移一层"下三角按钮，❷ 展开下拉菜单，选择"置于底层"命令。

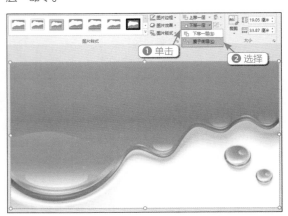

技巧拓展

在调整图片的排列位置时，用户还可以在"排序"面板中，单击"上移一层"下三角按钮，在展开的下拉菜单中，选择"上移一层"或"置于顶层"命令，将图片上移一层或者置于顶层放置。

⑤ 单击按钮

❶ 即可将选择的图片置于底层放置，❷ 在"插入"选项卡的"图像"面板中，单击"图片"按钮。

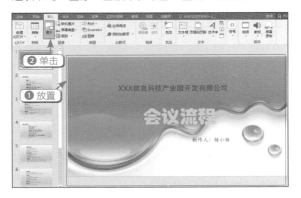

⑥ 选择图片

❶ 弹出"插入图片"对话框，在合适的文件夹中选择"图片 2"图片，❷ 单击"插入"按钮。

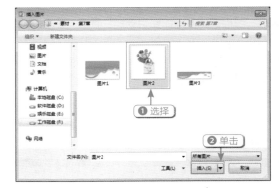

⑦ 调整图片大小和位置

❶ 即可将选择的图片插入到幻灯片中，并在"格式"选项卡的"大小"面板中，修改"高度"和"宽度"均为 5 厘米，❷ 并将插入的图片添加至合适的位置。

⑧ 选择形状

❶ 在"插入"选项卡的"图像"面板中，单击"形状"下三角按钮，❷ 展开下拉列表框，选择"圆角矩形"形状。

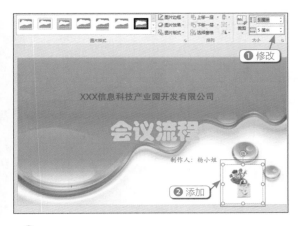

9 绘制圆角矩形

❶ 在幻灯片中按住鼠标左键并拖曳，绘制一个圆角矩形，❷ 在"大小"面板中，修改"高度"为 3.5 厘米、"宽度"为 12 厘米。

10 选择颜色

在"形状样式"面板中，单击"其他"按钮，展开下拉面板，选择"中等效果，蓝色，强调颜色 5"颜色。

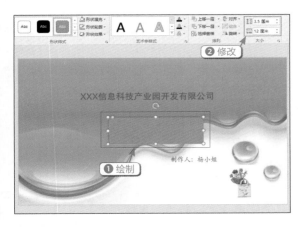

11 更改形状效果

更改形状的形状样式，并依次调整图片和形状的排列位置。

12 选择图片

❶ 选取第 2 张幻灯片，在"图像"面板中，单击"图片"按钮，弹出"插入图片"对话框，在合适的文件夹中选择"图片 3"图片，❷ 单击"插入"按钮。

第 7 章

13 调整图片大小和位置

❶ 将选择的图片插入到幻灯片中，并在"格式"选项卡的"大小"面板中，修改"高度"为 7.22 厘米，❷ 调整图片大小和位置。

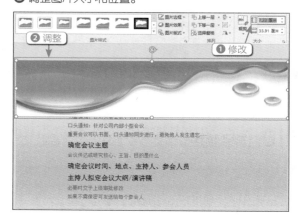

14 选择命令

❶ 选择新插入的图片对象，右击，弹出快捷菜单，选择"置于底层"命令，❷ 再次展开子菜单，选择"置于底层"命令。

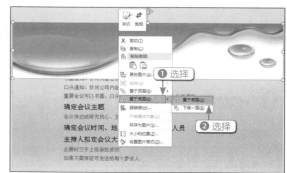

15 选择命令

❶ 将图片置于底层放置，在"格式"选项卡的"调整"面板中，单击"颜色"下三角按钮，❷ 展开下拉面板，选择"设置透明色"命令。

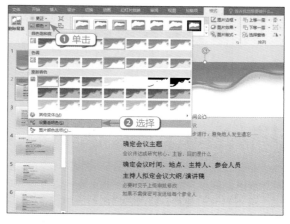

16 设置图片透明色

当鼠标指针呈一定的笔形状时，在图片的白色背景上，单击鼠标左键，即可将图片设置为透明色，并调整幻灯片中的各个文本框的位置。

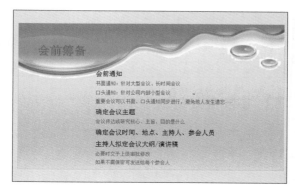

17 复制和粘贴图片

选择第 1 张和第 2 张幻灯片中的图片，使用"复制"和"粘贴"功能将其粘贴到其他幻灯片中。

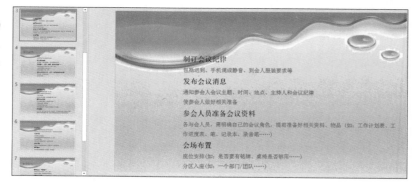

技巧拓展

在调整图片的大小时，用户除了单独调整"高度"和"宽度"参数外，还可以在"设置图片格式"窗格中，勾选"锁定纵横比"复选框，通过修改"高度"或"宽度"参数进行整体修改。

招式 185 将演示文稿保存成为图片

视频同步文件：光盘\视频教学\第7章\招式185.mp4

在完成会议流程类的演示文稿制作后，由于不是每个用户的计算机上都安装了Office组件。因此，可以将演示文稿保存为图片，即使其他用户没有安装Office组件，也可以预览演示文稿效果，具体操作步骤如下。

1 选择命令

❶在演示文稿的"文件"选项卡下，选择"另存为"命令，❷进入"另存为"界面，选择"浏览"命令。

2 设置对话框参数

❶弹出"另存为"对话框，在"保存类型"下拉列表中，选择"JPEG文件交换格式"选项，❷设置好保存路径，❸修改"文件名"为"会议流程"，❹单击"保存"按钮。

技巧拓展

在设置图片的保存格式时，选择"PNG可移植网络图形格式"选项，即可将演示文稿保存为PNG格式的图片；选择"GIF可交换的图形格式"选项，则可以将演示文稿保存为GIF格式的图片；选择"TIFF Tag图像文件格式"选项，即可将演示文稿保存为TIFF格式的图片。

3 单击按钮

弹出提示框，提示需要导出哪些幻灯片，单击"所有幻灯片"按钮。

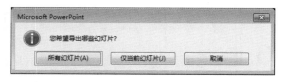

4 单击按钮

接着弹出提示框，单击"确定"按钮，完成将演示文稿保存为图片的操作。

技巧拓展

在将演示文稿保存为图片时，单击"仅当前幻灯片"按钮，可只将选择的幻灯片保存为图片对象。

招式 186　视图预览以及保存幻灯片

视频同步文件：光盘 \ 视频教学 \ 第 7 章 \ 招式 186.mp4

　　在完成会议流程类的演示文稿制作后,需要使用"视图"功能在各种视图下预览演示文稿的效果,并使用"保存"功能将演示文稿进行保存,具体操作步骤如下。

1 单击按钮

　　在演示文稿的"视图"选项卡下,单击"演示文稿视图"面板中的"大纲视图"按钮。

2 大纲视图预览

　　以"大纲视图"的视图模式预览演示文稿效果。

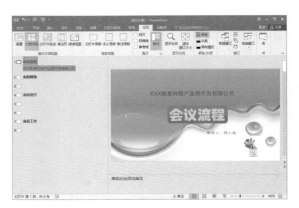

3 幻灯片浏览

　　单击"演示文稿视图"面板中的"幻灯片浏览"按钮,即可以"幻灯片浏览"的视图模式预览演示文稿效果。

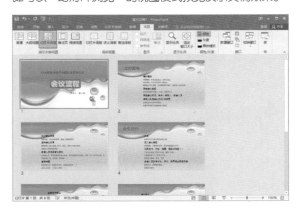

4 阅读视图预览

　　单击"演示文稿视图"面板中的"阅读视图"按钮,即可以"阅读视图"的视图模式预览演示文稿效果。

5 选择命令

　　❶ 选择"另存为"命令,❷ 进入"另存为"界面,选择"浏览"命令。

6 保存演示文稿

　　❶ 弹出"另存为"对话框,设置好保存路径,❷ 修改"文件名"为"会议流程",❸ 单击"保存"按钮,即可保存演示文稿。

技巧拓展

在保存演示文稿时，用户还可以将演示文稿保存为 PowerPoint 2003 格式，以备在低版本的程序中使用。用户只要在"另存为"对话框中的"保存类型"下拉列表中选择"PowerPoint 97-2003 演示文稿"选项即可。

招式 187　快速保存演示文稿的字体

视频同步文件：光盘 \ 视频教学 \ 第 7 章 \ 招式 187.mp4

在保存会议流程类的演示文稿时，需要将字体和演示文稿一同进行保存，这样在其他的计算机中打开已保存好的演示文稿时，演示文稿中的字体才不会丢失，具体操作步骤如下。

1 选择命令

在演示文稿的"文件"选项卡下，选择"选项"命令。

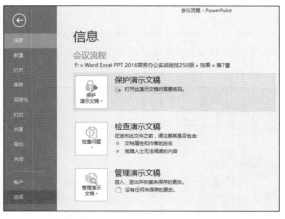

技巧拓展

在保存字体时，用户还可以选中"仅嵌入文档中使用的字符"单选按钮，减小保存文档的大小。

2 单击按钮

❶ 弹出"PowerPoint 选项"对话框，在左侧列表框中选择"保存"选项，❷ 在右侧列表框中，勾选"将字体嵌入文件"复选框，❸ 选中"嵌入所有字符（适于其他人编辑）"单选按钮，❹ 单击"确定"按钮即可。

拓展练习 | 用幻灯片做学习规划

学习规划是用来对每天的学习任务以及如何学习等所制订的一个计划。在制定了学习规划后，就需要按照学习计划来学习，从而提高工作效率。在进行学习规划演示文稿的制作时，会使用到创建演示文稿、新建或删除幻灯片、添加文本框以及添加图片等操作。具体效果如右图所示。

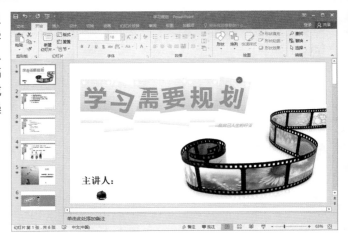

7.2 长篇大论条理清晰（案例：职业规划培训）

职业规划培训是职业规划专家给其他学员制作的职业生涯规划前的必要参与的学习。制作职业规划培训演示文稿的目的是帮助学员在职业定位的基础上，结合自身的工作经验、所受教育、性格倾向的程度、学习力、身体条件、社会资源等各种因素，制定好职业规划。在 PowerPoint 2016 中制作职业规划培训演示文稿时，需要进行为幻灯片快速添加艺术字、统一替换文稿中所有字体、在演示文稿内复制幻灯片、为演示文稿添加项目符号、为文稿添加 SmartArt 图形等操作。

招式 188 | 为幻灯片快速添加艺术字

视频同步文件：光盘 \ 视频教学 \ 第 7 章 \ 招式 188.mp4

在编辑职业规划培训演示文稿时，需要为演示文稿添加艺术字效果。使用艺术字可以制作出美观有趣、易认易识、醒目张扬的标题文本，具体操作步骤如下。

1 选择命令

❶ 在 PowerPoint 程序界面中的"文件"选项卡下，选择"打开"命令，❷ 进入"打开"界面，选择"浏览"命令。

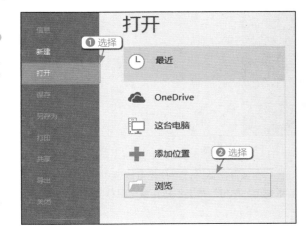

② 选择演示文稿

❶ 弹出"打开"对话框，在合适的文件夹中选择"职业规划培训"演示文稿，❷ 单击"打开"按钮。

③ 选择艺术字样式

❶ 即可打开选择的演示文稿，切换至"插入"选项卡，❷ 在"文本"面板中，单击"艺术字"下三角按钮，❸ 展开下拉面板，选择合适的艺术字样式。

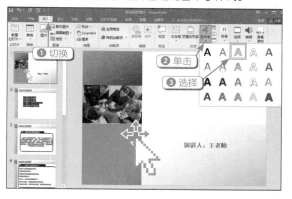

④ 更改文本

在幻灯片中将显示新插入的艺术字文本框，删除艺术字文本框中的文本内容，重新修改文本"职业规划培训讲解"。

技巧拓展

"艺术字"下拉面板中包括多种艺术字样式，用户可以根据实际工作需要，选择不同的艺术字样式进行创建。如果想更改艺术字的样式，则可以在"格式"选项卡的"艺术字样式"列表框中，选择艺术字样式进行更改即可。

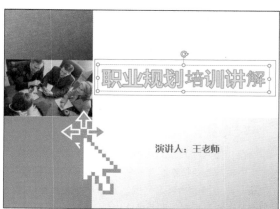

招式 189　艺术字效果的美化与编辑

视频同步文件：光盘 \ 视频教学 \ 第 7 章 \ 招式 189.mp4

在职业规划培训演示文稿中添加艺术字效果后，如果对艺术字效果不满意，则可以在"艺术字样式"面板中对艺术字的效果进行美化或编辑，具体操作步骤如下。

① 更改艺术字字体

在职业规划培训演示文稿中，选择艺术字对象，在"字体"面板的"字体"下拉列表框中选择"方正准圆简体"字体，更改艺术字的字体。

第 1 章　第 2 章　第 3 章　第 4 章　第 5 章　第 6 章　第 7 章　第 8 章

259

② 选择命令

❶ 在"格式"选项卡的"艺术字样式"面板中，单击"文本填充"下三角按钮，❷ 展开下拉面板，选择"图片"命令。

③ 单击链接

弹出"插入图片"对话框，单击"来自文件"右侧的"浏览"链接。

④ 选择图片

❶ 弹出"插入图片"对话框，选择"图片4"图片，❷ 单击"插入"按钮。

技巧拓展

在"插入图片"对话框的"必应图像搜索"文本框中输入需要搜索图片的名称，单击右侧的"搜索"按钮，即可搜索出互联网的图片，从而使用互联网的图片进行艺术字的图片填充操作。

⑤ 图片填充艺术字

返回到幻灯片中，即可使用图片填充艺术字。

⑥ 更改艺术字轮廓颜色

❶ 在"艺术字样式"面板中，单击"文本轮廓"下三角按钮，❷ 展开下拉面板，选择"浅绿"颜色，即可更改艺术字的轮廓颜色。

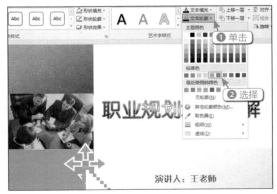

7 为艺术字添加阴影

❶在"艺术字样式"面板中，单击"文本效果"下三角按钮，❷展开下拉菜单，选择"阴影"命令，❸再次展开下拉面板，选择"居中偏移"阴影即可。

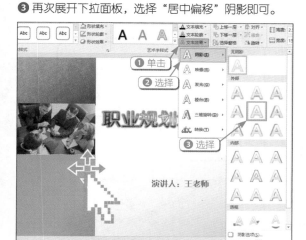

8 为艺术字添加映像

❶在"艺术字样式"面板中，单击"文本效果"下三角按钮，❷展开下拉菜单，选择"映像"命令，❸再次展开下拉面板，选择合适的映像效果即可。

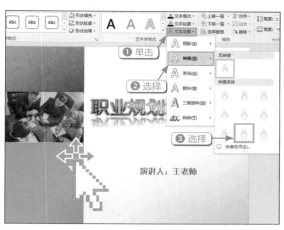

技巧拓展

在为艺术字添加文本效果时，在"发光"下拉面板中选择不同的发光效果，为艺术字添加发光效果；在"棱台"下拉面板中选择不同的棱台效果，为艺术字添加棱台效果；在"三维旋转"下拉面板中选择不同的三维旋转效果，为艺术字添加三维旋转效果；在"转换"下拉面板中选择不同的转换效果，为艺术字添加路径转换效果。

招式 190　统一替换演示文稿中的所有字体

视频同步文件：光盘 \ 视频教学 \ 第 7 章 \ 招式 190.mp4

在制作职业规划培训演示文稿时，常常需要更改幻灯片中的各种文字的字体，以便得到更好的文本效果。在替换文本的字体时，如果一个幻灯片或者单个文本进行替换，容易增加工作量。此时，可以使用"替换字体"功能统一替换演示文稿中的所有字体，具体操作步骤如下。

1 选择命令

❶在职业规划培训演示文稿的"开始"选项卡中，单击"编辑"面板中的"替换"下三角按钮，❷展开下拉菜单，选择"替换字体"命令。

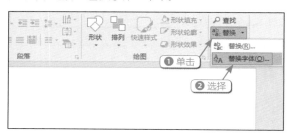

2 修改替换字体

❶弹出"替换字体"对话框，在"替换"下拉列表中选择"方正粗倩简体"字体，❷在"替换为"下拉列表中选择"华文楷体"字体，❸单击"替换"按钮。

3 统一替换字体

即可完成演示文稿中字体的统一替换操作，并在演示文稿中查看替换字体后的幻灯片效果。

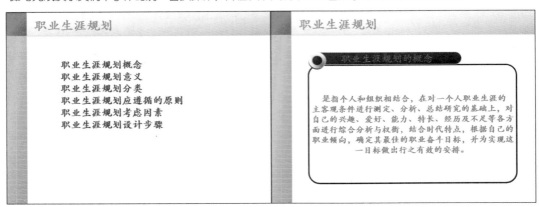

技巧拓展

在演示文稿的"替换"下拉菜单中选择"替换"命令，可以在弹出的"替换"对话框中统一替换演示文稿中错误的文本和符号。

招式 191　在演示文稿中复制幻灯片

视频同步文件：光盘\视频教学\第7章\招式 191.mp4

在编辑职业规划培训演示文稿时，常常会遇到幻灯片的版式相同、内容不同的情况，此时需要使用"复制幻灯片"功能复制幻灯片，从而节省幻灯片重新开始制作的时间，具体操作步骤如下。

1 选择命令

在职业规划培训演示文稿中，选择第 4 张幻灯片，右击，弹出快捷菜单，选择"复制幻灯片"命令。

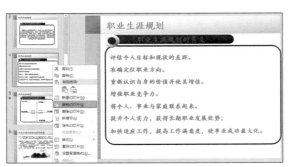

2 复制幻灯片

复制幻灯片，并修改复制后的幻灯片中的文本内容。

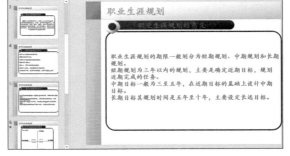

3 选择命令

选择第 6 张幻灯片，右击，弹出快捷菜单，选择"复制幻灯片"命令。

4 复制幻灯片

复制幻灯片，并修改复制后的幻灯片中的文本内容。

第 7 章

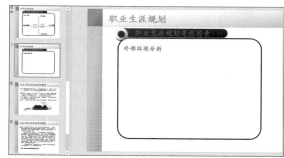

技巧拓展

在"幻灯片"窗格中，选择幻灯片，按住鼠标左键并向上或者向下拖曳，至合适位置后，释放鼠标，即可调整幻灯片的位置顺序。

招式 192　为演示文稿添加项目符号

视频同步文件：光盘 \ 视频教学 \ 第 7 章 \ 招式 192.mp4

在制作职业规划培训演示文稿时，常常需要为演示文稿中的文本添加项目符号。使用"项目符号"功能可以为幻灯片添加项目符号，从而使文本变得层次分明，容易阅读，具体操作步骤如下。

1 选择文本

在职业规划培训演示文稿中，选择第 5 张幻灯片中的合适文本。

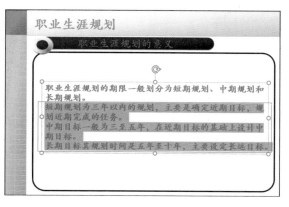

2 选择项目符号样式

❶ 在"段落"面板中，单击"项目符号"下三角按钮，❷ 展开下拉面板，选择合适的项目符号样式。

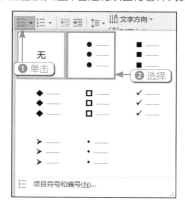

技巧拓展

当添加项目符号时，在"项目符号"下拉面板中选择"项目符号和编号"命令，弹出"项目符号和编号"对话框，单击"图片"按钮，可以选择计算机自带的图片作为项目符号；单击"符号"按钮，可以选择特定的符号作为项目符号。

3 添加项目符号

为选择的文本添加项目符号，并查看幻灯片效果。

4 添加项目符号

使用同样的方法，为第 10 张幻灯片中的文本添加相同的项目符号。

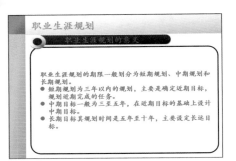

招式 193 用编号列表排列先后顺序

视频同步文件：光盘 \ 视频教学 \ 第 7 章 \ 招式 193.mp4

在职业规划培训演示文稿中，用户不仅需要为演示文稿中的文本添加项目符号，还需要为演示文稿中的文本添加编号。使用"编号"功能可以为文本添加编号列表，从而对文本的先后次序进行排序，具体操作步骤如下。

1 选择文本

在职业规划培训演示文稿中，选择第 2 张幻灯片中的合适文本。

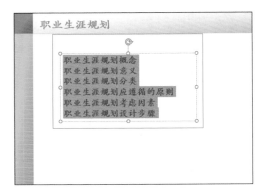

2 选择编号样式

❶ 在"段落"面板中，单击"编号"下三角按钮，❷ 展开列表框，选择合适的编号样式。

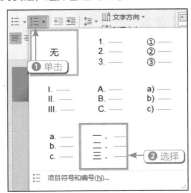

3 为文本添加编号

选择第 4 张幻灯片中的文本，并删除多余的空格，为选择的文本添加"1.2.3....."编号样式。

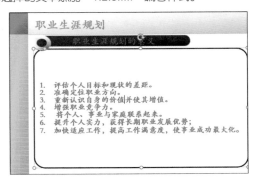

4 为文本添加编号

使用同样的方法，为其他幻灯片中的文本添加"1.2.3....."编号样式。

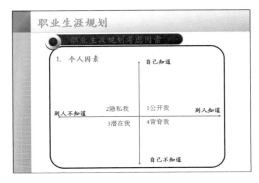

⑤ 选择命令

选择相应幻灯片中的带编号的文本，右击，弹出快捷菜单，选择"编号"命令，再次展开下拉面板，选择"项目符号和编号"命令。

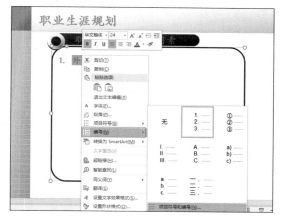

⑥ 设置起始编号参数

❶弹出"项目符号和编号"对话框，修改"起始编号"参数为 2，❷单击"确定"按钮。

⑦ 修改编号起始值

即可修改编号文本的起始值，并查看幻灯片文本效果。

技巧拓展

在"项目符号和编号"对话框，用户不仅可以设置编号的起始值，还可以在"大小"数值框中输入数值，修改编号的大小；单击"颜色"下三角按钮，展开下拉面板，选择合适的颜色，即可更改编号的颜色。

招式 194　为文稿添加 SmartArt 图形

视频同步文件：光盘＼视频教学＼第 7 章＼招式 194.mp4

在制作职业规划培训演示文稿时，时常需要使用 SmartArt 功能为幻灯片添加 SmartArt 图形。SmartArt 图形是信息和观点的视觉表示形式。可以通过从多种不同布局中进行选择来创建 SmartArt 图形，从而快速、轻松、有效地传达信息，具体操作步骤如下。

① 单击按钮

❶在职业规划培训演示文稿中，选择第 7 张幻灯片，❷在"插入"选项卡的"插图"面板中，单击 SmartArt 按钮。

② 选择 SmartArt 图形

❶弹出"选择 SmartArt 图形"对话框，在左侧列表框中选择"循环"选项，❷在右侧列表框中选择"分段循环"图标，❸单击"确定"按钮。

③ 选择命令

❶ 创建 SmartArt 图形，选择新创建的 SmartArt 图形，❷ 在"设计"选项卡下，单击"添加形状"下三角按钮，❸ 展开下拉菜单，选择"在前面添加形状"命令。

④ 添加形状

在 SmartArt 图形上添加形状，并将 SmartArt 图形移动至合适的位置。

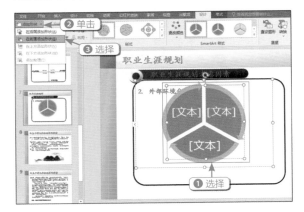

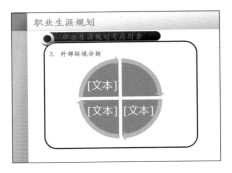

⑤ 选择命令

在 SmartArt 图形上，选择右上方的形状，右击，弹出快捷菜单，选择"编辑文字"命令。

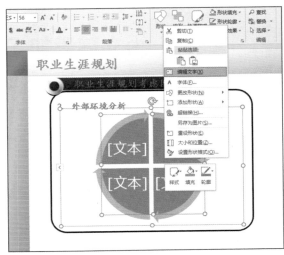

6 输入文本

在选择的形状上输入文本，并在"字体"面板中，修改"字体"为"华文楷体"、"字号"为 32，并查看文本效果。

7 添加文本

在 SmartArt 图形的形状上，依次添加其他的文本，并修改文本的字体格式。

8 选择合适颜色

❶ 选择 SmartArt 图形，在"设计"选项卡的"SmartArt 样式"面板中，单击"更改颜色"下三角按钮，❷ 展开下拉面板，选择合适的颜色。

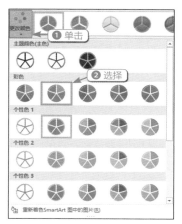

9 更改 SmartArt 图形颜色

更改 SmartArt 图形的颜色，并查看 SmartArt 图形的效果。

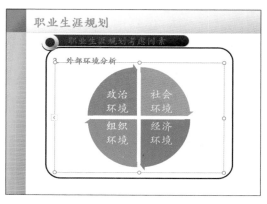

10 更改 SmartArt 图形样式

❶ 在"SmartArt 样式"面板中，单击"其他"按钮，展开列表框，选择"优雅"样式，❷ 即可更改 SmartArt 图形的样式。

技巧拓展

SmartArt 功能十分强大，使用该功能除了可以创建堆积维恩图外，还可以创建列表图、流程图、组织结构图等。在"选择 SmartArt 图形"对话框中，选择不同的 SmartArt 图形样式，可以创建不同的 SmartArt 图形。

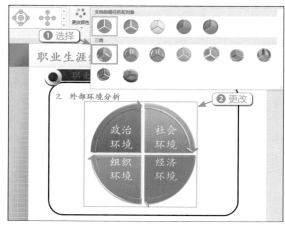

招式 195 快速设置文本的段落效果

视频同步文件：光盘 \ 视频教学 \ 第 7 章 \ 招式 195.mp4

在职业规划培训演示文稿中输入文本后，文本是以默认的段落格式显示。此时可以使用"段落"功能重新设置幻灯片中的文本段落效果，具体操作步骤如下。

1 单击按钮

❶ 在职业规划培训演示文稿中，选择第 2 张幻灯片中的文本，❷ 在"开始"选项卡的"段落"面板中，单击"段落设置"按钮。

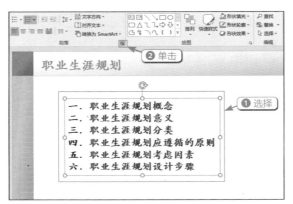

2 设置行距参数

❶ 弹出"段落"对话框，在"行距"下拉列表中选择"1.5 倍行距"选项，❷ 单击"确定"按钮。

3 设置文本段落行距

设置文本的段落行距，并查看文本效果。

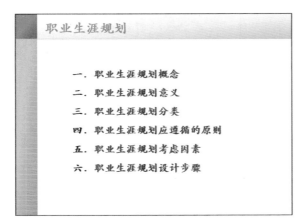

4 设置对话框参数

❶ 选择第 4 张幻灯片中的文本，单击"段落设置"按钮，弹出"段落"对话框，修改"行距"为"1.5 倍行距"，❷ 修改"段前"和"段后"均为"0.2 磅"，❸ 单击"确定"按钮。

5 设置文本段落行距

设置文本的段落行距和间距，并查看文本效果。

6 设置文本段落行距

使用同样的方法，修改第 5 张幻灯片中文本的段落行距。

职业生涯规划

职业生涯规划的意义

1. 评估个人目标和现状的差距。
2. 准确定位职业方向。
3. 重新认识自身的价值并使其增值。
4. 增强职业竞争力。
5. 将个人、事业与家庭联系起来。
6. 提升个人实力，获得长期职业发展优势；
7. 加快适应工作，提高工作满意度，使事业成功最大化。

职业生涯规划

职业生涯规划的意义

职业生涯规划的期限一般划分为短期规划、中期规划和长期规划。

● 短期规划为三年以内的规划，主要是确定近期目标，规划近期完成的任务。

● 中期目标一般为三至五年，在近期目标的基础上设计中期目标。

● 长期目标其规划时间是五年至十年，主要设定长远目标。

⑦ 设置文本段落缩进

选择第 8 张和第 9 张幻灯片中的文本，在"段落"对话框中，修改"首行缩进"为"2 字符"，完成幻灯片中的文本段落缩进设置。

白兔子得马拉松冠军的秘密

兔子王国每年进行马拉松比赛，参加比赛的有白兔子、黑兔子、花兔子、长毛兔等等，每只兔子选手在赛前都经过了精心的准备与训练。

比赛开始了，白兔子"一兔当先"冲了出去，一路领先，获得了冠军。兔子记者采访白兔子，问到："白兔子先生，您是如何获得冠军的呢？"白兔子深沉地说："我跑马拉松是依靠智慧。"

兔子记者很困惑，跑马拉松是依靠体力，依靠耐力，怎么是依靠智慧呢？可白兔子是在卖关子。

第二年，白兔依然得了冠军，第三年依然是这样，面对兔子记者的提问，白兔子的回答都是一样的。

白兔子得马拉松冠军的秘密

第四年，还是白兔子得到了冠军，兔子记者又去采访他。"白兔子，您如何每年都能获得冠军呢？外界的传文很多，有的说你有一个祖传的秘方，吃了以后耐力特别好；有的说你的腿跟过手术，和一般兔子的腿都不一样。"

白兔子笑了笑，回答说："今年是我最后一次参加比赛了，所以我想是公布我的秘密的时候了。哈哈，其实我得冠军的道理非常简单，比赛之前我会仔细观察每个地方的地形，记住什么地方有一棵树，什么地方有一个小土包，而且在每个地方都做一个标记。在赛跑的时候，我就想：快跑，快跑，到了下面的小土包就是冠军了；过了小土包后我就想下一棵树。每到一个标记的地方，我都会这样想。快跑不动的时候，我就想，后面有一只大友狼在追我，快跑，快跑，到下一个标记处他就追近不上了。就这样，我每年都得冠军啦。"

"原来是这样呀，好像很简单呢！怪不得你总说你是依靠智慧获得冠军的。"兔子记者恍然大悟。

问题：白兔子得到冠军的秘密是什么？

技巧拓展

在设置段落文字的行间距时，若要使行间距比该行文字高度更小，则可以使用"固定值"选项，将该参数设置为固定高度值即可。选择该选项后，则可能会出现文字无法完整显示的情况。

招式 196　调整演示文稿的显示比例

视频同步文件：光盘 \ 视频教学 \ 第 7 章 \ 招式 196.mp4

在完成职业规划培训演示文稿的制作后，有时需要将演示文稿放大或者缩小进行查看。因此，可以使用"显示比例"功能调整演示文稿的显示比例，具体操作步骤如下。

① 单击按钮

在职业规划培训演示文稿的"显示比例"面板中，单击"显示比例"按钮。

② 选中单选按钮

❶ 弹出"缩放"对话框，在"显示比例"选项组中选中"200%"单选按钮，❷ 单击"确定"按钮。

第 1 章　第 2 章　第 3 章　第 4 章　第 5 章　第 6 章　第 7 章　第 8 章

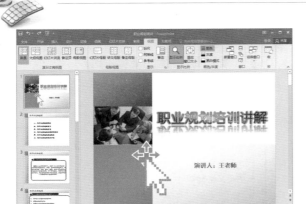

③ 按 200% 比例显示

将演示文稿按 200% 的比例显示，并查看显示后的效果。

④ 选中单选按钮

❶ 单击"显示比例"按钮，弹出"缩放"对话框，在"显示比例"选项组中选中"66%"单选按钮，❷ 单击"确定"按钮。

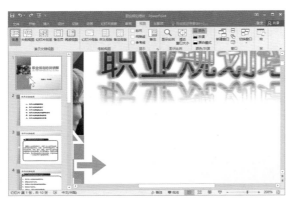

⑤ 按 66% 比例显示

将演示文稿按66%的比例显示，并查看显示后的效果。

技巧拓展

在"显示比例"面板中，单击"适应窗口大小"按钮，即可将演示文稿中的幻灯片按程序界面的窗口大小进行缩放。

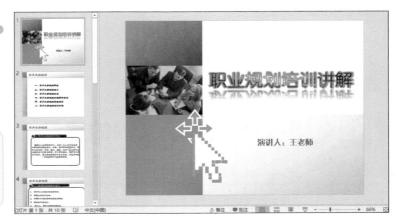

招式 197　恢复没有保存的演示文稿

视频同步文件：光盘 \ 视频教学 \ 第7章 \ 招式 197.mp4

在制作职业规划培训演示文稿时，常常因为断电、计算机出故障等情况，造成演示文稿未保存就关闭了程序。因此当出现上述情况时，可以使用"恢复未保存的演示文稿"功能将未保存的演示文稿进行重新恢复操作，具体操作步骤如下。

1 单击按钮

❶ 在"文件"选项卡下，单击"打开"命令，❷ 在右侧列表中单击"恢复未保存的演示文稿"按钮。

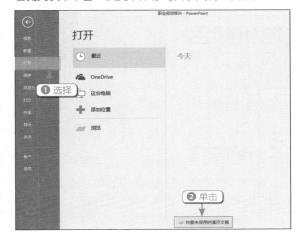

2 选择演示文稿

❶ 弹出"打开"对话框，选择合适的演示文稿，❷ 单击"打开"按钮，即可将未保存的演示文稿重新打开。

技巧拓展

PowerPoint 的"恢复"功能十分强大，使用该功能除了可以恢复未保存的演示文稿外，还可以恢复受损的演示文稿。在"打开"对话框中，选择需要打开的文档，单击"打开"右侧的下三角按钮，展开下拉列表，选择"打开并修复"选项即可。

拓展练习　制作销售技巧培训演示文稿

销售技巧培训是指企业或者相关机构组织的围绕销售人员、产品、客户等展开的培训活动。销售培训演示文稿中的内容包括销售人员的基本要素、销售前的准备阶段以及销售策略等。在进行销售技巧培训演示文稿的制作时，会使用到添加艺术字、复制幻灯片、添加项目符号、添加编号以及设置文本的段落效果等操作。具体效果如右图所示。

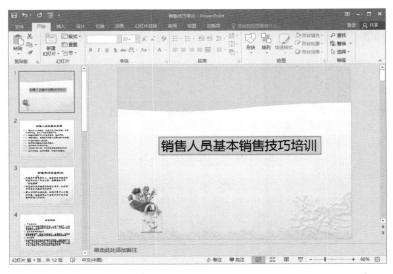

7.3 图表数据一目了然（案例：财务运行报告）

财务运行报告是反映企业财务状况和经营成果的书面文件。其内容包括经营状态数据分析、财务中存在的不足问题以及部门培训工作等。在 PowerPoint 2016 中制作财务运行报告演示文稿时，需要进行利用表格创建数据、更改幻灯片主题和颜色、重新设置幻灯片版式大小、快速设置幻灯片版式效果以及剖析薪水份额的圆形饼图等操作。

招式 198 更改幻灯片的主题和颜色

视频同步文件：光盘\视频教学\第 7 章\招式 198.mp4

在编辑财务运行报告演示文稿时，如果对幻灯片的主题或者颜色不满意，则可以使用"主题"功能重新更改幻灯片的主题，具体操作步骤如下。

1 打开演示文稿

打开随书配套光盘的"素材\第 7 章\财务运行报告 .pptx"演示文稿。

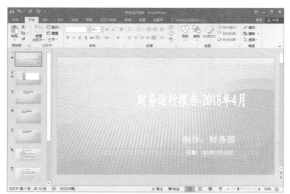

2 选择主题

在"设计"选项卡的"主题"面板中，单击"其他"按钮，展开下拉面板，选择"华丽"主题。

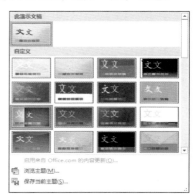

3 更改主题

更改演示文稿的主题效果，并查看更改主题后的演示文稿。

4 选择颜色

❶ 在"变体"面板中，选择"颜色"命令，❷ 展开下拉列表框，选择"紫罗兰色 II"颜色。

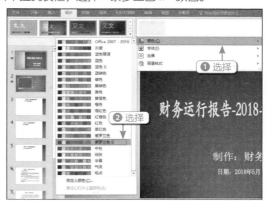

⑤ 更改颜色

即可更改演示文稿的颜色效果，并查看更改颜色后的演示文稿。

技巧拓展

在"变体"面板中，选择"字体"命令，可在展开的下拉列表框中，更改幻灯片的主题字体；选择"效果"命令，可在展开的下拉列表框中，更改幻灯片的字体效果。

招式 199　重新设置幻灯片版式大小

视频同步文件：光盘 \ 视频教学 \ 第 7 章 \ 招式 199.mp4

在进行财务运行报告的表格制作时，默认的幻灯片版式大小是 16:9 宽屏显示。但有时根据工作需要，要将幻灯片的版式大小修改为 4:3 显示。此时，可以使用"设置幻灯片大小"功能来实现，具体操作步骤如下。

① 选择命令

❶ 在财务运行报告演示文稿中的"设计"选项卡下，单击"自定义"面板中的"幻灯片大小"下三角按钮，❷ 展开下拉菜单，选择"标准（4:3）"命令。

② 单击按钮

弹出提示框，提示是否缩放到新幻灯片大小，单击"确保适合"按钮。

③ 设置幻灯片版式大小

将幻灯片的版式大小设置为"标准（4:3）"大小，并查看演示文稿效果。

技巧拓展

在设置幻灯片的版式大小时，还可以在"幻灯片大小"下拉菜单中选择"自定义幻灯片大小"命令，弹出"幻灯片大小"对话框，根据需要重新修改"宽度"和"高度"参数即可。

招式 200　进入和退出幻灯片的母版

视频同步文件：光盘 \ 视频教学 \ 第 7 章 \ 招式 200.mp4

在进行财务运行报告演示文稿的制作时，有时会需要用到幻灯片的母版效果。母版中包含可以出现在每一张幻灯片上的显示元素，如文本占位符、图片、动作按钮等。幻灯片母版上的对象将出现在每张幻灯片的相同位置上，使用母版可以方便地统一幻灯片的风格。在使用母版之前，首先需要进入幻灯片的母版，在完成幻灯片中的母版制作后，需要退出幻灯片的母版。进入和退出幻灯片母版的具体操作步骤如下。

① 单击按钮

在财务运行报告演示文稿的"视图"选项卡下，单击"母版视图"面板中的"幻灯片母版"按钮。

② 进入母版视图

❶ 即可进入幻灯片母版视图，并弹出"幻灯片母版"选项卡，❷ 在"关闭"面板中，单击"关闭母版视图"按钮即可退出。

> **技巧拓展**
>
> 在"幻灯片母版"选项卡的"编辑母版"面板中，单击"插入幻灯片母版"按钮，即可在母版视图中重新添加母版；单击"插入版式"按钮，即可在母版中添加新的幻灯片版式；单击"删除"按钮，即可删除母版中的版式；单击"重命名"按钮，即可重命名母版中的版式；单击"保留"按钮，即可保留母版视图，使其不能被删除。

招式 201　快速更改幻灯片版式效果

视频同步文件：光盘 \ 视频教学 \ 第 7 章 \ 招式 201.mp4

在编辑财务运行报告演示文稿时，常常会出现对幻灯片版式不满意，导致制作好的演示文稿不美观的情况。此时，可以根据实际工作需要在"版式"列表框中选择合适的版式进行更改，具体操作步骤如下。

① 选择图标

❶ 在财务运行报告演示文稿中，选择第 2 张幻灯片，❷ 在"幻灯片"面板中，单击"版式"下三角按钮，❸ 展开下拉面板，选择"空白"图标。

② 更改幻灯片版式

即可更改选择幻灯片的版式，并查看更改版式后的幻灯片效果。

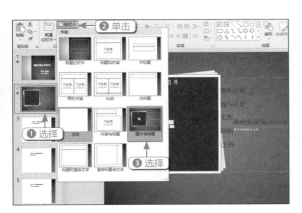

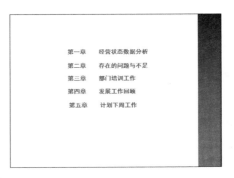

③ 选择图标

❶ 选择第 3 张幻灯片，❷ 在"幻灯片"面板中，单击"版式"下三角按钮，❸ 展开下拉面板，选择"空白"图标。

④ 更改幻灯片版式

更改选择幻灯片的版式，并查看更改版式后的幻灯片效果。

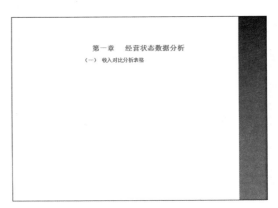

技巧拓展

在更改幻灯片版式时，如果对幻灯片版式不满意，则可以在"幻灯片"面板中，单击"重置"按钮，重置幻灯片版式。

招式 202　利用表格创建需要的数据

视频同步文件：光盘 \ 视频教学 \ 第 7 章 \ 招式 202.mp4

在制作财务运行报告演示文稿时，还需要使用"表格"功能创建表格，从而更加清晰地展示数据内容，具体操作步骤如下。

① 选择命令

❶ 在财务运行报告演示文稿中,选择第 3 张幻灯片，在"插入"选项卡的"表格"面板中，单击"表格"下三角按钮，❷ 展开下拉面板，选择"插入表格"命令。

② 设置参数值

❶ 弹出"插入表格"对话框，修改"列数"为 5，❷ 修改"行数"为 4，❸ 单击"确定"按钮。

275

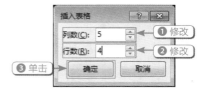

③ 插入表格

在幻灯片中插入表格，并在幻灯片中调整表格的大小和位置。

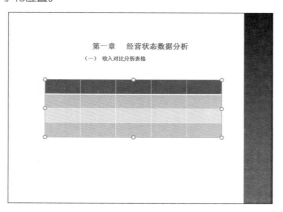

④ 输入文本

在表格的单元格中，结合方向键，输入文本，并修改表格文本的文本格式。

⑤ 居中对齐文本

❶ 选择表格中的文本，在"布局"选项卡的"对齐方式"面板中，单击"居中"和"垂直居中"按钮，❷ 即可居中对齐表格中的文本。

⑥ 选择表格样式

选择整个表格对象，在"设计"选项卡的"表格样式"面板中，单击"其他"按钮，展开下拉面板，选择"中度样式 2– 强调 4"表格样式。

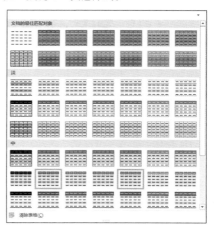

7 更改表格样式

即可更改表格的样式，并查看幻灯片中的表格效果。

技巧拓展

在"表格样式"下拉面板中，选择"清除表格"命令，即可清除表格中的样式。

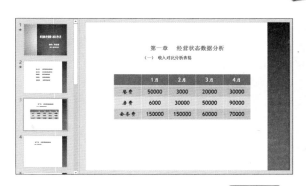

招式 203　制作薪水分析的柱形图表

视频同步文件：光盘\视频教学\第 7 章\招式 203.mp4

在制作财务运行报告演示文稿时，常常需要通过柱形图图表才能更加完美地展示数据。使用"图表"功能可以快速创建柱形图图表。柱形图可以直观地反映出一段时间内各项的数据变化，具体操作步骤如下。

1 单击按钮

❶ 在财务运行报告演示文稿中，选择第 4 张幻灯片，❷ 在"插入"选项卡的"插图"面板中，单击"图表"按钮。

2 选择图表

❶ 弹出"插入图表"对话框，在左侧列表框中选择"柱形图"选项，❷ 在右侧列表框中选择"簇状柱形图"图标，❸ 单击"确定"按钮。

3 输入数据

将自动打开"Microsoft PowerPoint 中的图表"工作簿，在工作表中输入相应的数据，并调整区域的大小。

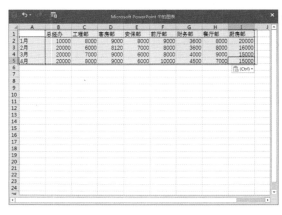

④ 创建柱形图表

关闭工作表后，返回到幻灯片的页面，完成柱形图表的创建操作，修改"图表标题"为"薪水分析图表"。

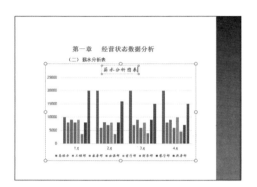

⑤ 更改图表样式

❶ 在幻灯片中调整图表的大小，在"设计"选项卡的"图表样式"面板中，单击"其他"按钮，展开列表框，选择"样式 7"样式，❷ 即可更改图表的样式。

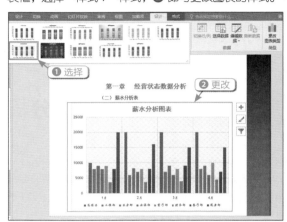

⑥ 选择形状样式

在"格式"选项卡的"形状样式"面板中，单击"其他"按钮，展开下拉面板，选择"中等效果 – 紫色，强调颜色 2"形状样式。

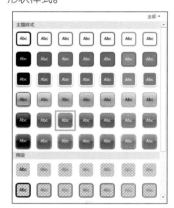

⑦ 更改图表形状样式

更改图表的形状样式，并查看幻灯片中的图表效果。

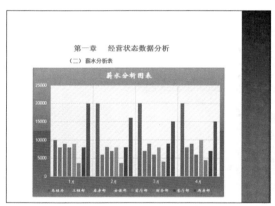

⑧ 修改图表字号

在幻灯片中选择图表，依次修改图表中的文本字号大小。

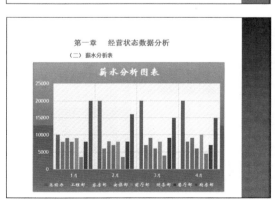

技巧拓展

在创建好图表对象后，如果对图表中有些元素不满意，则可以使用"添加图表元素"功能为图表添加或删除一些元素。

招式 204　制作财务费用圆形饼图表

视频同步文件：光盘 \ 视频教学 \ 第 7 章 \ 招式 204.mp4

在制作财务运行报告演示文稿时，常常需要通过圆形饼图表才能更加完美地展示数据。使用"饼图"图表主要用来显示数据系列中各个项目与项目总和之间的比例关系，具体操作步骤如下。

1 单击按钮

❶ 在财务运行报告演示文稿中，选择第 5 张幻灯片，❷ 在"插入"选项卡的"插图"面板中，单击"图表"按钮。

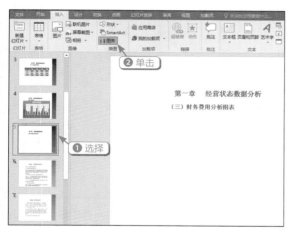

2 选择图表

❶ 弹出"插入图表"对话框，在左侧列表框中选择"饼图"选项，❷ 在右侧列表框中选择"饼图"图标，❸ 单击"确定"按钮。

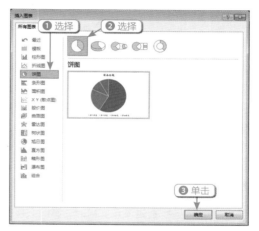

技巧拓展

在"插入图表"对话框的"饼图"列表框中，包括饼图、三维饼图、复合饼图、复合条饼图以及圆环图等饼图图表类型。选择不同的图表类型，即可得到不同的饼图图表效果。

3 输入数据

将自动打开"Microsoft PowerPoint 中的图表"工作簿，在工作表中输入相应的数据，并调整区域的大小。

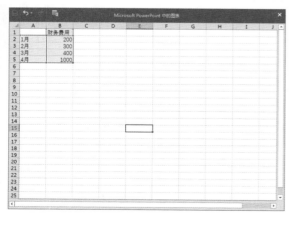

4 创建饼图图表

关闭工作表后，返回到幻灯片，完成饼图图表创建操作，修改"图表标题"为"财务费用图表"，并修改图表的大小和位置。

279

5 更改图表样式

❶ 在"设计"选项卡的"图表样式"面板中，单击"其他"按钮，展开列表框，选择"样式 11"样式，❷ 即可更改图表的样式。

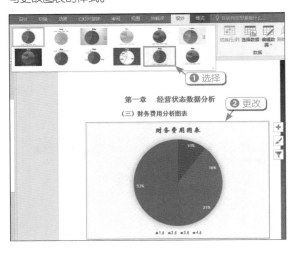

6 修改图表文本字号

在幻灯片中选择图表，依次修改图表中的文本字号大小。

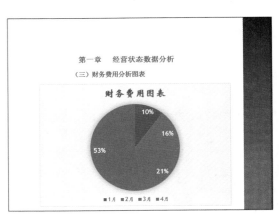

招式 205　隐藏和显示特定的幻灯片

视频同步文件：光盘 \ 视频教学 \ 第 7 章 \ 招式 205.mp4

在放映财务运行报告演示文稿时，有时只需要放映一些特定的幻灯片。因此，需要将一些幻灯片进行隐藏或者显示，具体操作步骤如下。

1 选择命令

在财务运行报告演示文稿中，选择第 2 张幻灯片，右击，弹出快捷菜单，选择"隐藏幻灯片"命令。

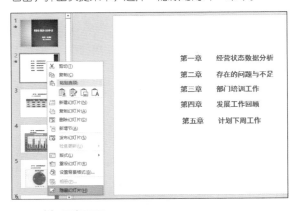

2 隐藏幻灯片

将选定的幻灯片进行隐藏操作，隐藏后的幻灯片呈灰色显示。

技巧拓展

选择需要隐藏或者显示的幻灯片，在"幻灯片放映"选项卡的"设置"面板中，单击"隐藏幻灯片"按钮，即可进行幻灯片的隐藏或显示。

③ 选择命令

选择第 6 张幻灯片，右击，弹出快捷菜单，选择"隐藏幻灯片"命令。

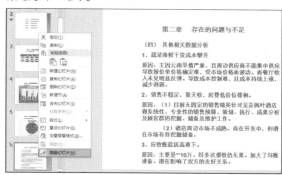

④ 显示幻灯片

将选定的幻灯片进行取消隐藏操作。

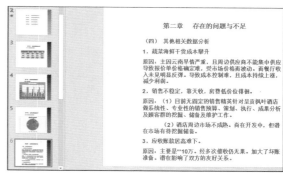

⑤ 显示幻灯片

使用同样的方法，选择第 7 张幻灯片，将其取消隐藏。

招式 206　为演示文稿添加上 LOGO

视频同步文件：光盘 \ 视频教学 \ 第 7 章 \ 招式 206.mp4

在制作财务运行报告演示文稿时，还需要为公司添加统一的 LOGO，既可以体现演示文稿的专业性，又可以间接地为公司做推广，具体操作步骤如下。

① 单击按钮

在财务运行报告演示文稿的"视图"选项卡下，单击"母版视图"面板中的"幻灯片母版"按钮。

② 单击按钮

即可进入幻灯片的母版视图，在"插入"选项卡的"图像"面板中，单击"图片"按钮。

③ 选择图片

❶ 弹出"插入图片"对话框，选择合适的图片，
❷ 单击"插入"按钮。

④ 插入图片

插入图片，并调整新插入图片的位置和大小。

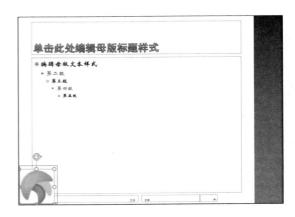

⑤ 选择命令

❶ 在"插入"选项卡的"文本"面板中，单击"文本框"下三角按钮，❷ 展开下拉菜单，选择"横排文本框"命令。

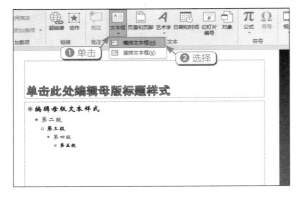

⑥ 输入文本

在幻灯片母版中按住鼠标左键并拖曳，绘制一个文本框，输入文本，并修改文本的"字体"为"黑体"、"字号"为 18。

⑦ 添加 LOGO

在"幻灯片母版"选项卡的"关闭"面板中，单击"关闭母版视图"按钮，即可完成演示文稿的 LOGO 添加。

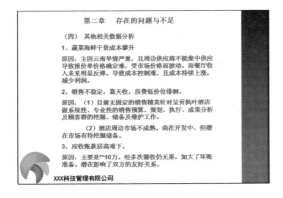

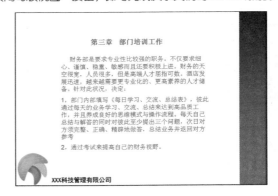

招式 207　自定义打印每张幻灯片页数

视频同步文件：光盘 \ 视频教学 \ 第 7 章 \ 招式 207.mp4

在打印财务运行报告演示文稿时，为了避免一张纸上只放一张幻灯片，而浪费纸张。可以在打印幻灯片时，在一张纸上多打印几张幻灯片，具体操作步骤如下。

1 选择命令

在财务运行报告演示文稿的"文件"选项卡下，选择"打印"命令。

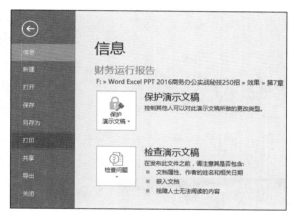

2 选择图标

❶ 进入"打印"界面，单击"整页幻灯片"下三角按钮，❷ 展开下拉面板，选择"3 张幻灯片"图标。

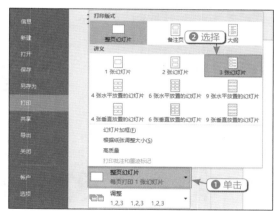

3 自定义幻灯片打印页数

自定义打印每张幻灯片的页数，并单击"打印"按钮，打印幻灯片。

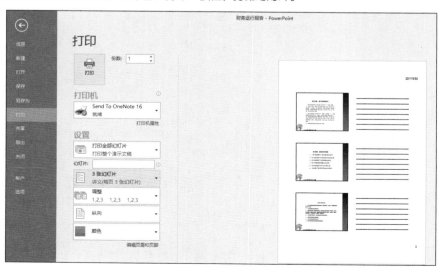

技巧拓展

在以讲义的方式打印幻灯片时，可以使用"幻灯片加框"功能，在打印的幻灯片上添加一个边框，以便于区分。在"打印"列表中，单击"整页幻灯片"下三角按钮，展开下拉面板，选择"幻灯片加框"命令，即可为一页纸上的多张幻灯片添加边框。

拓展练习 | 制作年度会议报告幻灯片

年度会议报告是公司对一年来的工作进行回顾和分析，从中找出经验和教训，引出规律性认识报告。其内容包括一年来的情况概述、公司业绩、今后努力的方向等。在进行年度会议报告幻灯片的制作时，会使用到更改幻灯片的主题和颜色、重新设置幻灯片版式大小、创建表格、创建图表以及为演示文稿添加 LOGO 等操作。具体效果如下图所示。

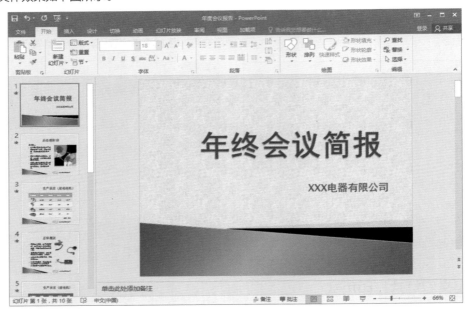

第8章

自带图形动作
——幻灯片变动画片

本章提要

在 PowerPoint 中完成演示文稿的制作后，还可以为演示文稿添加动画、超链接等，让幻灯片动起来，并通过"放映"功能演示文稿。本章通过工作总结、企业宣传片、论文答辩 3 个实操案例来介绍 PowerPoint 中保存固定的主题模板、放映演示文稿、为幻灯片添加动画和超链接的使用方法。在每个小节的末尾，还设置了 1 个拓展练习，通过附带的光盘打开素材进行操作，制作出书中图示的效果。

技能概要

保存主题 ⋯⋯ 放映文稿 ⋯⋯ 添加视频 ⋯⋯ 添加音频 ⋯⋯ 制作动画 ⋯⋯ 打印文稿

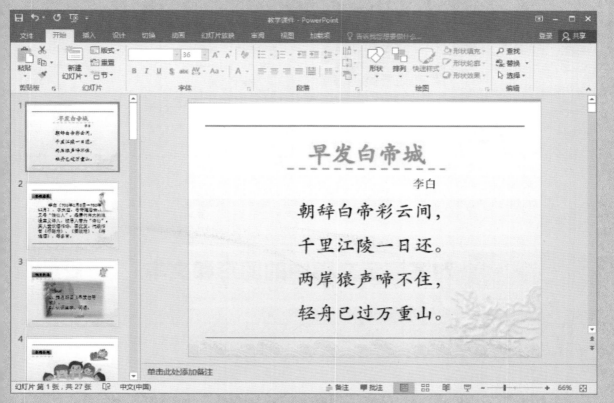

8.1 中规中矩演示文稿（案例：工作总结）

工作总结是将一个时间段的工作进行一次全面系统的总检查、总评价、总分析、总研究，并分析成绩的不足，从而得出引以为戒的经验。通过总结，可以帮助工作人员改正缺点，吸取经验教训，使今后的工作少走弯路，多出成功。在制作工作总结演示文稿时，需要在 PowerPoint 2016 中进行快速保存固定的主题模板、对齐文稿中的图片和文本、从演示文稿外部导入文本以及从第 1 张开始放映幻灯片等操作。

招式 208　快速保存固定的主题模板

视频同步文件：光盘＼视频教学＼第 8 章＼招式 208.mp4

在编辑工作总结演示文稿时，如果对演示文稿中的主题特别满意，想留着以后其他演示文稿调用，则可以使用"保存主题"功能将主题保存到固定的文件夹中，具体操作步骤如下。

1 选择命令

打开随书配套光盘的"素材＼第 8 章＼工作总结.pptx"演示文稿，❶切换至"设计"选项卡，❷在"主题"面板中单击"其他"按钮，展开下拉面板，选择"保存当前主题"命令。

2 保存主题

❶弹出"保存当前主题"对话框，修改"文件名"为"工作总结主题"，❷单击"保存"按钮，即可保存为固定的主题模板。

> **技巧拓展**
>
> 在"主题"下拉面板中，择"浏览主题"命令，将弹出"选择主题或主题文档"对话框，选择主题进行浏览即可。

招式 209　对齐演示文稿中的图形和文本

视频同步文件：光盘＼视频教学＼第 8 章＼招式 209.mp4

在工作总结演示文稿中，常常会发现图形和文本对象没有对齐，显得特别凌乱。此时，可以使用"对齐"功能对文本或者图形对象进行对齐，具体操作步骤如下。

1 选择文本和图形

在工作总结演示文稿中，选择第 5 张幻灯片中的文本框和图形对象。

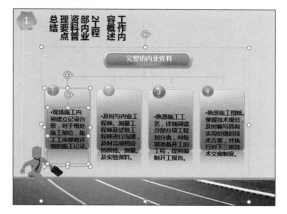

2 选择命令

❶ 在"绘图工具"的"格式"选项卡中，单击"排列"面板中的"对齐"下三角按钮，❷ 展开下拉菜单，选择"垂直居中"命令。

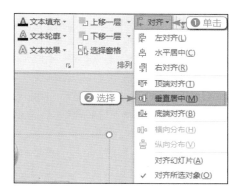

3 垂直居中对齐对象

即可将选择的文本框和图形对象进行垂直居中对齐，并查看对齐后的效果。

4 垂直居中对齐对象

使用同样的方法，依次将幻灯片中的其他文本和图形进行垂直居中对齐，并调整相应图形的位置。

5 选择命令

❶ 选择第 8 张幻灯片中的文本框和图形对象，❷ 单击"排列"面板中的"对齐"下三角按钮，❸ 展开下拉菜单，选择"垂直居中"命令。

6 垂直居中对齐对象

将选择的文本框和图形对象进行垂直居中对齐。使用同样的方法，依次将幻灯片中的其他文本和图形进行垂直居中对齐，并调整图形的位置。

技巧拓展

在对齐图形和文本时，选择"左对齐"命令，可以将选择的图形左对齐；选择"水平居中"命令，可以将选择的图形水平居中对齐；选择"右对齐"命令，可以将选择的图形右对齐；选择"顶端对齐"命令，可以将选择的图形向顶端对齐；选择"底端对齐"命令，可以将选择的图形向底端对齐。

招式 210　更改幻灯片中的文本方向

视频同步文件：光盘 \ 视频教学 \ 第 8 章 \ 招式 210.mp4

在编辑工作总结演示文稿时，常常会根据实际的工作需要，使用"文字方向"功能快速将文本方向变成水平、垂直或者其他角度放置，具体操作步骤如下。

1 选择命令

❶ 在工作总结演示文稿中，选择第 4 张幻灯片中相应文本，在"段落"面板中，单击"文字方向"下三角按钮，❷ 展开下拉菜单，选择"横排"命令。

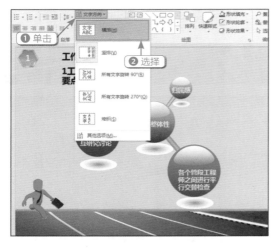

2 更改文本方向

更改选择文本的文字方向，并调整文本框的大小。

技巧拓展

在"文字方向"下拉菜单中，选择"横排"命令，即可将文字方向更改为水平放置；选择"所有文字旋转 90°"命令，即可将文字方向旋转 90° 放置；选择"所有文字旋转 270°"命令，即可将文字方向旋转 270° 放置。

③ 更改文本方向

选择第 5 张幻灯片中相应文本，在"段落"面板中，单击"文字方向"下三角按钮，展开下拉菜单，选择"横排"命令，即可更改选择文本的文字方向，并调整文本框大小。

④ 更改文本方向

选择第 6 张幻灯片中相应文本，在"段落"面板中，单击"文字方向"下三角按钮，展开下拉菜单，选择"横排"命令，即可更改选择文本的文字方向，并调整文本框大小。

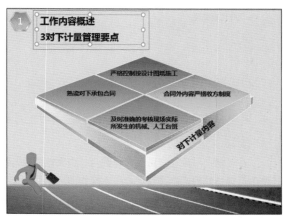

⑤ 选择命令

❶ 选择第 15 张幻灯片中的文本对象，在"段落"面板中，单击"文字方向"下三角按钮，❷ 展开下拉菜单，选择"横排"命令。

⑥ 更改文本方向

更改选择文本的文字方向，并调整文本框的大小。

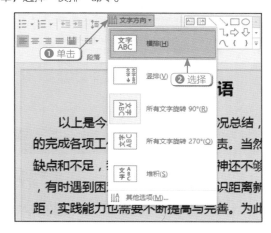

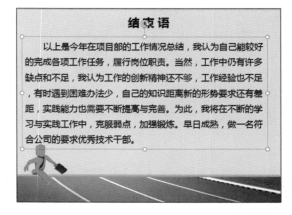

招式 211　从演示文稿外部导入文本

视频同步文件：光盘 \ 视频教学 \ 第 8 章 \ 招式 211.mp4

在制作工作总结演示文稿时，有时需要从外部直接导入文本对象，从而节省工作时间。使用"对象"功能可以直接从外部导入文本、表格以及图表对象，具体操作步骤如下。

① 单击按钮

在工作总结演示文稿中，选择第 3 张幻灯片，在"插入"选项卡的"文本"面板中，单击"对象"按钮。

② 选择对象类型

❶ 弹出"插入对象"对话框，选中"新建"单选按钮，❷ 在"对象类型"列表框中选择 Microsoft Word Document 选项，❸ 单击"确定"按钮。

> **技巧拓展**
>
> 在"插入对象"对话框中，选中"由文件创建"单选按钮，再单击"浏览"按钮，在弹出的"浏览"对话框中选择合适的文本文件进行导入操作即可。

③ 输入文本

在演示文稿中显示 Word 的文本输入框，输入文本，并修改"字体"为"微软雅黑"、"字号"为 16。

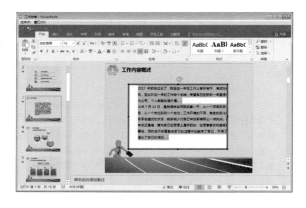

④ 导入外部文本

在幻灯片中的空白处双击鼠标左键，退出文本编辑状态，完成外部文本的导入操作。

招式 212　在演示文稿中添加特殊符号

视频同步文件：光盘＼视频教学＼第 8 章＼招式 212.mp4

在制作工作总结演示文稿时，时常会用到特殊符号的添加。此时，即可使用"符号"功能快速在演示文稿中添加各种特殊符号，具体操作步骤如下。

① 单击按钮

❶ 在工作总结演示文稿中，选择第 4 张幻灯片中的文本，并定位光标，❷ 在"符号"面板中单击"符号"按钮。

② 选择符号

❶ 弹出"符号"对话框，在符号列表框中选择合适的符号，❷ 单击"插入"按钮。

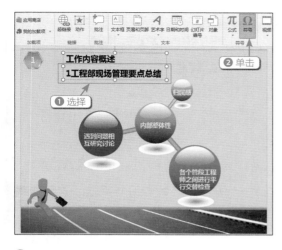

3 插入特殊符号

将选择的特殊符号插入到文本框中，并查看文本效果。

4 选择符号

❶ 重新定位光标，单击"符号"按钮，弹出"符号"对话框，在符号列表框中选择合适的符号，❷ 单击"插入"按钮。

技巧拓展

在"符号"对话框中包括多个符号效果，选择不同的符号效果，可以添加不同的符号。

5 插入特殊符号

即可将选择的特殊符号插入到文本框中，并调整文本框的大小。

6 添加特殊符号

使用同样的方法，依次为其他幻灯片中的文本添加特殊符号。

技巧拓展

在进行符号输入时，用户除了可以插入符号外，还可以输入上标和下标符号。选择合适的文本，在"字体"对话框中，勾选"下标"或"上标"复选框，单击"确定"按钮，即可输入上标或下标符号。

招式 213　从第 1 张幻灯片开始放映

视频同步文件：光盘\视频教学\第 8 章\招式 213.mp4

在完成工作总结演示文稿的制作后，需要使用"放映"功能对演示文稿中的幻灯片进行放映，具体操作步骤如下。

1 单击按钮

在工作总结演示文稿中，单击"幻灯片放映"选项卡的"开始放映幻灯片"面板中的"从头开始"按钮。

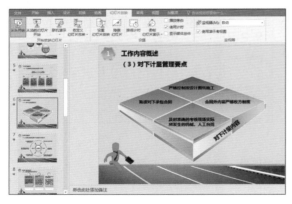

2 从头放映幻灯片

即可进入演示文稿的放映状态，从头开始放映幻灯片。

技巧拓展

在放映幻灯片时，如果想退出演示文稿的放映状态，则可以在幻灯片的放映状态时右击，弹出快捷菜单，选择"结束放映"命令即可。

招式 214　放映时定位至所需幻灯片

视频同步文件：光盘\视频教学\第 8 章\招式 214.mp4

在放映工作总结演示文稿时，如果想快速查看某一张幻灯片，可以使用"定位幻灯片"功能直接定位至想看的幻灯片进行放映，具体操作步骤如下。

1 单击按钮

在放映幻灯片时，单击放映界面中的"幻灯片浏览"按钮📱。

2 选择幻灯片

进入"幻灯片浏览"页面，选择第8张幻灯片。

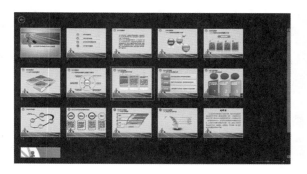

3 定位幻灯片放映

快速定位至第8张幻灯片进行放映，并预览放映效果。

技巧拓展

在播放演示文稿中的幻灯片时，用户也可以使用"上一张"和"下一张"功能，在幻灯片的上一张和下一张之间进行切换播放。

招式 215　从选定的幻灯片开始放映

视频同步文件：光盘 \ 视频教学 \ 第8章 \ 招式215.mp4

在放映工作总结演示文稿时，使用"从当前幻灯片开始"功能可以将演示文稿从选定的幻灯片开始进行放映，具体操作步骤如下。

1 单击按钮

❶ 在工作总结演示文稿中，选择第6张幻灯片，
❷ 在"开始放映幻灯片"面板中，单击"从头开始"按钮。

2 放映幻灯片

从选定的幻灯片开始放映，并进入幻灯片的放映状态。

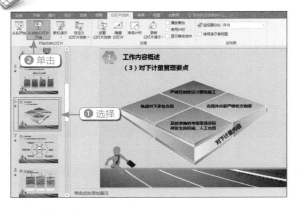

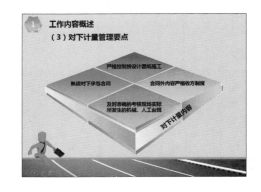

技巧拓展

　　在放映幻灯片时，如果想将重点内容进行标记出来，则可以在放映的幻灯片中右击，弹出快捷菜单，选择"指针选项"下的"荧光笔"命令，在需要标注重点内容上按住鼠标左键进行拖曳即可。

招式 216　自定义幻灯片的放映操作

视频同步文件：光盘 \ 视频教学 \ 第 8 章 \ 招式 216.mp4

　　在放映工作总结演示文稿时，使用"自定义放映"功能可以选定一些幻灯片进行放映，具体操作步骤如下。

1 选择命令

　　❶ 在工作总结演示文稿的"幻灯片放映"选项卡的"开始放映幻灯片"面板中，单击"自定义幻灯片放映"下三角按钮，❷ 展开下拉菜单，选择"自定义放映"命令。

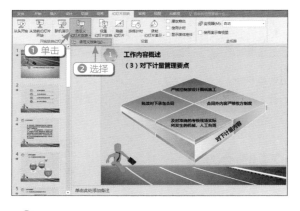

2 单击按钮

　　弹出"自定义放映"对话框，单击"新建"按钮。

3 选择幻灯片

　　❶ 弹出"定义自定义放映"对话框，在左侧列表框中勾选相应幻灯片复选框，❷ 单击"添加"按钮。

4 添加幻灯片

❶ 添加幻灯片，并在右侧的列表框中显示，❷ 单击"确定"按钮。

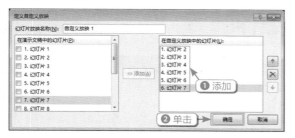

5 单击按钮

返回到"自定义放映"对话框，单击"放映"按钮。

6 自定义放映幻灯片

自定义放映幻灯片，并查看放映效果。

技巧拓展

如果已经设置了自定义放映，由于实际情况发生变化，又需要重新定义放映，且需要重新定义的放映与之前定义的放映只有个别地方不同，此时可以采用先复制之前的，然后再做修改。在"自定义放映"对话框中，选中之前定义的自定义放映，单击"复制"按钮即可。

招式 217 放映演示文稿时隐藏鼠标

视频同步文件：光盘 \ 视频教学 \ 第 8 章 \ 招式 217.mp4

在放映工作总结演示文稿时，鼠标指针总是跑出来碍事。因此，可以将幻灯片中的鼠标指针设置为"永远隐藏"状态，具体操作步骤如下。

1 选择命令

在放映演示文稿时，右击，弹出快捷菜单，选择"指针选项"命令。

2 选择命令

❶ 展开子菜单，选择"箭头选项"命令，❷ 再次展开子菜单，选择"永远隐藏"命令，即可隐藏鼠标指针。

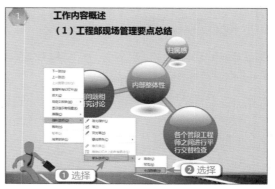

技巧拓展

在放映幻灯片时，有时需要在超链接文本上显示鼠标指针，则可以使用"可见"功能将鼠标隐藏。右击放映的幻灯片对象，弹出快捷菜单，选择"指针选项"下的"箭头选项"中的"可见"命令即可。

拓展练习 **用幻灯片做教学课件**

制作教学课件是为了帮助学生更好地融入课堂氛围，吸引学生关注课堂教学知识，帮助增进学生对教学知识的理解而制作的演示文稿。在演示教学课件文稿时，会使用到保存固定的主题模板、更改幻灯片中的文本方向、从第1张开始放映幻灯片、放映时定位至所需幻灯片、从选定的幻灯片开始放映等操作。具体效果如右图所示。

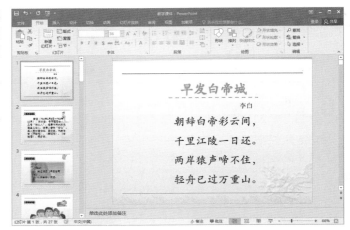

8.2 幻灯片的多维展示（案例：企业宣传片）

企业宣传片是企业一种阶段性总结动态艺术化的展播方式，其主要作用是用来整合企业资源，统一企业形象，传递企业信息。每个公司不同，所制作出来的企业宣传片也是不同的。在 PowerPoint 2016 中制作企业宣传片时，需要进行隐藏母版幻灯片背景图形、插入自动更新日期和时间、在幻灯片中插入视频文件以及为幻灯片添加页眉页脚等操作。

招式 218 **使用参考线和网格线辅助**

视频同步文件：光盘 \ 视频教学 \ 第 8 章 \ 招式 218.mp4

在企业宣传片演示文稿中添加了复杂的图形对象后，往往很难精确地控制图形的位置。此时，可以使用网格线和辅助线实现图形的精确定位，具体操作步骤如下。

1 打开演示文稿

打开随书配套光盘的"素材 \ 第 8 章 \ 企业宣传片 .pptx"演示文稿。

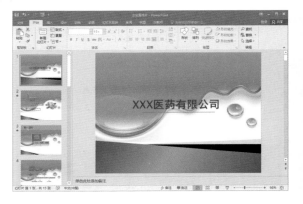

2 显示网格线和参考线

选择第 2 张幻灯片，在"视图"选项卡的"显示"面板中，勾选"参考线"和"网格线"复选框，显示参考线和网格线。

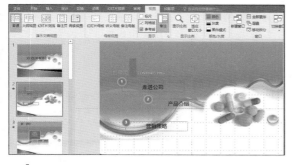

3 显示辅助线

在第 2 张幻灯片中，选择第一个文本框和图形，按住鼠标左键并拖曳至合适位置即可，选择对象的右侧将显示垂直辅助线。

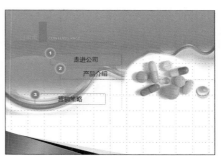

4 显示辅助线

选择第 2 个文本框和图形，按住鼠标左键并拖曳至合适位置即可，选择对象的左右两侧将显示垂直辅助线。

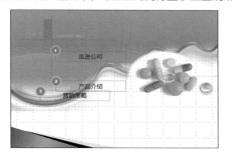

5 显示辅助线

选择第 3 个文本框和图形，按住鼠标左键并拖曳至合适位置即可，选择对象的左右两侧将显示垂直辅助线。

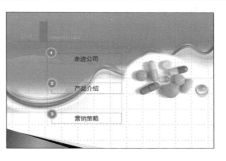

6 调整图形位置

通过网格线和参考线辅助调整各个图形的位置，然后取消勾选"参考线"和"网格线"复选框，查看调整后的幻灯片效果。

技巧拓展

在使用参考线和网格线辅助调整图形时，可以在"显示"面板中单击"网格设置"按钮，在弹出的"网格和参考线"对话框中，依次设置网格线和参考线的参数。

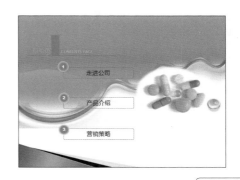

招式 219　隐藏母版幻灯片背景图形

视频同步文件：光盘＼视频教学＼第 8 章＼招式 219.mp4

在编辑企业宣传片演示文稿时，有些幻灯片常常需要放置图片或者表格，但有可能会与幻灯片母版中的背景、图片或者表格的颜色有所冲突。此时，可以将幻灯片母版中的视图隐藏起来，具体操作步骤如下。

1 单击按钮

在企业宣传片演示文稿中的"视图"选项卡下,单击"母版视图"面板中的"幻灯片母版"按钮。

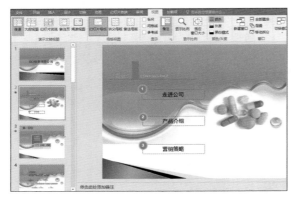

2 勾选复选框

进入幻灯片母版视图,在"幻灯片母版"选项卡的"背景"面板中,勾选"隐藏背景图形"复选框。

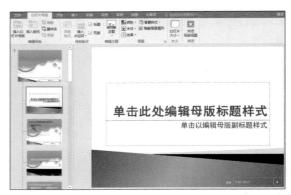

3 隐藏背景图形

使用同样的方法,依次选择其他母版幻灯片,并勾选"隐藏背景图形"复选框即可。单击"关闭母版视图"按钮,返回到普通视图中,查看隐藏背景图形后的效果。

技巧拓展

在隐藏了背景图形后,如果想显示背景图形,则在"背景"面板中取消勾选"隐藏背景图形"复选框即可。

招式 220 幻灯片统一设置背景格式

视频同步文件:光盘\视频教学\第 8 章\招式 220.mp4

在编辑企业宣传片演示文稿时,常常需要为幻灯片添加背景颜色、图案等格式效果,但是一张张设置幻灯片背景特别烦琐,且增加了工作量。此时,可以在设置好背景格式后,单击"全部应用"按钮,即可统一设置背景格式,具体操作步骤如下。

1 单击按钮

在企业宣传片演示文稿中的"设计"选项卡下,单击"自定义"面板中的"设置背景格式"按钮。

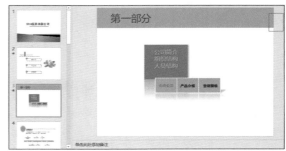

② 设置填充类型

❶ 打开"设置背景格式"窗格,选中"图片或纹理填充"单选按钮,❷ 勾选"隐藏背景图形"复选框,❸ 单击"文件"按钮。

③ 选择背景图片

❶ 弹出"插入图片"对话框,选择合适的背景图片,❷ 单击"插入"按钮。

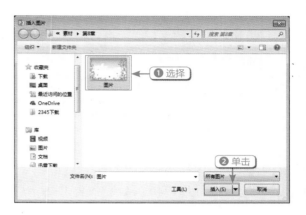

④ 单击按钮

为幻灯片应用图片背景填充,并单击"全部应用"按钮。

⑤ 统一设置背景

统一设置幻灯片的背景格式,关闭"设置背景格式"窗格,查看幻灯片效果。

技巧拓展

在为所有幻灯片统一背景格式后,如果不想使用该背景格式,则可以在"设置背景格式"窗格中单击"重置背景"按钮即可。

招式 221　插入自动更新日期和时间

视频同步文件:光盘\视频教学\第 8 章\招式 221.mp4

在使用 PowerPoint 进行办公时,经常会碰到不断地去输入或者修改系统时间的情况。此时,可以在演示文稿中插入自动更新的时间和日期,使其在每次打开时都会自动更新时间,而无须手动修改,具体操作步骤如下。

① 单击按钮

在企业宣传片演示文稿中的"插入"选项卡下，单击"文本"面板中的"日期和时间"按钮。

② 设置日期和时间

❶ 弹出"页眉和页脚"对话框，勾选"日期和时间"复选框，❷ 在"自动更新"下拉列表中选择合适的日期和时间选项，❸ 单击"应用"按钮。

技巧拓展

在幻灯片中插入日期和时间时，还可以在"页眉和页脚"对话框中选中"固定"单选按钮，即可添加固定的日期和时间。

③ 添加日期和时间

在选定的幻灯片中将自动添加日期和时间文本框，并调整幻灯片中的日期和时间的文本格式以及位置和大小。

④ 复制粘贴日期和时间

选择添加的日期和时间文本框，使用"复制"和"粘贴"功能将其复制粘贴到其他幻灯片中。

招式 222 在幻灯片中插入视频文件

视频同步文件：光盘 \ 视频教学 \ 第 8 章 \ 招式 222.mp4

在制作企业宣传片演示文稿时，常常需要在幻灯片中添加视频文件，从而使观众在预览企业宣传片时，能够通过视频更加详细地了解企业概况，具体操作步骤如下。

1 选择命令

❶ 在企业宣传片演示文稿中，选择第 10 张幻灯片，在"插入"选项卡的"媒体"面板中，单击"视频"下三角按钮，❷ 展开下拉菜单，选择"PC 上的视频"命令。

2 选择视频文件

❶ 弹出"插入视频文件"对话框，在合适的文件夹中选择"留置针视频"视频文件，❷ 单击"插入"按钮。

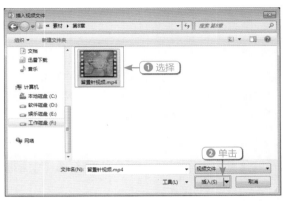

3 插入视频文件

返回到幻灯片中，完成视频文件的插入，并查看幻灯片效果。

技巧拓展

在添加视频文件时，用户不仅可以添加计算机本地磁盘上的视频文件，还可以选择"联机视频"命令，添加来自网页中的视频文件。

招式 223　为添加视频设置视频选项

视频同步文件：光盘 \ 视频教学 \ 第 8 章 \ 招式 223.mp4

在企业宣传片演示文稿中添加视频文件后，还需要根据实际的工作需要，依次设置好视频的播放选项，具体操作步骤如下。

1 设置自动播放

❶ 在企业宣传片演示文稿中，选择视频文件，❷ 在"视频选项"面板中，单击"单击时"右侧的下三角按钮，展开下拉列表，❸ 选择"自动"选项，即可设置视频自动播放。

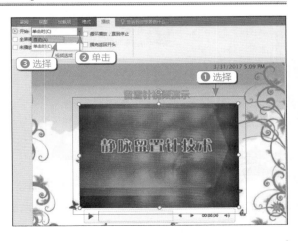

第 1 章　第 2 章　第 3 章　第 4 章　第 5 章　第 6 章　第 7 章　第 8 章

第 8 章

2 设置视频选项

❶ 在"视频选项"面板中，勾选"全屏播放"复选框，即可全屏播放视频；❷ 勾选"播放返回开头"复选框，即可播放视频后返回到视频的开始位置。

技巧拓展

在"视频选项"面板中，勾选"循环播放，直到停止"复选框，即可一直循环播放视频，一直到单击"停止"按钮停止视频播放才会停止。

招式 224　为视频文件制作标牌框架

视频同步文件：光盘 \ 视频教学 \ 第 8 章 \ 招式 224.mp4

在企业宣传片演示文稿中为幻灯片添加视频文件后，为了不让视频内容播放前泄露，可以为视频文件添加标牌框架，将视频内容先遮罩起来，具体操作步骤如下。

1 选择命令

❶ 在企业宣传片演示文稿中，选择视频文件，❷ 在"格式"选项卡的"调整"面板中，单击"标牌框架"下三角按钮，❸ 展开下拉菜单，选择"文件中的图像"命令。

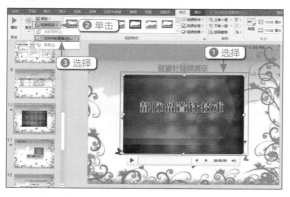

2 单击按钮

弹出"插入图片"对话框，在"来自文件"右侧单击"浏览"链接。

技巧拓展

在为视频添加标牌框架后，选择带有标牌框架的视频文件，在"格式"选项卡的"调整"面板中，单击"标牌框架"下三角按钮，展开下拉菜单，选择"重置"命令，即可重置标牌框架对象并将其删除。

3 选择遮罩图片

❶ 弹出"插入图片"对话框，选择"遮罩图片"图片，❷ 单击"插入"按钮。

4 添加标牌框架

在选择的视频文件上添加标牌框架，并查看效果。

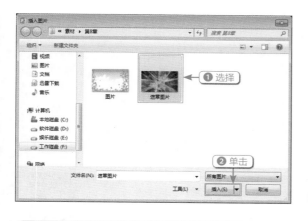

招式 225　幻灯片也可以加页眉页脚

视频同步文件：光盘 \ 视频教学 \ 第 8 章 \ 招式 225.mp4

在使用 PowerPoint 进行办公时，用户不仅需要为幻灯片添加日期和时间，还需要为其添加页眉和页脚。使用"页眉和页脚"功能可以快速在幻灯片中添加页眉和页脚对象，具体操作步骤如下。

1 单击按钮

在企业宣传片演示文稿中的"插入"选项卡下，单击"文本"面板中的"页眉和页脚"按钮。

2 添加页脚

❶ 弹出"页眉和页脚"对话框，勾选"页脚"复选框，并在下方文本框中输入文本，❷ 单击"应用"按钮。

3 添加页脚

在选定的幻灯片中将自动添加页脚，并调整页脚的文本格式以及位置。

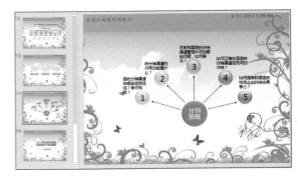

④ 复制和粘贴页脚

选择新添加的页脚，使用"复制"和"粘贴"功能将其复制粘贴到其他幻灯片中。

技巧拓展

在添加页眉页脚时，如果不想在标题幻灯片中显示页脚对象，则可以在"页眉和页脚"对话框中勾选"标题幻灯片中不显示"复选框。

招式 226　快速设置幻灯片放映方式

视频同步文件：光盘 \ 视频教学 \ 第 8 章 \ 招式 226.mp4

在完成企业宣传片演示文稿制作后，常常需要放映演示文稿。一般情况下，放映演示文稿时，都是以默认的放映方式进行放映。用户可以使用"设置幻灯片放映"功能对幻灯片的放映方式进行更改，具体操作步骤如下。

① 单击按钮

在企业宣传片演示文稿中的"幻灯片放映"选项卡下，单击"设置"面板中的"设置幻灯片放映"按钮。

② 设置放映方式

❶ 弹出"设置放映方式"对话框，选中"观众自行浏览（窗口）"单选按钮，❷ 勾选"循环放映，按 ESC 键终止"复选框，❸ 选中"从"单选按钮，并修改其参数为 5，❹ 单击"确定"按钮。

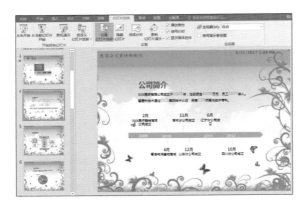

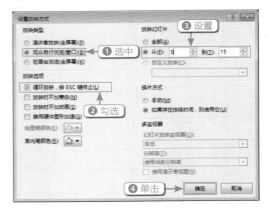

技巧拓展

在"设置放映方式"对话框中，勾选"放映时不加旁白"复选框，即可在放映幻灯片时不放映语音旁白；勾选"放映时不加动画"复选框，即可在放映幻灯片时不播放动画。

③ 单击按钮

完成幻灯片放映方式的设置，并在"幻灯片放映"选项卡下，单击"开始放映幻灯片"面板中的"从头开始"按钮。

④ 放映幻灯片

设置好幻灯片放映方式开始放映，并预览放映效果。

招式 227 演示录制的演示文稿放映

视频同步文件：光盘\视频教学\第 8 章\招式 227.mp4

在放映企业宣传片演示文稿时，常常需要直接录制幻灯片的演示过程。在完成幻灯片演示的录制操作后，在每张幻灯片下方将显示幻灯片的播放时间，具体操作步骤如下。

1 选择命令

❶ 在企业宣传片演示文稿中，单击"设置"面板中的"录制幻灯片演示"下三角按钮，❷ 展开下拉菜单，选择"从头开始录制"命令。

2 单击按钮

弹出"录制幻灯片演示"对话框，保持默认选项的勾选，单击"开始录制"按钮。

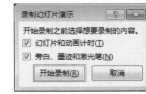

技巧拓展

在"录制幻灯片演示"对话框中，取消勾选"幻灯片和动画计时"复选框，则在录制幻灯片演示文稿时，将不录制幻灯片和动画的计时时间；取消勾选"旁白、墨迹和激光笔"复选框，则在录制幻灯片演示文稿时，将不录制旁白、墨迹和激光笔。

3 放映幻灯片

进入幻灯片放映状态，并弹出"录制"面板，在面板中单击"下一项"按钮，将进行下一项播放内容。

④ 放映幻灯片

播放至最后一张幻灯片，按 ESC 键退出即可。在"视图"选项卡的"演示文稿视图"面板中，单击"幻灯片浏览"按钮，将进入"幻灯片浏览"视图，查看演示录制的时间。

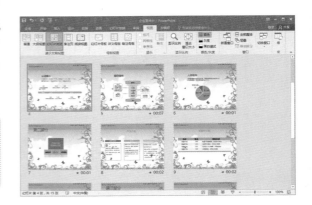

技巧拓展

在"幻灯片放映"选项卡的"设置"面板中，单击"排练计时"按钮，即可对幻灯片的放映时间进行计时，但是排列计时，只能计时播放时间，不能录制旁白和激光笔等。

拓展练习　制作产品宣传片展示稿

产品宣传片主要是公司用来对外宣传自身品牌产品的演示文稿。产品宣传片主要是通过现场实录配合三维动画直观生动地展示产品生产过程、突出产品的功能特点和使用方法。从而让消费者或者经销商能够比较深入地了解产品，营造良好的销售环境。在多维展示产品宣传片时，会使用到背景格式的统一设置、插入自动更新日期和时间、添加页眉和页脚以及设置幻灯片放映方式等操作。具体效果如右图所示。

8.3 活灵活现的幻灯片（案例：论文研究）

论文研究是在学业完成之前写作、研究并提交的文章，其目的是为了培养学生综合运用所学知识和技能，对某一个课题进行研究，从而得到从事本专业工作和相关的基本训练，并帮助学生准确地掌握所学的专业基础知识。在 PowerPoint 2016 中制作论文研究演示文稿时，需要进行为幻灯片间添加切换动画、添加文本或图形进入动画、利用动作路径制作动画、插入计算机中的音频文件、通过动作按钮创建超链接以及将演示文稿打包成 CD 等操作。

招式 228　为幻灯片添加切换动画

视频同步文件：光盘＼视频教学＼第 8 章＼招式 228.mp4

在制作论文研究演示文稿时，常常需要在每个幻灯片之间添加一个过渡的动画效果，使得幻灯片放映流畅生动，具体操作步骤如下。

1 选择幻灯片

打开随书配套光盘的"素材\第8章\论文研究.pptx"演示文稿，选择第 1 张幻灯片。

2 选择切换动画

切换至"切换"选项卡，在"切换到此幻灯片"面板中，单击"其他"按钮，展开下拉面板，选择"擦除"切换动画。

3 单击按钮

为选择的幻灯片添加切换动画，并在"计时"面板中单击"全部应用"按钮。

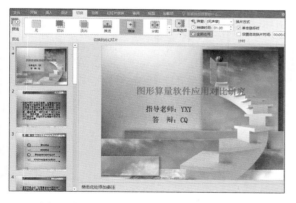

4 统一添加切换动画

为所有的幻灯片添加"擦除"切换动画，并在每张幻灯片前显示"播放动画"按钮。

技巧拓展

在"切换到此幻灯片"面板的列表框中包括切出、淡出、推进、擦除、分隔、随机线条、飞机、悬挂以及日式折纸等多种切换动画，根据实际工作需要选择不同的切换动画，可以得到不同的幻灯片切换效果。

招式 229　添加文本或图形进入动画

视频同步文件：光盘\视频教学\第8章\招式 229.mp4

在制作论文研究演示文稿时，用户不仅需要在幻灯片之间添加切换动画，还需要在幻灯片中对文本、图形或者图片对象添加进入动画。添加进入动画后，可以将文本、图形图片、声音等对象从无到有出现在幻灯片中的动态过程，具体操作步骤如下。

第 8 章

1 选择文本框

在论文研究演示文稿中，选择第 1 张幻灯片中的所有文本框。

技巧拓展

在添加好动画后，如果想取消动画效果，则可以在"动画"下拉面板的"无"选项组中，选择"无"选项即可取消。

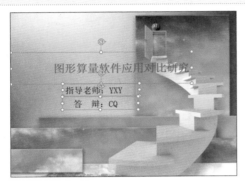

3 添加动画

为所选择的文本框添加"浮入"动画，并在文本的左侧显示动画数字。

5 选择命令

切换至"动画"选项卡，在"动画"面板中，单击"其他"按钮，展开下拉面板，选择"更多进入效果"命令。

2 选择动画

切换至"动画"选项卡，在"动画"面板中，单击"其他"按钮，展开下拉面板，在"进入"选项组中，选择"浮入"动画。

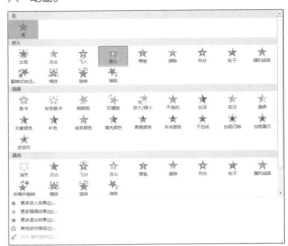

4 选择文本框

选择第 2 张幻灯片，并选择该幻灯片中的下方文本框。

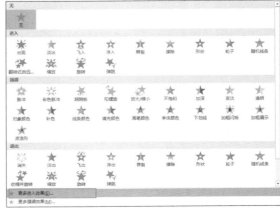

6 选择动画

❶ 弹出"更改进入效果"对话框，在列表框中选择"阶梯状"动画，❷ 单击"确定"按钮。

7 添加动画

即可为所选择的文本框添加"阶梯状"动画，并在文本的左侧显示动画数字。

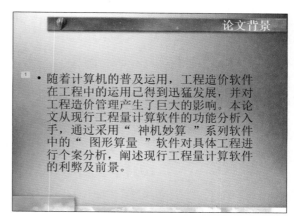

技巧拓展

在"更改进入动画"对话框中包括百叶窗、擦除、轮子、棋盘、十字形扩展、缩放、升起、上浮以及回旋等多种进入动画，根据实际工作需要选择不同的进入动画，可以得到不同的幻灯片进入效果。

招式 230　利用动作路径来制作动画

视频同步文件：光盘 \ 视频教学 \ 第 8 章 \ 招式 230.mp4

动作路径动画可以是对象进入或退出的过程，也可以是强调对象的方式。在幻灯片放映时，文本、图形以及视频等对象会根据所绘制的路径进行运动，具体操作步骤如下。

1 选择对象

在论文研究演示文稿中，选择第 3 张幻灯片，并选择该幻灯片中的文本框和图形对象。

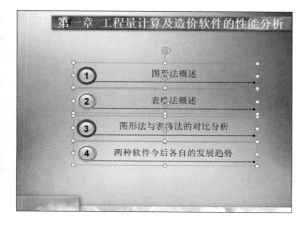

2 选择动画

切换至"动画"选项卡，在"动画"面板中，单击"其他"按钮，展开下拉面板，在"动作路径"选项组中选择"弧形"动画。

3 添加路径动画

为所选择的文本框添加“弧形”路径动画，并在文本的左侧显示动画数字以及运动路径。

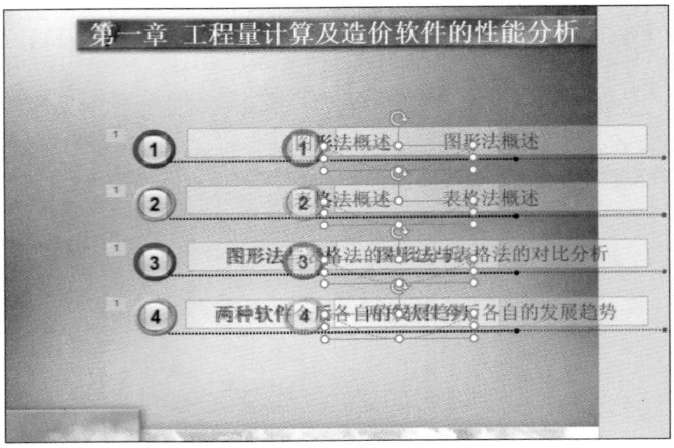

技巧拓展

在添加动作路径动画时，可以在“动画”下拉面板的“动作路径”选项组中，选择“自定义路径”选项，通过自己绘制路径来定义路径动画。

招式 231 动作方向与计时效果设置

视频同步文件：光盘 \ 视频教学 \ 第 8 章 \ 招式 231.mp4

在论文研究演示文稿中完成动作路径动画的添加后，还要根据实际需要对路径动画的方向以及计时效果等参数进行设置，以便完善动画效果，具体操作步骤如下。

1 靠左运动

❶ 在论文研究演示文稿中，选择第 3 张幻灯片中的第 2 个路径动画，在“动画”面板中，单击“效果选项”下三角按钮，❷ 展开下拉菜单，选择“靠左”命令，即可将动作路径靠左运动。

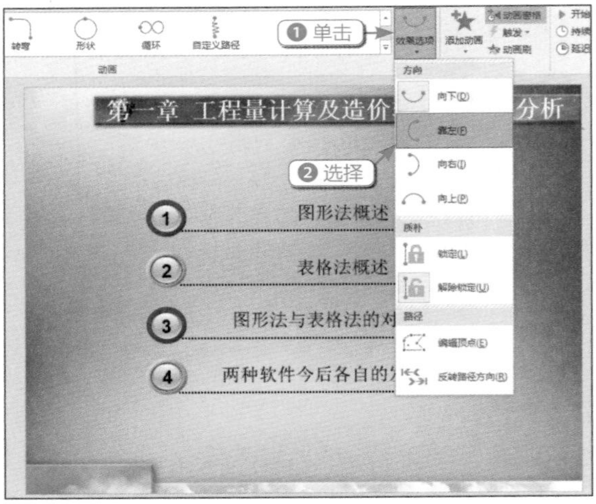

2 向右运动

❶ 选择第 3 个路径动画，在“动画”面板中，单击“效果选项”下三角按钮，❷ 展开下拉菜单，选择“向右”命令，即可将动作路径向右运动。

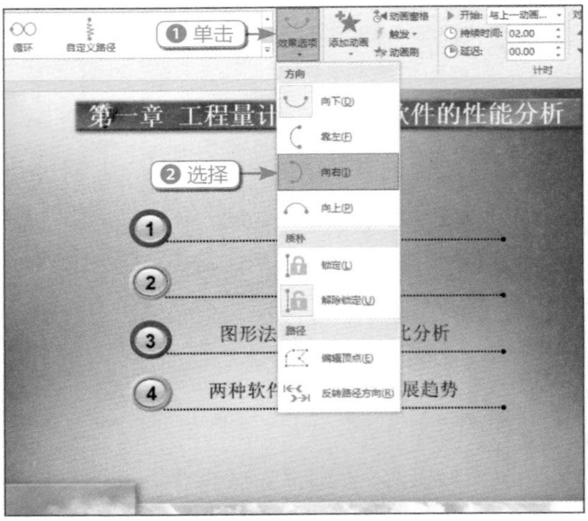

3 单击按钮

❶ 选择第 1 个路径动画，❷ 在“高级动画”面板中，单击“动画窗格”按钮。

4 选择命令

❶ 打开“动画窗格”窗格，单击相应的下三角按钮，❷ 展开下拉菜单，选择“计时”命令。

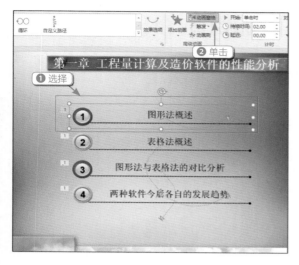

⑤ 设置计时参数

❶ 弹出"向下弧线"对话框，切换至"计时"选项卡，修改"延迟"参数为 1 秒，❷ 单击"确定"按钮，即可更改动作路径的计时效果。

⑥ 设置计时参数

单击第 4 个动作路径动画，❶ 在弹出的"向下弧线"对话框中，切换至"计时"选项卡，修改"延迟"参数为 4 秒，❷ 勾选"播完后快退"复选框，❸ 单击"确定"按钮，即可更改动作路径的计时效果。

技巧拓展

　　在"计时"选项卡中，单击"触发器"按钮，将展开"部分单击序列动画"和"单击下列对象时启动效果"选项，根据实际需要，选中不同的单选按钮，可以添加不同的触发器动画效果。

招式 232　利用强调效果来制作动画

视频同步文件：光盘 \ 视频教学 \ 第 8 章 \ 招式 232.mp4

　　为了使幻灯片中的对象能够引起观众的注意，常常会为幻灯片添加强调动画效果，从而使对象在放映时产生放大缩小、忽明忽暗等外观或色彩上的变化，具体操作步骤如下。

第8章

1 选择图形对象

在论文研究演示文稿中，选择第5张幻灯片，选择该幻灯片中相应的图形对象。

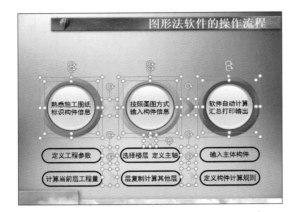

3 添加强调动画

为选择的图形添加"陀螺旋"强调动画，并在选择图形的左侧显示动画数字，再次选择该幻灯片中的所有文本对象。

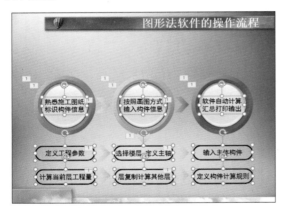

5 添加强调动画

为选择的文本添加"字体颜色"强调动画，并在选择文本的左侧显示动画数字。

2 选择动画

切换至"动画"选项卡，在"动画"面板中，单击"其他"按钮，展开下拉面板，在"强调"选项组中选择"陀螺旋"动画。

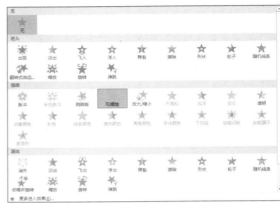

4 选择强调动画

切换至"动画"选项卡，在"动画"面板中，单击"其他"按钮，展开下拉面板，在"强调"选项组中选择"字体颜色"动画。

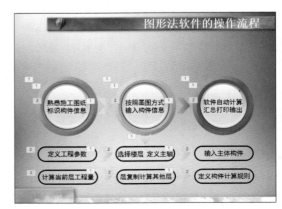

⑥ 选择命令

选择第 10 张幻灯片中的所有文本和图形，在"动画"面板中，单击"其他"按钮，展开下拉面板，选择"更多强调效果"命令。

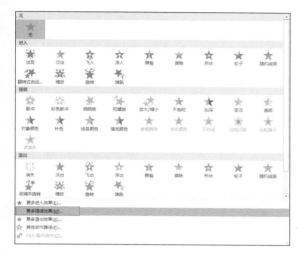

⑦ 选择动画效果

❶ 弹出"更改强调效果"对话框，在列表框中选择"补色 2"动画，❷ 单击"确定"按钮。

⑧ 添加强调动画

为选择的图形和文本添加"补色 2"强调动画，并在选择图形和文本的左侧显示动画数字。

招式 233 用动画窗格调整播放次序

视频同步文件：光盘 \ 视频教学 \ 第 8 章 \ 招式 233.mp4

在论文研究演示文稿中添加好动画后，常常根据需要利用动画窗格，将某个幻灯片进行上移或者下移操作，从而完成动画播放次序的调整，具体操作步骤如下。

① 单击按钮

在论文研究演示文稿中选择第 5 张幻灯片，在"动画"选项卡的"高级动画"面板中，单击"动画窗格"按钮。

② 单击按钮

❶ 打开"动画窗格"窗格，选择第 4 个动画效果，❷ 单击"下移"按钮。

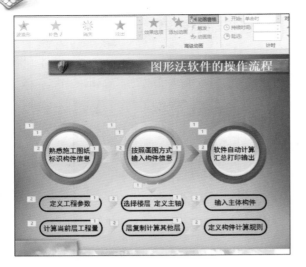 

3 下移动画

即可将选择的动画顺序向下移动一次，完成动画顺序的调整。

4 上移动画

❶ 在"动画窗格"窗格中选择第 14 个动画效果，❷ 单击"上移"按钮，即可上移动画。

技巧拓展

在"动画窗格"窗格中，选择需要删除的动画，右击，弹出快捷菜单，选择"删除"命令即可。

招式 234　利用退出效果来制作动画

视频同步文件：光盘 \ 视频教学 \ 第 8 章 \ 招式 234.mp4

退出动画与进入动画相对应，使用退出动画可以将幻灯片中的对象从有到无逐渐消失的动态过程，具体操作步骤如下。

1 选择退出动画

在论文研究演示文稿中选择第 13 张幻灯片中的文本对象，在"动画"面板中，单击"其他"按钮，展开下拉面板，在"退出"选项组中选择"随机线条"动画。

2 添加退出动画

为选择的文本对象添加"随机线条"退出动画，并在选择文本对象的左侧显示动画数字。

技巧拓展

在"动画"下拉面板中选择"更多退出效果"命令，可以在弹出的"更改退出效果"对话框中选择"退出"选项组中没有的退出动画进行添加。

招式 235　巧用高级动画刷复制动画

视频同步文件：光盘\视频教学\第 8 章\招式 235.mp4

在论文研究演示文稿中添加动画后，为了节省同样动画反复添加的时间，可以使用"高级动画刷"功能将重复的动画进行复制，具体操作步骤如下。

1 双击按钮

❶ 在论文研究演示文稿中，选择第 2 张幻灯片中的动画文本，❷ 在"高级动画"面板中，双击"动画刷"按钮。

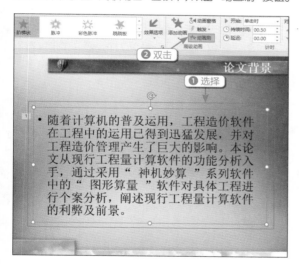

2 复制动画

当鼠标指针呈刷子形状时，在第 4 张和第 7 张幻灯片中的文本上，单击鼠标左键，即可复制动画，并在文本左侧显示数字。

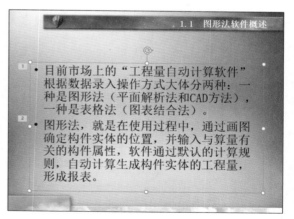

3 双击按钮

❶ 选择第 5 张幻灯片中的动画文本，❷ 在"高级动画"面板中，双击"动画刷"按钮。

技巧拓展

在完成动画的复制操作后，需要按 Esc 键才能退出动画刷的使用状态。

4 复制动画

当鼠标指针呈刷子形状时，在第 6 张、第 8 张和第 9 张幻灯片中的文本上，单击鼠标左键，即可复制动画，并在文本左侧显示数字。

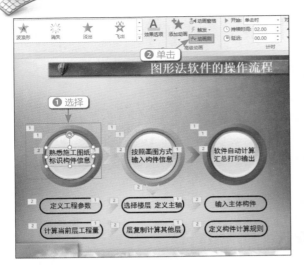

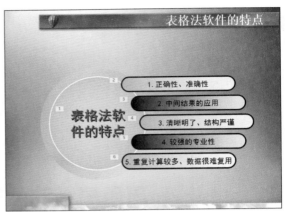

招式 236　快速改变动画的播放速度

视频同步文件：光盘 \ 视频教学 \ 第 8 章 \ 招式 236.mp4

在日常工作中制作动画时，用户不仅可以对动画进行高级复制操作，还可以快速改变动画的播放速度，具体操作步骤如下。

1 修改持续时间

在论文研究演示文稿中，选择第 6 张幻灯片中的相应动画文本，在"计时"面板中，修改"持续时间"为"04.00"。

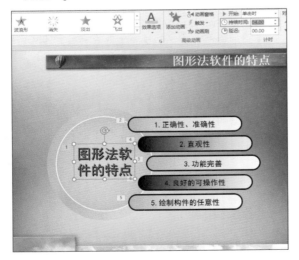

2 选择命令

❶ 在"高级动画"面板中，单击"动画窗格"按钮，打开"动画窗格"窗格，选择第 2 个动画，单击其右侧的下三角按钮，❷ 展开下拉菜单，选择"计时"命令。

3 设置对话框参数

❶ 弹出"字体颜色"对话框，在"期间"下拉列表中选择"非常慢（5 秒）"选项，❷ 单击"确定"按钮。

4 设置动画播放速度

调整选择动画的播放速度，则该动画的播放速度将变慢，且播放时间将加长。

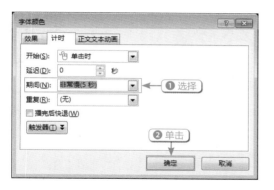

技巧拓展

在调整动画的播放速度时，在"期间"下拉列表中选择"非常快（0.5 秒）"选项，则可以加快动画播放速度。

招式 237　插入计算机中的音频文件

视频同步文件：光盘 \ 视频教学 \ 第 8 章 \ 招式 237.mp4

在使用 PowerPoint 进行办公时，常常需要在演示文稿中添加音频文件。声音是幻灯片中使用最频繁的多媒体元素，使用"音频"功能可以快速插入，具体操作步骤如下。

1 选择命令

❶ 在论文研究演示文稿中选择第 1 张幻灯片，在"插入"选项卡的"媒体"面板中，单击"音频"下三角按钮，❷ 展开下拉菜单，选择"PC 上的音频"命令。

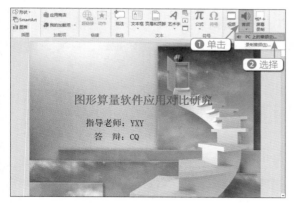

2 选择音频文件

❶ 弹出"插入音频"对话框，选择"音乐"音频文件，❷ 单击"插入"按钮。

3 添加音频

将选择的音频文件添加至选择的幻灯片中，显示音频图标，并将音频图标移动至合适的位置。

技巧拓展

在添加音频文件后，如果对添加的音频文件不满意，则可以直接选择音频图标，按 Delete 键删除即可。

招式 238　将音频文件贯穿整个文稿

视频同步文件：光盘 \ 视频教学 \ 第 8 章 \ 招式 238.mp4

在幻灯片中添加音频文件后，需要为音频启用"跨幻灯片播放"功能，才可以将音频文件贯穿整个文稿，具体操作步骤如下。

1 选择音频图标

在论文研究演示文稿中，选择第 1 张幻灯片中的音频图标。

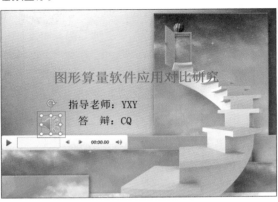

2 勾选复选框

在"播放"选项卡的"音频选项"面板中，勾选"跨幻灯片播放"复选框即可。

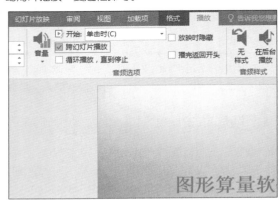

技巧拓展

在"音频选项"面板中，用户不仅可以将音频文件贯穿整个文稿，还可以勾选"循环播放，直到停止"复选框，将音频文件一直循环播放。

招式 239　在音频文件中快速插入书签

视频同步文件：光盘 \ 视频教学 \ 第 8 章 \ 招式 239.mp4

在编辑论文研究演示文稿中的音频文件时，还可以在需要的音频时间段位置处添加一个书签，具体操作步骤如下。

1 单击按钮

❶ 在论文研究演示文稿中，选择第 1 张幻灯片中的音频文件，并在音频文件的"09.99"的位置，单击鼠标确定书签插入位置，❷ 在"书签"面板中，单击"添加书签"按钮。

② 添加标签

在指定的时间位置添加一个标签，并显示一个黄色的小圆点。

③ 添加书签

使用同样的方法，在音频文件其他的时间位置上依次添加书签效果。

技巧拓展

在完成音频书签的添加后，如果认为音频书签多余，则可以在"书签"面板中单击"删除书签"按钮即可快速删除。

招式 240　在演示文稿中添加录制的音频

视频同步文件：光盘 \ 视频教学 \ 第 8 章 \ 招式 240.mp4

在使用 PowerPoint 进行办公时，用户不仅需要添加计算机脑之中的音频文件，还可以根据需要录制语音旁白对演示文稿的某些内容进行解说，具体操作步骤如下。

① 选择命令

❶ 在论文研究演示文稿中选择第 10 张幻灯片，在"媒体"面板中，单击"音频"下三角按钮，❷ 展开下拉菜单，选择"录制音频"命令。

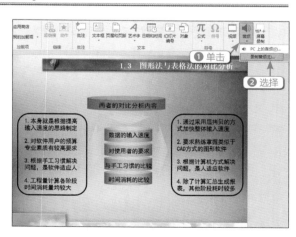

② 单击按钮

弹出"录制声音"对话框，单击"录制"按钮。

③ 单击按钮

开始录制音频文件，录制完成后，单击"停止"按钮。

4 单击按钮

停止音频文件的录制操作，单击"确定"按钮。

技巧拓展

在完成音频的录制操作后，在"录制声音"对话框中，单击"播放"按钮，可以预览录制好的音频效果。

5 添加录制音频

返回到幻灯片中，将显示录制好的音频文件，并将音频文件移动至合适的位置。

招式 241　为演示文稿添加淡入淡出效果

视频同步文件：光盘＼视频教学＼第 8 章＼招式 241.mp4

在编辑音频文件时，可以为音频文件添加淡入淡出效果，使音乐呈现出高低不一样的音频效果，具体操作步骤如下。

1 添加淡入淡出效果

在论文研究演示文稿中，选择第 1 张幻灯片中的音频文件，在"播放"选项卡的"编辑"面板中，修改"淡入"时间为"05.00"，修改"淡出"时间为"07.00"，即可添加淡入淡出效果。

2 添加淡入淡出效果

选择第 10 张幻灯片中的音频文件，在"播放"选项卡的"编辑"面板中，修改"淡入"时间为"02.00"，修改"淡出"时间为"01.00"，即可添加淡入淡出效果。

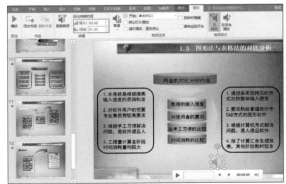

技巧拓展

在编辑音频文件时，用户不仅可以为音频文件添加淡入淡出效果，还可以单击"音量"下三角按钮，在展开的下拉菜单，选择"低""中""高"或者"静音"命令，将音频文件的音量调大、调小或静音。

招式 242 剪裁演示文稿中多余的音频

视频同步文件：光盘 \ 视频教学 \ 第 8 章 \ 招式 242.mp4

在编辑音频文件时，使用"剪辑音频"功能可以直接剪裁演示文稿中的多余音频，具体操作步骤如下。

1 单击按钮

在论文研究演示文稿中，选择第 1 张幻灯片中的音频文件，在"编辑"面板中，单击"剪裁音频"按钮。

2 剪裁音频

❶ 弹出"剪裁音频"对话框，拖动左侧的滑块，调整开始时间位置，❷ 拖动右侧的滑块，调整结束时间的位置，❸ 单击"确定"按钮，即可完成音频的剪裁操作。

技巧拓展

在剪裁音频文件时，用户还可以通过"播放"功能试听剪辑音频效果。在"剪裁音频"对话框中，单击"播放"按钮即可。

招式 243 为演示文稿中的文字创建超链接

视频同步文件：光盘 \ 视频教学 \ 第 8 章 \ 招式 243.mp4

在使用 PowerPoint 进行办公时，时常需要为幻灯片中的文本直接添加超链接，这样可以直接通过超链接定位至对应的幻灯片中。使用"超链接"功能可以快速添加超链接，具体操作步骤如下。

1 单击按钮

❶ 在论文研究演示文稿中，选择第 3 张幻灯片中的文本对象，❷ 在"插入"选项卡的"链接"面板中，单击"超链接"按钮。

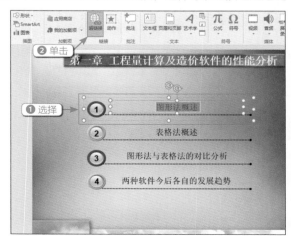

② 选择幻灯片

❶ 弹出"插入超链接"对话框,在左侧列表框中选择"本文稿中的位置"选项,❷ 在右侧列表框中选择合适的幻灯片,❸ 单击"确定"按钮。

技巧拓展

在"插入超链接"对话框中,选择"现有文件或网页"选项,可以将其他演示文稿中的幻灯片链接到原演示文稿中。

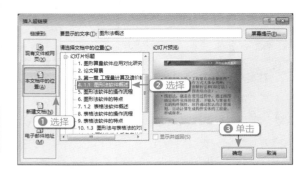

③ 插入超链接

返回到幻灯片中,完成超链接的插入操作,并在文本下显示一个水平横线。

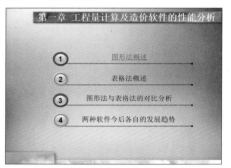

④ 插入超链接

使用同样的方法,为其他的文本依次添加超链接。

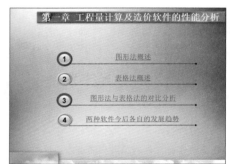

招式 244　超链接文本添加屏幕提示

视频同步文件:光盘\视频教学\第8章\招式244.mp4

在论文研究演示文稿中完成超链接添加后,还需要使用"屏幕提示"功能为超链接文本添加屏幕提示,具体操作步骤如下。

① 选择命令

在论文研究演示文稿中,选择第3张幻灯片中的超链接文本,右击,弹出快捷菜单,选择"编辑超链接"命令。

② 单击按钮

弹出"编辑超链接"对话框,单击"屏幕提示"按钮。

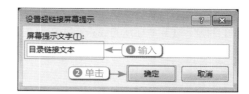

③ 添加屏幕提示

❶ 弹出"设置超链接屏幕提示"对话框，在"屏幕提示文字"文本框中输入文本"目录链接文本"，❷ 单击"确定"按钮，即可为超链接文本添加屏幕提示。

技巧拓展

在"编辑超链接"对话框中，单击"删除链接"按钮，即可删除选择超链接文本中的超链接对象。

招式 245　快速链接至电子邮件地址

视频同步文件：光盘 \ 视频教学 \ 第 8 章 \ 招式 245.mp4

在使用 PowerPoint 进行办公时，还需要为演示文稿中的幻灯片添加电子邮件地址的超链接，具体操作步骤如下。

① 选择命令

在论文研究演示文稿中，选择第 1 张幻灯片中的文本，右击，弹出快捷菜单，选择"超链接"命令。

② 设置电子邮件地址

❶ 弹出"插入超链接"对话框，在左侧列表框中选择"电子邮件地址"选项，❷ 输入电子邮件的地址，❸ 输入电子邮件的主题，❹ 单击"确定"按钮。

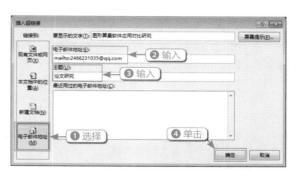

③ 链接到电子邮件地址

返回到幻灯片中，将选择的文本链接到电子邮件地址，并在文本下显示一个水平横线。

技巧拓展

在为文本创建超链接时，用户还可以在"插入超链接"对话框中，选择"新建文档"选项，即可将文本超链接到新创建的文档中。

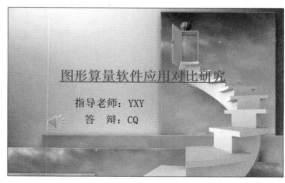

招式 246　通过动作按钮创建超链接

视频同步文件：光盘 \ 视频教学 \ 第 8 章 \ 招式 246.mp4

除了超链接，动作也是 PowerPoint 向其用户提供的一种幻灯片交互手段，通过设置动作，可以访问到所链接的对象，或完成指定的任务，具体操作步骤如下。

① 单击按钮

❶ 在论文研究演示文稿中，选择第 1 张幻灯片，单击"插图"面板中的"形状"下三角按钮，❷ 展开下拉面板，单击"动作按钮：前进或下一项"按钮。

② 单击按钮

将鼠标指针移至幻灯片中，此时鼠标指针呈十字形状，按住鼠标左键并拖曳至合适位置后，释放鼠标，弹出"操作设置"对话框，保持默认设置，单击"确定"按钮。

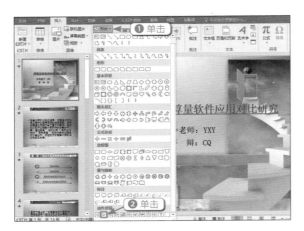

③ 绘制动作按钮

返回到幻灯片中，完成动作按钮的绘制操作，并查看新添加的动作按钮。

④ 复制动作按钮

选择新绘制的动作按钮，将其复制在第 2 张幻灯片的相应位置。

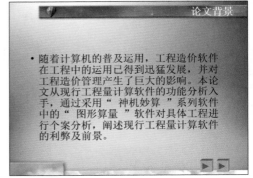

⑤ 单击按钮

❶ 选择复制后的左侧动作按钮，❷ 在"插入形状"面板中，单击"编辑形状"下三角按钮，❸ 展开下拉菜单，选择"更改形状"命令，❹ 再次展开下拉面板，选择合适的动作按钮形状。

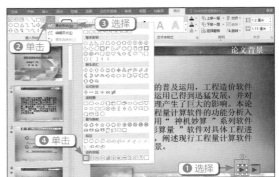

6 更改动作按钮形状

即可更改动作按钮的形状，并弹出"操作设置"对话框，单击"确定"按钮即可，并查看幻灯片中的动作按钮效果。

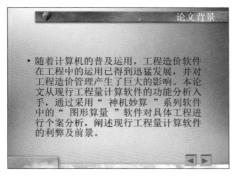

7 复制动作按钮

选择新绘制的动作按钮和更改后的动作按钮，将其复制在其他幻灯片相应位置。

8 更改形状

选择最后一张幻灯片中的动作按钮，将其更改为"动作按钮：结束"形状。

技巧拓展

"形状"下拉面板中包含的动作按钮很多，除了可以创建"下一张"按钮外，还可以创建"动作按钮：开始""动作按钮：停止"等按钮。在"形状"下拉面板的"动作按钮"选项组中，单击相应的动作按钮即可。

招式 247　为动作按钮添加播放声音

视频同步文件：光盘\视频教学\第 8 章\招式 247.mp4

在完成动作按钮的创建后，可以开启"播放声音"功能为动作按钮添加声音效果，具体操作步骤如下。

1 选择命令

在论文研究演示文稿中，选择第 13 张幻灯片中的动作按钮，右击，弹出快捷菜单，选择"编辑超链接"命令。

② 添加播放声音

❶ 弹出"操作设置"对话框，勾选"播放声音"复选框，❷ 在下拉列表中选择"风铃"声音，❸ 单击"确定"按钮，即可添加播放声音。

技巧拓展

在"操作设置"对话框中，选中"无动作"单选按钮，则在动作按钮上单击鼠标时将不会有所动作；选中"运行程序"单选按钮，则在动作按钮上单击鼠标时将运行程序；选中"运行宏"单选按钮，则在动作按钮上单击鼠标时将运行宏；选中"对象动作"单选按钮，则在动作按钮上单击鼠标时将通过对象进行动作操作。

招式 248 只打印演示文稿所需幻灯片

视频同步文件：光盘 \ 视频教学 \ 第 8 章 \ 招式 248.mp4

在完成论文研究演示文稿的制作后，常常需要将演示文稿打印出来，以备其他人阅览。在打印幻灯片时，可以使用"自定义范围"功能只将需要的幻灯片打印出来，具体操作步骤如下。

① 选择命令

在论文研究演示文稿中的"文件"选项卡下，选择"打印"命令。

② 只打印所需幻灯片

❶ 进入"打印"界面，在"打印全部幻灯片"下拉列表中选择"自定义范围"选项，❷ 修改"幻灯片"为"2-7"，❸ 单击"打印"按钮，即可只打印范围内的幻灯片。

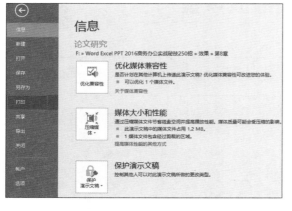

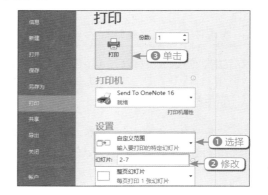

技巧拓展

在"打印全部幻灯片"下拉列表中，选择"打印全部幻灯片"选项，即可打印演示文稿中的所有幻灯片；选择"打印当前幻灯片"选项，即可打印当前选定的幻灯片。

招式 249　快速打印彩色幻灯片

视频同步文件：光盘 \ 视频教学 \ 第 8 章 \ 招式 249.mp4

在打印论文研究演示文稿时，可以使用"彩色"功能打印具有彩色效果的幻灯片，具体操作步骤如下。

1 选择命令

在论文研究演示文稿中的"文件"选项卡下，选择"打印"命令。

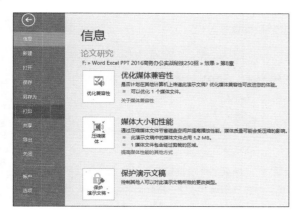

2 打印彩色幻灯片

❶ 进入"打印"界面，在"颜色"下拉列表中选择"彩色"选项，❷ 单击"打印"按钮，即可打印彩色幻灯片。

技巧拓展

在"打印颜色"下拉列表中，选择"灰度"选项，即可将幻灯片打印为灰度效果；选择"黑白"选项，即可将幻灯片打印为黑白效果。

招式 250　快速将演示文稿打包成 CD

视频同步文件：光盘 \ 视频教学 \ 第 8 章 \ 招式 250.mp4

在完成论文研究演示文稿的制作后，还需要使用"导出"功能将演示文稿打包成 CD 光盘，以便以后调用，具体操作步骤如下。

1 单击按钮

❶ 在论文研究演示文稿中的"文件"选项卡下，选择"导出"命令，❷ 进入"导出"界面，选择"将演示文稿打包成 CD"命令，❸ 再次展开子界面，单击"打包成 CD"按钮。

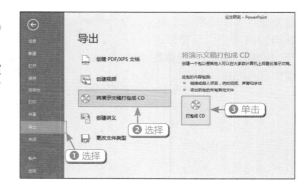

② 单击按钮

弹出"打包成 CD"对话框，单击"复制到 CD"按钮。

③ 打包成 CD

弹出提示框，单击"是"按钮，在光驱中放入光盘，即可将文件复制到 CD 中。

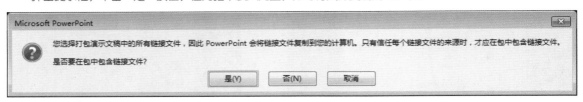

技巧拓展

在对幻灯片进行打包时，默认情况下是将当前演示文稿打包。如果某个项目需要使用多篇演示文稿，则可以一次性将多篇演示文稿同时打包。在"打包成 CD"对话框，单击"添加"按钮，将弹出"添加文件"对话框，选择多篇演示文稿进行添加即可。

拓展练习 演示毕业设计演示文稿

毕业设计是教学过程的最后阶段采用的一种总结性的实践教学环节。通过毕业设计，学生可以综合应用所学的各种理论知识和技能，进行全面、系统、严格的技术及基本能力的练习。在 PowerPoint 中制作毕业设计演示文稿时，需要进行各种动画的添加、超链接的创建以及音频的添加和编辑等操作。具体效果如右图所示。